普通高等教育电气工程类应用型本科教材

电气控制及PLC应用

主 编 ◎ 甄任贺 周 卫 伍银波

主 审 ◎ 熊建斌

西南交通大学出版社

·成 都·

图书在版编目（C I P）数据

电气控制及 PLC 应用 / 甄任贺，周卫，伍银波主编.
成都：西南交通大学出版社，2024. 8. --ISBN 978-7
-5774-0027-3

Ⅰ. TM571. 2；TM571. 6
中国国家版本馆 CIP 数据核字第 2024JP7166 号

Dianqi Kongzhi ji PLC Yingyong
电气控制及 PLC 应用

主　编／甄任贺　周　卫　伍银波

策划编辑／李　鹏
责任编辑／李华宇
封面设计／墨创文化

西南交通大学出版社出版发行
（四川省成都市金牛区二环路北一段 111 号西南交通大学创新大厦 21 楼　610031）
营销部电话：028-87600564　　028-87600533
网址：http://www.xnjdcbs.com
印刷：成都中永印务有限责任公司

成品尺寸　185 mm×260 mm
印张　15.5　　字数　369 千
版次　2024 年 8 月第 1 版　　印次　2024 年 8 月第 1 次

书号　ISBN 978-7-5774-0027-3
定价　46.00 元

课件咨询电话：028-81435775
图书如有印装质量问题　本社负责退换

Preface　前　言

本书是根据普通高等学校电气工程及其自动化、机械工程及其自动化、机电一体化、自动化等专业的“电气控制技术及 PLC 应用技术”课程的教学大纲，结合 PLC 的实际应用和发展情况，采用项目教学而编写的。

在职业教育中，项目教学是指通过一项完整的“项目”工作而进行教学活动的教学方法。作为一种项目教学的一个教学内容，它就是一个教学项目，它的工作过程可以用于学习特定的教学内容，具有一定的应用价值，具有一个轮廓清晰的任务说明。项目教学形式的基础和出发点是一个完整的单元项目，也可将某一个教学课题的理论和项目的实践活动结合在一起。本书强调：

1. 与企业生产过程中实际的电气控制应用结合在一起。

2. 应尽量让学生自行组织、安排自己的学习或实践行为。

3. 项目应具有一定的难度，即应是已有知识、技能的应用，应是运用已有知识与技能在一定范围内解决未遇到过的实际问题。

本书强调理论教学与工程实践结合，突出学生工程应用能力的训练和培养，以便组织教学和实践。项目 1 ~ 项目 4 目标是培养学生熟练使用低压电器，掌握电气控制电路的基本环节，学会分析典型设备电气控制系统，培养设计电气控制系统的能力，包括常用低压电器、电气控制基本原理、典型设备电气控制电路分析、电气控制系统设计等内容。项目 5 ~ 项目 10 选择了具有代表性和先进性的西门子 S7-1200 系列 PLC 产品，包括可编程序控制器及其工作原理、电控系统的 PLC 选择、西门子 S7-1200 的认识、西门子 S7-1200 PLC 的梯形图程序设计、西门子 S7-1200 的应用实例、工业互联网和云化 PLC 等内容，以培养学生应用 PLC 进行电气控制设计和编制控制程序的能力。

本书适用人员：

1. 电气工程与自动化等专业学生：这类学生正处于专业学习的关键阶段，需要系统地掌握电气控制技术和 PLC 的基本原理与应用。本书可以帮助他们夯实基础，提升实践操作能力。

2. 相关行业从业人员：对于已经在电气工程、自动化及相关领域工作的专业人员，这门课程可以作为他们继续教育和技能提升的重要途径。通过课程学习，他们可以了解最新的技术动态，提高解决实际问题的能力，从而更好地适应行业发展的需要。

3. 技术转岗或跨领域学习者：对于那些希望从技术角度转型或拓展到电气相关领域的学习者，这门课程可以提供一个入门和深化的机会。通过系统学习，他们能够快速掌握电气控制技术与 PLC 的核心知识，为未来的职业发展打下坚实的基础。

4. 技术爱好者和创新者：对于对电气控制技术和 PLC 有浓厚兴趣的非专业人士，包括创客、极客和创新者，这门课程可以激发他们的创新思维和实践能力。通过学习，他们能够了解到如何将这些技术应用于实际项目和创作中。

本书在教学使用过程中，可根据专业特点、课时多少进行删减，有的内容和应用实例可在学生实验、课程设计、毕业设计时作为参考。

本书由甄任贺、周卫、伍银波担任主编。其中项目 1 ~ 9 由甄任贺、周卫编写，项目 10 由伍银波编写。

本书由熊建斌教授担任主审，他在审阅过程中提出了许多宝贵意见和建议，在此深表谢意；同时，要特别感谢叶洁婷、陈婷婷在校对稿件和编辑课程 PPT 过程中所做的大量工作。本书在编写过程中参阅了多种同类教材和其他著作，特向其作者致谢！

由于编著水平有限，本书难免存在不足之处，恳请广大读者批评指正。

编 者

2024 年 7 月

Contents

目　录

项目 1　常用低压电器 ▶▶▶

项目描述

低压电器是指工作在直流 1 500 V、交流 1 200 V 及以下的电路中，以实现对电路或非电量对象的控制、检测、保护、变换、调节等作用的电器。在工业、农业、交通、国防等领域中，大多数采用低压供电，因此低压电器的质量将直接影响到低压供电系统的可靠性。对此，熟悉低压电器的结构、工作原理及其正确选用，便成为学习和掌握低压供电系统的基础。本项目将从低压电器基本知识、电磁式接触器、电磁式继电器和其他常用低压继电器 4 个方面展开阐述，促进读者对低压电器的认识。

思维导图

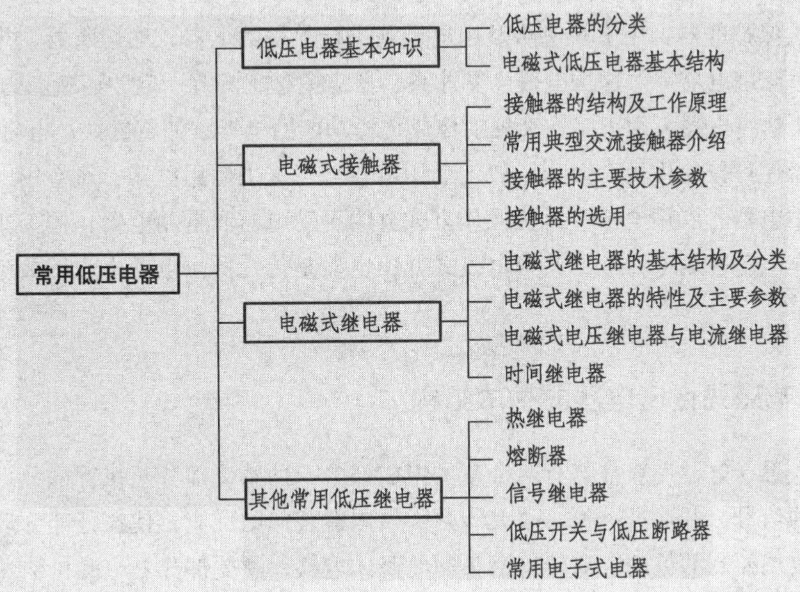

项目目标

知识目标

（1）了解低压电器的分类。

（2）了解和掌握常用低压电器的结构、工作原理和主要参数。

（3）了解和掌握常用低压电器的选用原则和维护方法。

技能目标

（1）能够对常用低压电器的工作原理进行分析。

（2）能够根据实际要求选择适合的低压电器。

任务 1.1　低压电器基本知识

1.1.1　低压电器的分类

低压电器种类繁多，功能多样，用途广泛，结构各异，工作原理也各不相同，按用途可分为以下几类。

（1）低压配电电器：用于供、配电系统中进行电能输送和分配的电器，如刀开关、低压断路器、熔断器等。这类电器分断能力强，限流效果好，动稳定及热稳定性能好。

（2）低压控制电器：用于各种控制电路和控制系统的电器，如转换开关、按钮、接触器、继电器、电磁阀、热继电器、熔断器、各种控制器等。这类电器有一定的通断能力，操作频率高，电气和机械寿命长。

（3）低压主令电器：用于发送控制指令的电器，如按钮、主令开关、行程开关、主令控制器、转换开关等。这类电器操作频率高，电器机械寿命长，抗冲击。

（4）低压保护电器：用于对电路及用电设备进行保护的电器，如熔断器、热继电器、电压继电器、电流继电器等。这类电器可靠性高，反应灵敏，具有一定的通断能力。

（5）低压执行电器：用于完成某种动作或传送功能的电器，如电磁铁、电磁离合器等。

上述电器还可按使用场合分为一般工业用电器、特殊工矿用电器、航空用电器、船舶用电器、建筑用电器、农用电器等；按操作方式分为手动电器和自动电器；按工作原理分为电磁式电器、非电量控制电器等，其中电磁式低压电器是传统低压电器中应用最广泛、结构最典型的一种。

1.1.2　电磁式低压电器的基本结构

从结构上看，电器一般都具有两个基本组成部分，即感受部分与执行部分。感受部分接收外界输入的信号，并通过转换、放大与判断做出有规律的反应，使执行部分动作，输出相应的指令，实现控制的目的。对于有触头的电磁式电器，感受部分是电磁机构，执行部分是触头系统。

1．电磁机构

1）电磁机构的结构类型

电磁机构由吸引线圈、铁心和衔铁组成。吸引线圈通以一定的电压和电流产生磁场及吸力，并通过气隙转换成机械能，从而带动衔铁运动使触头动作，完成触头的断开和闭合，实现电路的分断和接通。图 1-1 是几种常用电磁机构的结构形式，根据衔铁相对铁心的运动方式，电磁机构有直动式和拍合式，拍合式又有衔铁沿棱角转动和衔铁沿轴转动两种。

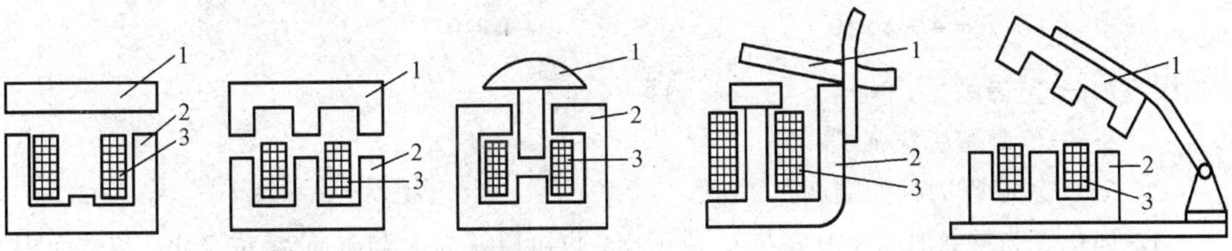

（a）直动式电磁机构　　（b）拍合式电磁机构

1—衔铁；2—铁心；3—线圈。

图 1-1　常用电磁机构的结构形式

吸引线圈是将电能转换为磁能的装置。按其通入电流种类不同可分为直流电磁线圈和交流电磁线圈。其中，直流电磁线圈一般做成无骨架、高而薄的瘦高型，线圈与铁心直接接触，易于散热；而交流电磁线圈由于铁心存在磁滞和涡流损耗，造成铁心发热，为此铁心与衔铁用硅钢片叠制而成，且为改善线圈和铁心的散热，设有骨架，使铁心和线圈隔开，并将线圈做成短而厚的矮胖型。另外，根据线圈在电路中的连接方式，又有串联线圈和并联线圈。串联线圈采用粗导线、匝数少，又称为电流线圈；并联线圈的匝数多，线径较细，又称为电压线圈。

2）电磁机构的工作原理

电磁机构的工作特性常用吸力特性和反力特性来表述。

当电磁机构吸引线圈通电后，铁心吸引衔铁吸合的力与气隙的关系曲线称为吸力特性。电磁机构使衔铁释放（复位）的力与气隙的关系曲线称为反力特性。电磁机构的反力特性与吸力特性如图 1-2 所示，具体分析如下。

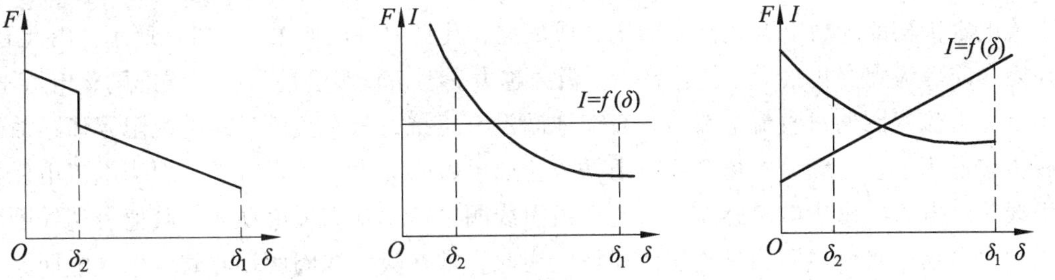

（a）反力特性　　（b）直流电磁机构吸力特性　　（c）交流电磁机构吸力特性

图 1-2　电磁机构反力特性与吸力特性

（1）反力特性。电磁机构大多是利用弹簧的反力使衔铁释放，由于弹簧的反力与其机械变形的位移量 x 成正比，其反力特性可写成

$$F_f = Kx \tag{1-1}$$

考虑到常开触头闭合时超行程机构的弹力作用，电磁机构反力特性如图 1-2（a）所示。其中 δ_1 为电磁机构气隙的初始值；δ_2 为动、静触头开始接触时的气隙长度。由于超行程机构的弹力作用，反力特性在 δ_2 处有一突变。

（2）直流电磁机构的吸力特性。电磁机构的吸力与很多因素有关，当铁心与衔铁端面互相平行且气隙较小时，吸力可按式（1-2）求得

$$F = 4B^2 S \times 10^5 \tag{1-2}$$

式中　F——电磁吸力，N；

B——气隙磁感应强度，T；

S——铁心吸力处的端面积，m^2。

当端面积 S 为常数时，吸力 F 与 B^2 成正比，也可以认为 F 与磁通 Φ^2 成正比，与端面积 S 成反比，即

$$F \propto \frac{\Phi^2}{S} \tag{1-3}$$

电磁机构的吸力特性是其电磁吸力与气隙的关系，而励磁电流种类不同，其吸力特性也不一样。对直流电磁机构的吸力特性分析如下：

当直流励磁电流稳态时，直流磁路对直流电路无影响，所以励磁电流不受磁路气隙的影响，即其磁动势 IN 不受磁路气隙的影响，根据磁路欧姆定律：

$$\Phi = \frac{IN}{R_m} = \frac{IN}{\dfrac{\delta}{\mu_0 S}} = \frac{IN\mu_0 S}{\delta} \tag{1-4}$$

而电磁吸力 $F \propto \dfrac{\Phi^2}{S}$，则

$$F \propto \Phi^2 \propto \left(\frac{1}{\delta}\right)^2 \tag{1-5}$$

即直流电磁机构的吸力 F 与气隙 δ 的平方成反比，其吸力特性如图 1-2（b）所示。由此看出，衔铁闭合前后吸力变化很大，气隙越小，吸力越大。但衔铁吸合前后吸引线圈励磁电流不变，这是因为直流线圈通过直流电流时，直流线圈没有感抗，只有线圈导线的电阻阻值，故直流电磁机构适用于动作频繁的场合，且衔铁吸合后电磁吸力大，工作可靠。但当直流电磁机构吸引线圈断电时，由于电磁感应，将会在吸引线圈中产生很大反电动势，其值可达线圈额定电压的十多倍，将使线圈因过电压而损坏，为此，常在吸引线圈两端并联一个放电回路，该回路由放电电阻与一个硅二极管组成，正常励磁时，因二极管处于截止状态，放电回路不起作用，而当吸引线圈断电时，放电回路导通，将原先储存在线圈中的磁场能量释放出来消耗在电阻上，不致产生过电压。一般，放电电阻阻值取为线圈直流电阻的 6 ~ 8 倍数为宜。

（3）交流电磁机构的吸力特性。交流电磁机构吸引线圈的电阻远比其感抗值要小，则

$$U \approx E = 4.44 f \Phi_m N \tag{1-6}$$

$$\Phi_m = \frac{U}{4.44 fN} \tag{1-7}$$

式中　U——线圈电压，V；

E——线圈感应电动势，V；

f——线圈电压的频率，Hz；

N——线圈匝数；

Φ_m——气隙磁通最大值，Wb。

当外加电源电压 U、频率 f 和线圈匝数 N 为常数时，则气隙磁通 Φ_m 也为常数，而电磁吸力 F 平均值为常数。这是由于交流励磁时电压、磁通都随时间做正弦规律变化，电磁吸力也做周期性变化，现分析如下：

令气隙中磁感应强度按正弦规律变化

$$B(t) = B_m \sin \omega t \tag{1-8}$$

交流电磁机构电磁吸力 $F(t)$ 的瞬时值

$$\begin{aligned} F(t) &= 4B^2(t)S \times 10^5 = 4B_m^2 S \times 10^5 \sin^2 \omega t = 2 \times 10^5 B_m^2 S(1-\cos 2\omega t) \\ &= 4B^2 S(1-\cos 2\omega t) \times 10^5 \end{aligned} \tag{1-9}$$

式中的 $B = B_m / \sqrt{2}$ 为正弦量 $B(t)$ 的有效值。当 $t = 0$，则 $\cos 2\omega t = 1$，于是 $F(t) = 0$ 为最小值；当 $t = T/4$ 时，则 $\cos 2\omega t = -1$，于是 $F(t) = 8B^2 S \times 10^5 = F_m$ 为最大值，在一周期内的平均值为

$$F_{av} = \frac{1}{T}\int_0^T F(t)\mathrm{d}t = 4 \times 10^5 B^2 S\left[\frac{1}{T}\int_0^T (1-\cos 2\omega t)\mathrm{d}t\right] = 4B^2 S \times 10^5 \tag{1-10}$$

因此，当 U 一定时，Φ_m 也一定，不管有无气隙，Φ_m 都基本不变，所以交流电磁机构电磁吸力平均值 F_{av} 基本不变，即平均吸力也与气隙 δ 的大小无关。实际上，考虑到漏磁通的影响，吸力平均值 F_{av} 随气隙 δ 的减小而略有增大，其吸力特性如图 1-2（c）所示。虽然交流电磁机构的气隙磁通 Φ_m 近似不变，但气隙磁阻随气隙长度 δ 加大而增大，所以交流励磁电流 I 与气隙长度成正比。一般 U 形结构的交流电磁机构的励磁电流在线圈已通电但衔铁尚未动作时，其电流可达衔铁吸合后额定电流的 5 ~ 6 倍；E 形电磁机构高达 10 ~ 15 倍额定电流，若发生衔铁卡住不能吸合，或衔铁频繁动作，交流励磁线圈很可能因过电流而烧毁，为此，在可靠性要求高或操作频繁的场合，一般不采用交流电磁机构。

（4）剩磁的吸力特性。由于铁磁物质有剩磁，它使电磁机构的励磁线圈断电后仍有一定的剩磁吸力存在，剩磁吸力随气隙 δ 增大而减小。剩磁的吸力特性如图 1-3 中的曲线 4 所示。

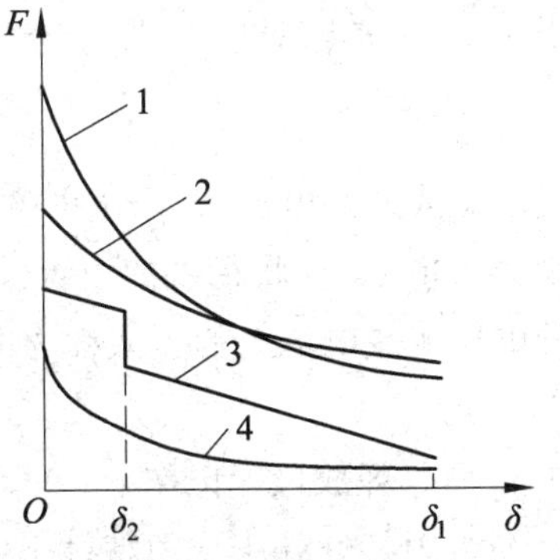

1—直流吸力特性；2—交流吸力特性；3—反力特性；4—剩磁吸力特性。

图 1-3　电磁机构吸力特性与反力特性的配合

（5）吸力特性与反力特性的配合。电磁机构欲使衔铁吸合，应在整个吸合过程中，吸力都必须始终大于反力，但也不宜过大，否则会影响电器的机械寿命。这就要求吸力特性在反力特性的上方且尽可能靠近。在释放衔铁时，其反力必须大于剩磁吸力，这样才能保证衔铁的可靠释放。这就要求电磁机构的反力特性必须介于电磁吸力特性和剩磁吸力特性之间，如图 1-3 所示。

（6）交流电磁机构短路环的作用。由式（1-9）可知，交流电磁机构的电磁吸力是一个周期函数，该周期函数由直流分量和 2ω 频率的正弦分量组成。虽然交流电磁机构中的磁感应强度是正、负交变的，但电磁吸力总是正的，它是在最大值为 F_{av} 和最小值为零的范围内脉动变化。因此在每一个周期内，必然有某一时刻吸力小于反力，这时衔铁释放，而当吸力大于反力时，衔铁又被吸合。这样，在 $f = 50$ Hz 时，电磁机构就出现了频率为 $2f$ 的持续抖动和撞击，发出噪声，并容易损坏铁心。

为了避免衔铁振动，通常在铁心端面开一小槽，在槽内嵌入铜质短路环，如图 1-4 所示。短路环把端面 S 分成两部分，即环内部分 S_1 与环外部分 S_2，由于短路环在端面上仅包围了磁路磁通中的一部分，这样，铁心端面处就有两个不同相位的磁通 Φ_1 和 Φ_2，它们分别产生电磁吸力 F_1 和 F_2，电磁机构的总吸力 F 将是 F_1 与 F_2 之和，只要总吸力始终大于反力，就能消除衔铁的振动。

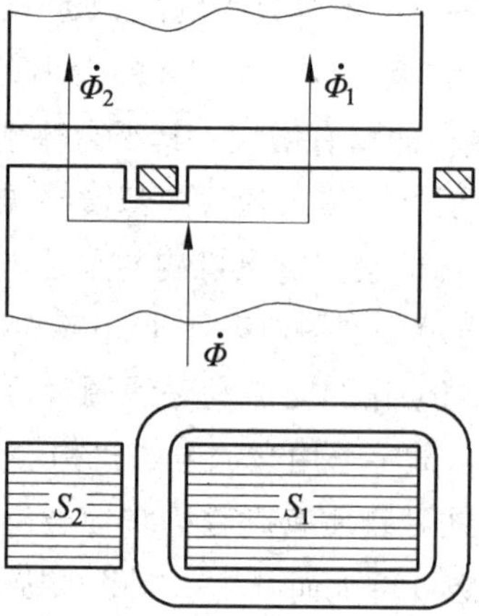

图 1-4　交流电磁机构短路环示意图

3）电磁机构的输入-输出特性

电磁机构的吸引线圈加上电压（或通入电流），产生电磁吸力，从而使衔铁吸合。因此，也可将线圈电压（或电流）作为输入量 x，而将衔铁的位置作为输出量 y，则电磁机构衔铁位置（吸合与释放）与吸引线圈的电压（或电流）的关系称为电磁机构的输入-输出特性，通常称为“继电特性”。

若将衔铁处于吸合位置记作 $y = 1$，释放位置记作 $y = 0$。由上分析可知，当吸力特性处于反力特性上方时，衔铁被吸合；当吸力特性处于反力特性下方时，衔铁被释放。若使吸力特性处于反力特性上方的最小输入量用 x_0 表示，称为电磁机构的动作值；使吸力特性处于反力特性下方的最大输入量用 x_r 表示，称为电磁机构的复归值。

电磁机构的输入-输出特性如图 1-5 所示，当输入量 $x < x_0$ 时衔铁不动作，其输出量 $y = 0$；当 $x = x_0$ 时，衔铁吸合，输出量 y 从“0”跃变为“1”；再进一步增大输入量使 $x > x_0$，输出量仍为 $y = 1$。当输入量 x 从 x_0 减小时，在 $x > x_r$ 的过程中，虽然吸力特性向下降低，但因衔铁吸合状态下的吸力仍比反力大，衔铁不会释放，其输出量 $y = 1$。当 $x = x_r$ 时，因吸力小于反力，衔铁才释放，输出量由“1”变为“0”；再减小输入量，输出量仍为“0”。所以，电磁机构的输入-输出特性或“继电特性”为一矩形曲线。动作值与复归值均为继电器的动作参数，电磁机构的继电特性是继电器的重要特性。

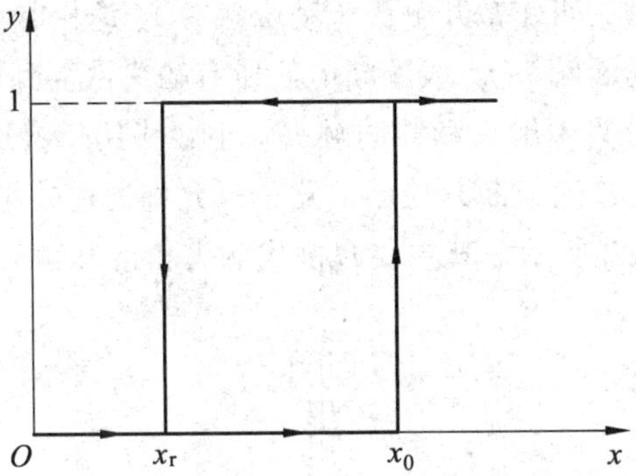

图 1-5　电磁机构的输入-输出特性

2. 触头系统

触头是电磁式电器的执行部分，起接通和分断电路的作用。因此，要求触头导电导热性能好，通常用铜、银、镍及其合金材料制成，有时也在铜触头表面电镀上锡、银或镍。对于一些特殊用途的电器（如微型继电器和小容量的电器），触头采用银质材料制成。

触头闭合且有工作电流通过时的状态称为电接触状态，电接触状态时触头之间的电阻称为接触电阻，其大小直接影响电路工作情况。接触电阻较大，电流流过触头时造成较大的电压降，这对弱电控制系统影响较严重。同时电流流过触头时电阻损耗大，将使触头发热而致温度升高，严重时可使触头熔焊，这样既影响工作的可靠性，又降低了触头的寿命。触头接触电阻大小主要与触头的接触形式、接触压力、触头材料及触头表面状况等有关。

1）触头的接触形式

触头的接触形式有点接触、线接触和面接触三种，如图 1-6 所示。

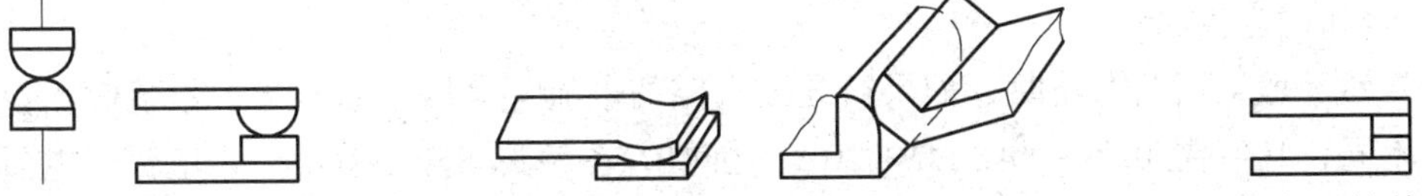

（a）点接触　（b）线接触　（c）面接触

图 1-6　触头的接触形式

点接触由两个半球形触头或一个半球形与一个平面形触头构成，常用于小电流的电器中，如接触器的辅助触头和继电器触头。线接触常做成指形触头结构，它们的接触区是一条直线，触头通、断过程是滚动接触并产生滚动摩擦，适用于通电次数多、电流大的场合，多用于中等容量电器。面接触触头一般在接触表面镶有合金，允许通过较大电流，中小容量接触器的触头多采用这种结构。

2）触头的结构形式

触头在接触时，要求其接触电阻尽可能小，为使触头接触更加紧密、减小接触电阻，同时消除开始接触时产生的振动，在触头上装有接触弹簧，使触头刚刚接触时产生初压力，随着触头闭合逐渐增大触头之间压力。

触头按其原始状态可分为常开触头和常闭触头。原始状态时（吸引线圈未通电时），触头断开，线圈通电后闭合的触头叫作常开触头（动合触头）。原始状态触头闭合，线圈通电后断开的触头叫作常闭触头（动断触头）。线圈断电后所有触头恢复到原始状态。

按触头控制的电路可分为主触头和辅助触头。主触头用于接通或断开主电路，允许通过较大的电流，辅助触头用于接通或断开控制电路，只允许通过较小的电流。

触头的结构形式如图 1-7 所示，其主要有桥式触头和指形触头两种。

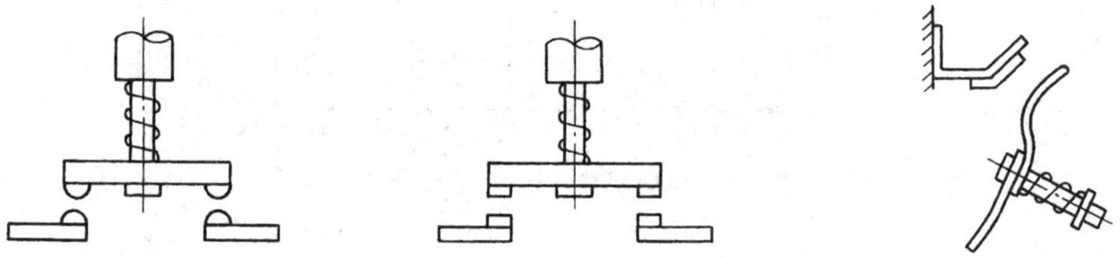

（a）点接触桥式触头　（b）面接触桥式触头　（c）线接触指形触头

图 1-7　触头的结构形式

桥式触头在接通与断开电路时由两个触头共同完成，对灭弧有利，这类结构触头的接触形式一般是点接触和面接触。指形触头在接通或断开时产生滚动摩擦，能去掉触头表面的氧化膜，从而减小触头的接触电阻。指形触头的接触形式一般采用线接触。

3）减小接触电阻的方法

第一，触头材料选用电阻率小的材料，使触头本身的电阻尽量减小；第二，增加触头的接触压力，一般在动触头上安装触头弹簧；第三，改善触头表面状况，尽量避免或减小触头表面氧化膜的形成，在使用过程中应尽量保持触头清洁。

3. 电弧的产生与灭弧方法

1）电弧的产生

在自然环境下通断电路时，如果被通断电路的电流（电压）超过某一数值时（根据触头材料的不同，其值在 0.25~1A，12~20 V 之间），在触头间隙中就会产生电弧。电弧实际上是触头间气体在强电场作用下产生的放电现象。这时触头间隙中的气体被游离产生大量的电子和离子，在强电场作用下，大量的带电粒子做定向运动，使绝缘的气体变成了导体。电流通过这个游离区时所消耗的电能转换为热能和光能，由于光和热的效应，产生高温并发出强光，使触头烧蚀，并使电路切断时间延长，甚至不能断开，造成严重事故。为此，必须采取措施熄灭或减小电弧。

2）电弧产生的原因

电弧的产生主要经历 4 个物理过程。

（1）强电场放射。触头在通电状态下开始分离时，其间隙很小，电路电压几乎全部降落在触头间很小的间隙上，使该处电场强度很高，此强电场将触头阴极表面的自由电子拉出到气隙中，使触头间隙的气体内存在较多的电子，这种现象称为强电场放射。

（2）撞击电离。触头间的自由电子在电场作用下，向正极加速运动，经一段位移后获得足够大的动能，在其前进途中撞击气体原子，将气体原子分裂成电子和正离子。电子在向正极运动过程中将撞击其他原子，使触头间隙中气体电荷越来越多，这种现象称为撞击电离。

（3）热电子发射。撞击电离产生的正离子向阴极运动，撞击在阴极上并使阴极温度逐渐升高，并使阴极金属中电子动能增加，当阴极温度达到一定程度时，一部分电子获得有足够动能，它们将从阴极表面逸出，再参与撞击电离。这种由于高温使电极发射电子的现象称为热电子发射。

（4）高温游离。当电弧间隙中的气体温度升高时，气体分子热运动加快，当电弧温度达到或超过 3 000 °C 时，气体分子发生强烈的不规则热运动并造成相互碰撞，使中性分子游离成为电子和正离子。这种因高温使分子撞击所产生的游离称为高温游离。

由上述分析可知，在触头刚开始分断时，首先是强电场放射。当触头完全打开时，由于触头间距离增加，电场强度减弱，维持电弧存在主要靠热电子发射、撞击电离和高温游离，而其中又以高温游离作用最大。但是在气体分子电离的同时，也存在消电离作用。消电离是指正负带电粒子相互结合成为中性粒子。对于复合消电离只有在带电粒子运动速度较低时才有可能。因此冷却电弧，或将电弧挤入绝缘的窄缝里，迅速导出电弧内部热量，降低温度，减小离子的运动速度，以便加强复合过程。对于扩散消电离可降低弧柱周围的温度，或减小电弧直径，使电弧内部电子、离子的含量增加也可增加扩散消电离作用。

3）灭弧的基本方法

（1）拉长电弧，从而降低电场强度。

（2）用电磁力使电弧在冷却介质中运动，降低弧柱周围的温度。

（3）将电弧挤入绝缘壁组成的窄缝中以冷却电弧。

（4）将电弧分割成数段串联的短弧，每一短弧两边可看作一对电极，而每对电极间都有 150 ~ 250 V 的绝缘强度，这就大大加强了触头间的绝缘强度，使触头间电压不足以达到电弧的燃烧电压。

4）常用的灭弧方法

（1）电动力吹弧。图 1-8 所示为双断口电动力吹弧。它是一种桥式结构双断口触头，当触头断开电路时，在断口处产生电弧。电弧电流在两电弧之间产生图示所示的磁场。根据左手定则，电弧电流将受到指向外侧的电动力 F 的作用，使电弧向外运动并拉长，使它迅速冷却并熄灭。此外，也具有将一个电弧分为两个来削弱电弧的作用。这种灭弧方法常用于小容量的交流接触器中。

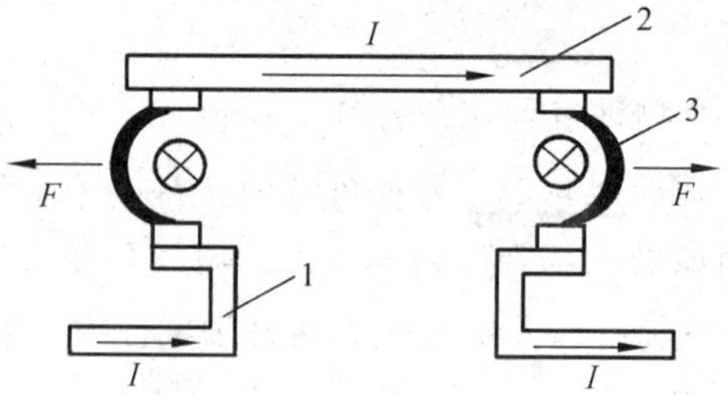

1—静触头；2—动触头；3—电弧。

图 1-8　双断口电动力吹弧

（2）磁吹灭弧。为加强弧区的磁场强度，以获得较大的电弧运动速度，在触头电路中串入磁吹线圈，磁吹灭弧原理如图 1-9 所示。该线圈产生的磁场由导磁夹板引向触头周围。磁吹线圈产生的磁场 6 与电弧电流产生的磁场 7 相互叠加，这两个磁场在电弧下方方向相同，在电弧上方方向相反，所以电弧下方的磁场强于上方的磁场。在下方磁场作用下，电弧受力方向为 F 所指的方向，在 F 的作用下，电弧被吹离触头，经引弧角引进灭弧罩，使电弧熄灭。这种灭弧方法常用于直流灭弧装置中。

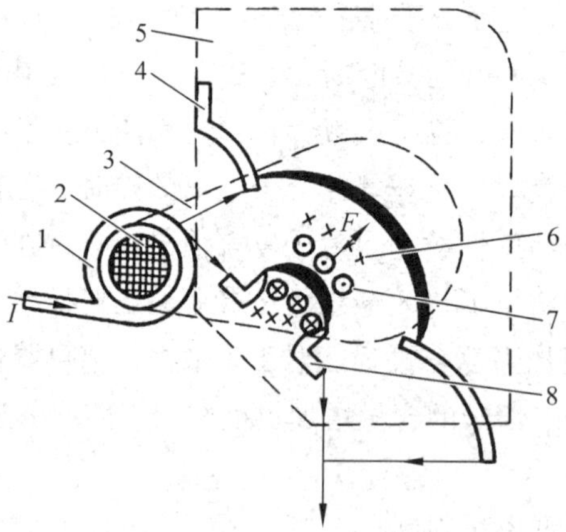

1—磁吹线圈；2—铁心；3—导磁夹板；4—引弧角；5—灭弧罩；6—磁吹线圈磁场；7—电弧电流磁场；8—动触头。

图 1-9　磁吹灭弧原理

（3）栅片灭弧。灭弧栅由多片镀铜薄钢片（称为栅片）和石棉绝缘板组成，它们安放在电器触头上方的灭弧室内，彼此之间互相绝缘，片间距离在 2 ~ 5 mm。当触头分断电路时，在触头之间产生电弧，电弧电流产生磁场，钢片磁阻比空气磁阻小得多，使灭弧栅上方的磁通非常稀疏，而灭弧栅处的磁通非常密集，这种上疏下密的磁场将电弧拉入灭弧罩中，当电弧进入灭弧栅后，被分割成一段段串联的短弧，栅片灭弧示意图如图 1-10 所示。这样每两片灭弧栅片可看成一对电极，而每对电极间都有 150 ~ 250 V 的绝缘强度，使整个灭弧栅的绝缘强度大大加强，以致外加电压无法维持电弧，使电弧迅速熄灭。同时，栅片还能吸收电弧热量，使电弧迅速冷却也利于电弧熄灭。由于灭弧栅对交流电弧的灭弧作用更有效，故灭弧栅装置常用作交流灭弧。

（4）窄缝灭弧。图 1-11 所示为窄缝灭弧，这种灭弧的方法是利用灭弧罩的窄缝来实现的。

灭弧罩内有一个或数个纵缝，缝的下部宽上部窄。当触头断开时，电弧在电动力的作用下进入缝内，窄缝可将弧柱分成若干直径较小的电弧，同时将电弧直径压缩，使电弧与缝壁紧密接触，加强冷却和消游离作用，使电弧迅速熄灭，灭弧罩通常用陶土、石棉水泥或耐弧塑料制成。

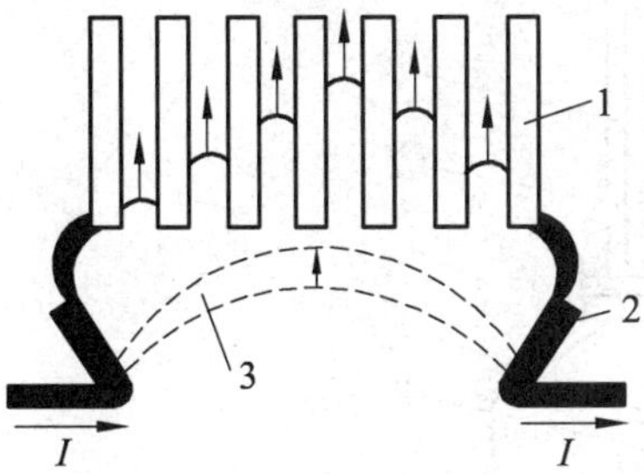

1—灭弧栅片；2—触头；3—电弧。

图 1-10　栅片灭弧示意图

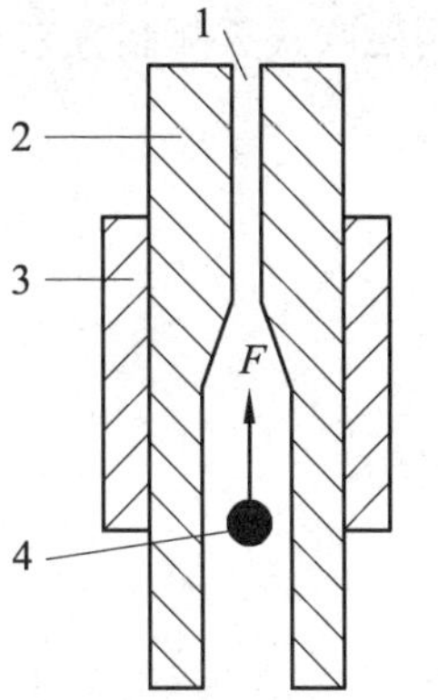

1—纵缝；2—介质；3—磁性夹板；4—电弧。

图 1-11　窄缝灭弧

任务 1.2　电磁式接触器

接触器是用于中远距离频繁地接通与断开交直流主电路及大容量控制电路的一种自动开关电器。它主要用于自动控制交、直流电动机、电热设备及电容器组等设备。接触器具有大的执行机构、大容量的主触头及迅速熄灭电弧的能力。当电路发生故障时，能迅速、可靠地切断电源，并有低压释放功能，与保护电器配合可用于电动机的控制及保护，故应用十分广泛。

接触器按操作方式分，有电磁接触器、气动接触器和电磁气动接触器；按灭弧介质分，有空气电磁式接触器、油浸式接触器和真空接触器等；按主触头控制的电路种类分，有交流接触器、直流接触器、切换电容接触器等。其中应用最广泛的是空气电磁式交流接触器和空气电磁式直流接触器，简称为交流接触器和直流接触器。

1.2.1　接触器的结构及工作原理

接触器由电磁机构、触头系统、灭弧装置、释放弹簧、触头弹簧、触头压力弹簧、支架及底座等组成，图 1-12 所示为交流接触器结构示意，图 1-13 所示为交流接触器对应的电路符号。

电磁机构由线圈、铁心和衔铁组成，用作产生电磁吸力，带动触头动作。

触头系统有主触头和辅助触头两种，中小容量的交、直流接触器的主、辅触头一般都采用直动式双断口桥式触头，大容量的主触头采用转动式单断点指形触头。辅助触头在结构上通常是常开和常闭成对的。当线圈通电后，衔铁在电磁吸力作用下吸向铁心，同时带动触头组件动作，使常闭触头的定触头分开，与常开触头的定触头接触，实现常闭触头断开，常开触头闭合。当线圈断电或线圈电压降低时，电磁吸力消失或减弱，衔铁在释放弹簧作用下释放，触头复位，实现低电压释放保护功能。

由于接触器主触头用来接通或断开主电路或大电流电路，为了灭弧，小容量接触器常采用电动力吹弧、灭弧罩灭弧；大容量接触器常采用纵缝灭弧装置或栅片灭弧装置灭弧。直流接触器常采用磁吹式灭弧装置来灭弧。

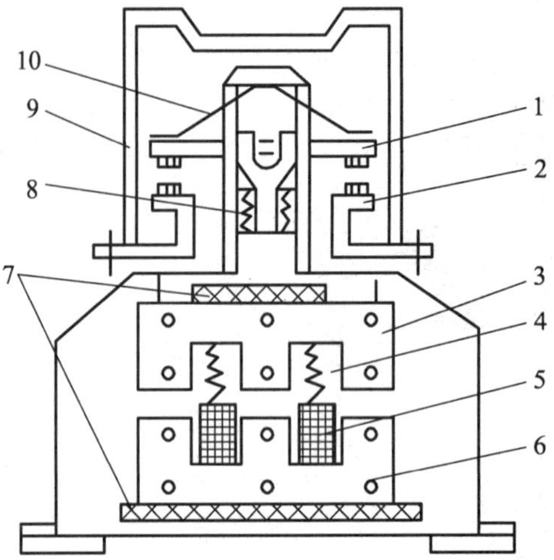

1—动触头；2—静触头；3—衔铁；4—释放弹簧；5—线圈；6—铁心；
7—垫毡；8—触头弹簧；9—灭弧罩；10—触头压力弹簧。

图 1-12　交流接触器结构示意图

（a）线圈　（b）主触点　（c）常开辅助触点　（d）常闭辅助触点

图 1-13　接触器电路符号

1.2.2　常用典型交流接触器介绍

1. 空气电磁式交流接触器

在接触器中，空气电磁式交流接触器（见图 1-14）应用最广泛，产品系列、品种最多，其结构和工作原理基本相同，典型产品有 CJ20、CJ21、CJ26、CJ29、CJ35、CJ40、NC、B、LCl-D、3TB 和 3TF 系列交流接触器等。其中 CJ20 是 20 世纪 80 年代国内统一设计的产品，CJ40 是在 CJ20 基础上于 20 世纪 90 年代更新设计的产品。CJ21 是引进德国芬纳尔公司技术生产的，3TB 和 3TF（国内型号为 CJX3）是引进德国西门子公司技术生产的（3TF 是在 3TB 基础上改进设计的产品），B 系列是引进德国 ABB 公司技术生产的，LCl-D（国内型号为 CJX4）是引进法国 TE 公司技术生产的。此外，还有 CJ12、CJ15、CJ24 等系列大功率重任务交流接触器。

2. 切换电容器接触器

切换电容器接触器（见图 1-15）专用于低电压无功功率补偿设备中投入或切除并联电容器组，以调整用电系统的功率因数。常用产品有 CJ16、CJ19、CJ41、CJX4、CJX2A、LCl-D、6C 系列等。

图 1-14　空气电磁式交流接触器

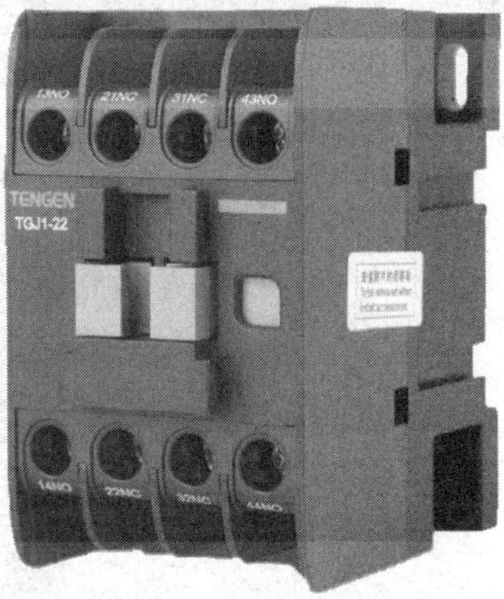

图 1-15　切换电容器接触器

3. 真空交流接触器

真空接触器（见图 1-16）以真空为灭弧介质，其主触头密封在真空开关管内。特别适用于条件恶劣的危险环境中。常用的真空接触器有 CKJ 和 EVS 系列等。

4. 直流接触器

直流接触器（见图 1-17）应用于直流电力线路中，供远距离接通与分断电路及直流电动机的频繁起动、停止、反转或反接制动控制，以及 CD 系列电磁操作机构合闸线圈或频繁接通和断开起重电磁铁、电磁阀、离合器、电磁线圈等。常用的直流接触器有 CZ18、CZ21、CZ22 和 CZ0 系列等。

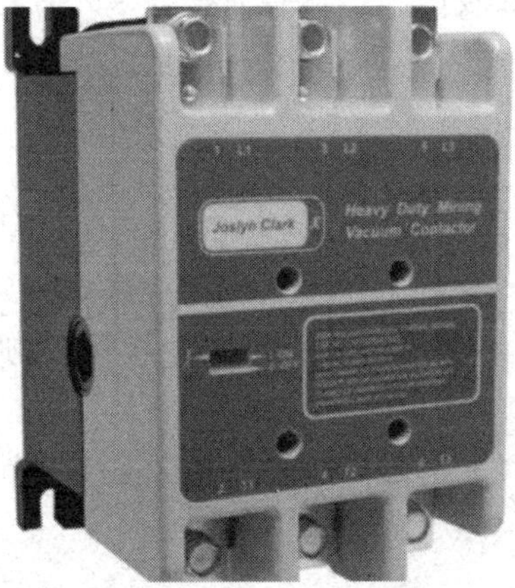

图 1-16　真空接触器

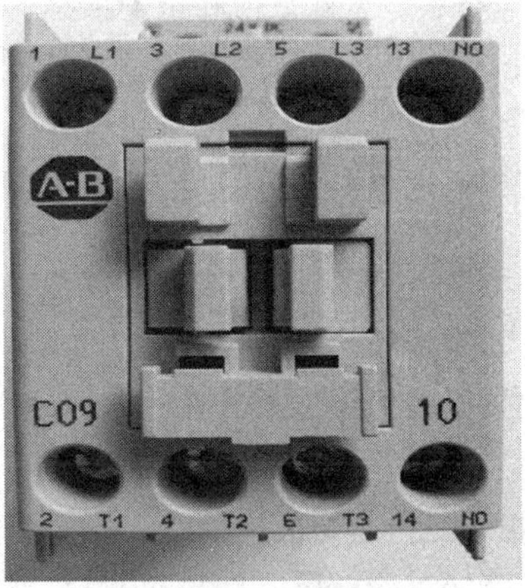

图 1-17　直流接触器

5. **智能化接触器**

智能化接触器（见图 1-18）装有智能化电磁系统，对接触器的电磁系统进行动态控制，并具有与数据总线及与其他设备之间相互通信的功能。它由基本系列的电磁接触器及附件组成。附件包括智能控制模块、辅助触头组、机械联锁机构、报警模块、测量显示模块、通信接口模块等，所有智能化功能都集成在一块以微处理器或单片机为核心的控制板上。从外形结构看，与传统产品不同的是智能化接触器在出线端侧增加了一块带中央处理器及测量线圈的机电一体化的电路板。

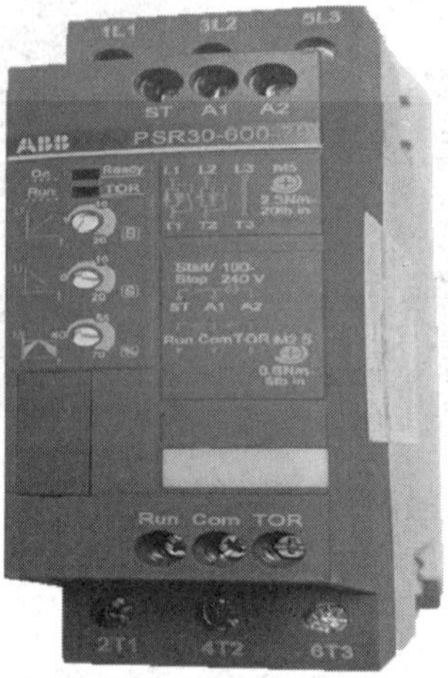

图 1-18　智能化接触器

智能化接触器是对接触器的整个动态工作进行实时控制，根据动作过程中检测到的电磁系统的参数，进行实时数据处理，并依此选取事先存储在控制芯片中的相应控制方案以实现确定的动作，实现接触器吸合、保持和分断三个过程的最佳实时控制。同时，经检测元件再通过计算，可获得与控制对象相匹配的保护特性，并可实现过载、断相或三相不平衡、短路、接地故障等保护电路。

智能化接触器通过通信接口直接与自动控制系统的通信网络相连，通过数据总线可输出工作状态参数、负载数据和报警信息等，另一方面还可接收上位控制计算机及可编程序控制器的控制指令，其通信接口可与大多数低压电器数据通信规约兼容。

1.2.3　接触器的主要技术参数

接触器的主要技术参数有极数和电流种类、额定工作电压、额定工作电流（或额定控制功率）、额定通断能力、线圈额定电压、允许操作频率、机械寿命和电寿命、使用类别等。

1）接触器的极数和电流种类

按接触器主触头个数与接通与断开主电路电流种类，有直流接触器和交流接触器，极数又有两极、三极与四极接触器。

2）额定工作电压

接触器额定工作电压是指主触头之间的正常工作电压值，也就是指主触头所在电路的电源电压。直流接触器额定电压有 110 V、220 V、440 V、660 V，交流接触器额定电压有 127 V、220 V、380 V、500 V、660 V。

3）额定工作电流

接触器额定工作电流是指主触头正常工作电流值。直流接触器额定电流有 40 A、80 A、100 A、150 A、250 A、400 A 及 600 A；交流接触器额定电流有 10 A、20 A、40 A、60 A、100 A、150 A、250 A、400 A 及 600 A。

4）额定通断能力

额定通断能力是指接触器主触头在规定条件下能可靠地接通和分断的电流值。在此电流值下接通电路时，主触头不应发生熔焊；在此电流下分断电路时，主触头不应发生长时间燃弧。电路中超出此电流值的分断任务，则由熔断器、断路器等保护电器承担。

5）线圈额定工作电压

线圈额定工作电压是指接触器电磁吸引线圈正常工作电压值。常用接触器线圈额定电压等级：交流线圈有 127 V、220 V、380 V；直流线圈有 110 V、220 V、440 V。

6）允许操作频率

允许操作频率是指接触器在每小时内可实现的最高操作次数。交、直流接触器额定操作频率有 600 次/h、1 200 次/h。

7）机械寿命和电气寿命

机械寿命是指接触器在需要修理或更换机构零件前所能承受的无载操作次数。电气寿命是在规定的正常工作条件下，接触器不需修理或更换的有载操作次数。

8）使用类别

接触器用于不同负载时，其对主触头的接通和分断能力要求不同，按不同使用条件来选用相应使用类别的接触器便能满足其要求。在电力拖动控制系统中，接触器常见的使用类别及典型用途见表 1-1。它们的主触头达到的接通和分断能力：AC1 和 DC1 类允许接通和分断额定电流；AC2、DC3 和 DC5 类允许接通和分断 4 倍的额定电流；AC3 类允许接通 6 倍的额定电流和分断额定电流；AC4 类允许接通和分断 6 倍的额定电流。

表 1-1　接触器常见使用类别和典型用途

电流种类	使用类别	典型用途
AC（交流）	ACl	无感或微感负载、电阻炉
	AC2	绕线转子异步电动机的起动、制动
	AC3	笼型异步电动机的起动、运转中分断
	AC4	笼型异步电动机的起动、反接制动、反向和点动
DC（直流）	DC1	无感或微感负载、电阻炉
	DC2	并励电动机的起动、反接制动和点动
	DC3	串励电动机的起动、反接制动和点动

部分 CJ20 系列交流接触器主要技术数据见表 1-2。

表 1-2 部分 CJ20 系列交流接触器主要技术数据

型号	极数	额定工作电压 U_N/V	额定工作电流 I_N/A	额定操作频率（AC3）/（次/h）	寿命/万次		380 V、AC3 类工作制下控制电动机功率 P/kW	辅助触头组合
					机械	电气		
CJ20-10	3	220	10	1 200	1 000	100	2.2	开 3 闭 开 2 闭 开 1 闭
		380	10	1 200			4	
		660	5.8	600			7	
CJ20-16		220	16	1 200			4.5	2 开 2 闭
		380	16	1 200			7.5	
		660	13	600			11	
CJ20-25		220	25	1 200			5.5	
		380	25	1 200			11	
		660	16	600			13	
CJ20-40		220	40	1 200			11	
		380	40	1 200			22	
		660	25	600			22	

1.2.4 接触器的选用

（1）接触器极数和电流种类的确定。接触器由主电路电流种类来决定选择直流接触器还是交流接触器。三相交流系统中一般选用三极接触器，当需要同时控制中性线时，则选用四极交流接触器。单相交流和直流系统中则常用两极或三极并联。一般场合选用电磁式接触器；易爆易燃场合应选用防爆型及真空接触器。

（2）根据接触器所控制负载的工作任务来选择相应使用类别的接触器。如负载是一般任务则选用 AC3 类别；负载为重任务则应选用 AC4 类别；如果负载为一般任务与重任务混合时，则可根据实际情况选用 AC3 或 AC4 类接触器，如选用 AC3 类别时，应降级使用。

（3）根据负载功率和操作情况来确定接触器主触头的电流等级。当接触器使用类别与所控制负载的工作任务相对应时，一般按控制负载电流值来决定接触器主触头的额定电流值；若不对应时，应降低接触器主触头电流等级使用。

（4）根据接触器主触头接通与分断主电路电压等级来决定接触器的额定电压。

（5）接触器吸引线圈的额定电压应由所接控制电路电压确定。

（6）接触器触头数和种类应满足主电路和控制电路的要求。

任务 1.3 电磁式继电器

继电器是一种利用各种物理量的变化，将电量或非电量信号转化为电磁力或使输出状态发生阶跃变化，从而通过其触头或突变量促使在同一电路或另一电路中的其他器件或装置动作的一种控制元件。它用于各种控制电路中进行信号传递、放大、转换、联锁等，控制主电路和辅助电路中的器件或设备按预定的动作程序进行工作，实现自动控制和保护的目的。

被转化或施加于继电器的电量或非电量称为继电器的激励量（输入量），继电器的激励量可以是电量，如交流或直流的电流、电压，也可以是非电量如位置、时间、温度、速度、压力等。当输入量高于它的吸合值或低于它的释放值时，继电器动作，对于有触头继电器是其触头闭合或断开，对于无触头继电器是其输出发生阶跃变化，以此提供一定的逻辑变量，来实现相应的控制。

常用的继电器按动作原理分为电磁式、磁电式、感应式、电动式、光电式、压电式、热继电器与时间继电器等。按激励量不同分为交流、直流、电压、电流、中间、时间、速度、温度、压力、脉冲继电器等。其中以电磁式继电器种类最多，应用最广泛。

任何一种继电器都具有两个基本机构，一是能反应外界输入信号的感应机构；二是对被控电路实现“通”“断”控制的执行机构。前者又由变换机构和比较机构组成，变换机构是将输入的电量或非电量变换成适合执行机构动作的某种特定物理量，如电磁式继电器中的铁心和线圈，能将输入的电压或电流信号变换为电磁力，比较机构用于对输入量的大小进行判断，当输入量达到规定值时才发出命令使执行机构执行，电磁式继电器中的返回弹簧，由于事先的压缩产生了一定的预压力，使得只有当电磁力大于此力时触头系统才动作。至于继电器的执行机构，对有触头继电器就是触头的接通与断开，对无触头半导体继电器则因晶体管具有截止、饱和两种状态来实现对电路的通断控制。

1.3.1　电磁式继电器的基本结构及分类

1. 电磁式继电器的结构

电磁式继电器结构和工作原理与电磁式接触器相似，电磁式继电器的典型结构如图 1-19 所示。它由电磁机构和触头系统两部分组成，因继电器的触头均接在控制电路中，电流小，无须再设灭弧装置，但继电器为满足控制要求，需调节动作参数，故有调节装置。

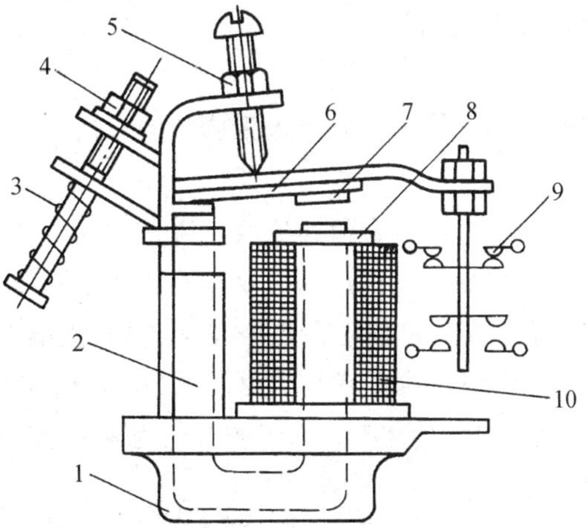

1—底座；2—铁心；3—释放弹簧；4，5—调节螺母；6—衔铁；
7—非磁性垫片；8—极靴；9—触头系统；10—线圈。

图 1-19　电磁式继电器的典型结构

（1）电磁机构。直流继电器的电磁机构均为 U 形拍合式，铁心和衔铁均由电工软铁制成。为了改变衔铁闭合后的气隙，在衔铁的内侧面上装有非磁性垫片，铁心铸在铝基座上。

交流继电器的电磁机构有 U 形拍合式、E 形直动式、螺管式等结构形式。铁心与衔铁均由硅钢片叠制而成，且在铁心柱端面上嵌有短路环。

（2）触头系统。继电器的触头一般都为桥式触头，有常开和常闭两种形式，没有灭弧装置。

（3）调节装置。为改变继电器的动作参数，应设有改变继电器释放弹簧松紧程度的调节装置和改变衔铁释放时初始状态磁路气隙大小的调节装置，如调节螺母和非磁性垫片。

2．电磁式继电器的分类

电磁式继电器按输入信号不同有电压继电器、电流继电器、时间继电器、速度继电器和中间继电器；按线圈电流种类不同有交流继电器和直流继电器；按用途不同有控制继电器、保护继电器、信号继电器和安全继电器等。

1.3.2　电磁式继电器的特性及主要参数

1．电磁式继电器的特性

继电器的特性是指继电器的输出量随输入量变化的关系，即输入-输出特性。电磁式继电器的特性就是电磁机构的继电特性，如图 1-5 所示。图中 x_0 为继电器的动作值（吸合值），x_r 为继电器的复归值（释放值），这二值为继电器的动作参数。

2．继电器的主要参数

1）额定参数

继电器的线圈和触头在正常工作时允许的电压值或电流值称为继电器额定电压或额定电流。

2）动作参数

动作参数即继电器的吸合值与释放值。对于电压继电器，有吸合电压 U_0 与释放电压 U_r；对于电流继电器，有吸合电流 I_0 与释放电流 I_r。

3）整定值

根据控制要求，对继电器的动作参数进行人为调整的数值。

4）返回参数

返回参数是指继电器的释放值与吸合值的比值，用 K 表示。K 值可通过调节释放弹簧或调节铁心与衔铁之间非磁性垫片的厚度来达到所要求的值。不同场合要求不同的 K 值，如对一般继电器要求具有低的返回系数，K 值应在 0.1 ~ 0.4，这样当继电器吸合后，输入量波动较大时不致引起误动作；欠电压继电器则要求高的返回系数，K 值应在 0.6 以上。如有一电压继电器 $K = 0.66$，吸合电压为额定电压的 90%，则释放电压为额定电压的 60%时，继电器就释放，从而起到欠电压保护作用。

5）动作时间

动作时间有吸合时间和释放时间两种。

吸合时间是指从线圈接收电信号起，到衔铁完全吸合上所需的时间；释放时间是指从线圈断电到衔铁完全释放所需的时间。一般电磁式继电器动作时间为0.05 ~ 0.2 s，动作时间小于0.05 s为快速动作继电器，动作时间大于0.2 s为延时动作继电器。

1.3.3　电磁式电压继电器与电流继电器

电磁式继电器反映的是电信号，当线圈反映电压信号时，为电压继电器。当线圈反映电流信号时，为电流继电器。其在结构上的区别主要在线圈上，电压继电器的线圈的匝数多、导线细，而电流继电器的线圈匝数少、导线粗。

电磁式继电器有交、直流之分，它是按线圈通过交流电还是直流电来决定的。

1．电磁式电压继电器

电磁式电压继电器线圈并接在电路电压上，其触头的动作与线圈电压大小直接有关，在电力拖动控制系统中起电压保护和控制作用。按吸合电压相对额定电压大小可分为过电压继电器和欠电压继电器。

（1）过电压继电器（见图1-20）在电路中用于过电压保护。当线圈为额定电压时，衔铁不会吸合，当线圈电压高于其额定电压时，衔铁才吸合动作。当线圈所接电路电压降低到继电器释放电压时，衔铁才返回释放状态，相应触头也返回成原来状态。所以，过电压继电器释放值小于动作值，其电压返回系数 $K_v < 1$，规定当 $K_v > 0.65$ 时，称为高返回系数继电器。

由于直流电路一般不会出现过电压，产品中没有直流过电压继电器。交流过电压继电器吸合电压调节范围为 $U = (1.05 \sim 1.2)U_N$。

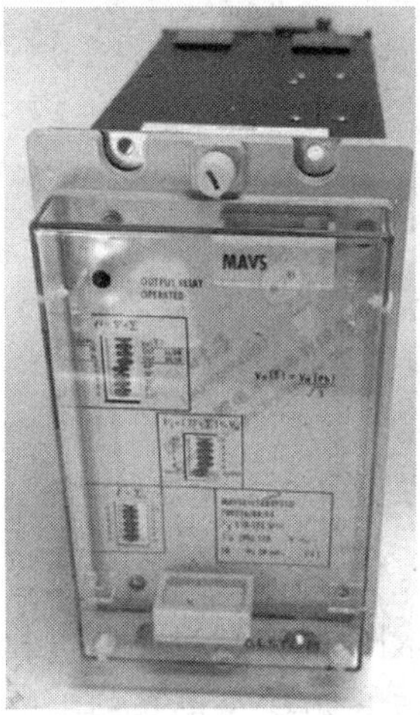

图1-20　过电压继电器

（2）欠电压继电器（见图1-21）在电路中用作欠电压保护用。当线圈电压低于其额定电压值时衔铁就吸合，而当线圈电压很低时衔铁才释放。一般直流欠电压继电器吸合电压 $U_0 = (0.3 \sim 0.5)U_N$，释放电压 $U_r = (0.07 \sim 0.2)U_N$。交流欠电压继电器的吸合电压与释放电压的调节范围分别为 $U_0 = (0.6 \sim 0.85)U_N$，$U_r = (0.1 \sim 0.35)U_N$。由此可见，欠电压继电器的返回系数 K_v 很小。

图 1-21　欠电压继电器

2. **电磁式电流继电器**

电磁式电流继电器（见图 1-22）线圈串接在电路中，用来反映电路电流的大小，触头动作与否与线圈电流大小直接有关。按线圈电流种类分为交流电流继电器和直流电流继电器。按吸合电流大小可分为过电流继电器和欠电流继电器。

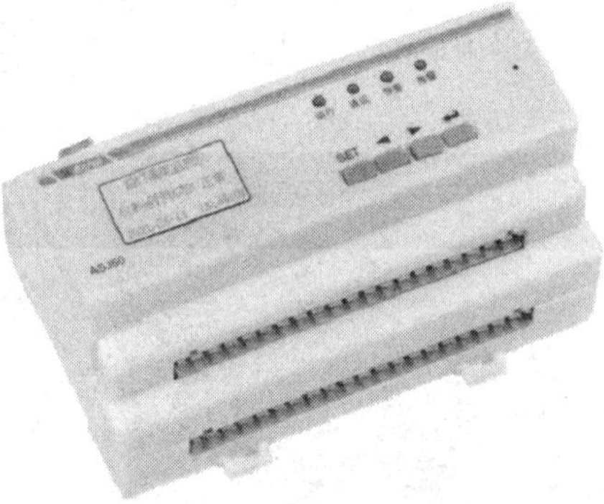

图 1-22　电流继电器

（1）过电流继电器正常工作时，线圈流过负载电流，即便是流过额定电流，衔铁仍处于释放状态，而不被吸合；当流过线圈的电流超过额定负载电流一定值时，衔铁才被吸合而动作，从而带动触头复原，其常闭触头断开，分断负载电路，起过电流保护作用。通常，交流过电流继电器的吸合电流 $I_0 = (1.1 \sim 3.5)I_N$，直流过电流继电器的吸合电流 $I_0 = (0.75 \sim 3)I_N$。由于过电流继电器在出现过电流时衔铁吸合动作，并切断电路，故过电流继电器无释放电流值。

（2）欠电流继电器正常工作时，继电器线圈流过负载额定电流，衔铁吸合动作；当负载电流降低至继电器释放电流时，衔铁释放，带动触头复原。欠电流继电器在电路中起欠电流保护作用，所以常用欠电流继电器的常开触头起保护作用。当继电器欠电流释放时，用常开触头来断开电路。

在直流电路中，由于某种原因而引起负载电流的降低或消失，往往会导致严重的后果，如直流电动机的励磁回路电流过小会使电动机发生超速，带来危险。因此，在电器产品中有直流欠电流继电器，而对于交流电路则无欠电流保护，也就没有交流欠电流继电器。

直流欠电流继电器的吸合电流与释放电流调节范围：$I_0 = (0.3 \sim 0.65)I_N$；$I_r = (0.1 \sim 0.2)I_N$。

3. 电磁式中间继电器

电磁式中间继电器实质上是一种电磁式电压继电器，其特点是触头数量较多，在电路中起增加触头数量和中间放大作用。由于中间继电器只要求线圈电压为零时能可靠释放，对动作参数无要求，故中间继电器没有调节装置。

按电磁式中间继电器线圈电压种类不同，又有直流中间继电器和交流中间继电器。有的电磁式直流继电器，更换不同电磁线圈时便可成为直流电压、直流电流及直流中间继电器，若在铁心柱上套有阻尼套筒，又可成为电磁式时间继电器。因此，这类继电器具有“通用”性，又称为通用继电器。

4. 常用典型电磁式继电器简介

（1）直流电磁式通用继电器常用的有 JT3、JT9、JT10、JT18 等系列。表 1-3 列出了 JT18 系列直流电磁式通用继电器型号、规格、技术数据。

表 1-3　JT18 系列直流电磁式通用继电器型号、规格、技术数据

<table>
<tr><th rowspan="2">继电器类型</th><th rowspan="2">型号</th><th rowspan="2">可调参数调整范围</th><th rowspan="2">延时可调范围/s</th><th colspan="2">触头数量</th><th colspan="2">吸引线圈</th><th rowspan="2">机械寿命/万次</th><th rowspan="2">电气寿命/万次</th></tr>
<tr><th>常开</th><th>常闭</th><th>额定电压（或电流）</th><th>消耗功率/W</th></tr>
<tr><td rowspan="2">电压</td><td rowspan="2">JT18-□</td><td>吸合电压$(0.3 \sim 0.5)U_N$
释放电压$(0.07 \sim 0.3)U_N$</td><td rowspan="2">—</td><td>1</td><td>1</td><td rowspan="2">直流 24 V、48 V、110 V、220 V、440 V</td><td rowspan="2">19</td><td rowspan="2">300</td><td rowspan="2">50</td></tr>
<tr><td>吸合电压$(0.35 \sim 0.5)U_N$</td><td>2</td><td>2</td></tr>
<tr><td rowspan="2">电流</td><td rowspan="2">JT18-□/L</td><td>吸合电流$(0.3 \sim 0.65)I_N$
释放电流$(0.1 \sim 0.2)I_N$</td><td rowspan="2">—</td><td>1</td><td>1</td><td rowspan="2">直流 1.6 A、2.5 A、4.6 A、10 A、16 A、25 A、40 A、63 A、100 A、160 A、250 A、600 A</td><td rowspan="2">19</td><td rowspan="2">300</td><td rowspan="2">50</td></tr>
<tr><td>吸合电流$(0.35 \sim 0.65)I_N$</td><td>2</td><td>2</td></tr>
<tr><td rowspan="6">时间</td><td rowspan="2">JT18-□/1</td><td rowspan="6">—</td><td>0.3 ~ 0.9</td><td rowspan="3">1</td><td rowspan="3">1</td><td rowspan="6">直流 110 V、220 V、440 V</td><td rowspan="6">19</td><td rowspan="6">300</td><td rowspan="6">50</td></tr>
<tr><td>0.3 ~ 1.5</td></tr>
<tr><td rowspan="2">JT18-□/3</td><td>0.8 ~ 3</td></tr>
<tr><td>1 ~ 3.5</td><td rowspan="3">2</td><td rowspan="3">2</td></tr>
<tr><td rowspan="2">JT18-□/5</td><td>2.5 ~ 5</td></tr>
<tr><td>3 ~ 3.5</td></tr>
</table>

（2）电磁式中间继电器常用的有 JZ7、JDZ2、JZ14 等系列。引进产品有 MA406N 系列中间继电器，3TH 系列（国内型号 JZC）中间继电器。JZ14 系列中间继器的型号、规格、技术数据见表 1-4。

表 1-4　JZ14 系列中间继电器型号、规格、技术数据

型号	电压种类	触头电压/V	触头额定电流/A	触头组合		额定操作频率/(次/h)	通电持续频率/%	吸引线圈电压/V	吸引线圈消耗功率
				常开	常闭				
JZ14-□□J/□ JZ14-□□Z/□	交流、直流	380 220	5	6	2	2000	40	交流：110、127、220、380 直流：24、48、110、220	10 V · A 7W
				4	4				
				2	6				

（3）电磁式交、直流电流继电器常用的有 JL3、JL14、JL15 等系列。JL14 系列交、直流电流继电器型号、规格、技术数据见表 1-5。

表 1-5　JL14 系列交、直流电流继电器型号、澳格、技术数据

电流种类	型号	线圈额定电流 I_N/A	吸合电流调整范围	触头数量		备注
				常开	常闭	
直流	JL14－□□Z	1、1.5、2.5、5、10、15、20、40、60、100、150、300、600、1 200、1 500	$(0.7\sim3)I_N$	3	3	–
	JL14－□□ZS		$(0.3\sim0.65)I_N$ 或释放电流在 $(0.1\sim0.2)I_N$ 范围	2	1	手动复位
	JL14－□□ZQ			1	2	欠电流
交流	JL14－□□J		$(1.1\sim4.0)I_N$	1	1	–
	JL14－□□JS			2	2	手动复位
	JL14－□□JQ		–	1	1	返回系数大于 0.6

5. 电磁式继电器的选用

（1）使用类别的选用。

继电器的典型用途是控制接触器的线圈，即控制交、直流电磁铁。按规定，继电器使用类别：DC-11 控制交流电磁铁负载；DC-11 控制直流电磁铁负载。

（2）额定工作电流与额定工作电压的选用。继电器在对应使用类别下，继电器的最高工作电压为继电器的额定绝缘电压，继电器的最高工作电流应小于继电器的额定发热电流。选用继电器电压线圈的电压种类与额定电压值时，应与系统电压种类及电压值一致。

（3）工作制的选用。继电器工作制应与其使用场合工作制一致，且实际操作频率应低于额定操作频率。

（4）继电器返回系数的调节。应根据控制要求来调节电压和电流继电器的返回系数。一般采用增加衔铁吸合后的气隙、减小衔铁打开后的气隙或适当放松释放弹簧等措施来达到增大返回系数的目的。

1.3.4　时间继电器

继电器输入信号输入后，经一定的延时后才有输出信号的继电器称为时间继电器（见图 1-23）。对于电磁式时间继电器，当电磁线圈通电或断电后，经一段时间，延时触头状态才发生变化。

时间继电器种类很多，常用的有电磁阻尼式、空气阻尼式、电动机式和电子式等。按延时方式可分为通电延时型和断电延时型。通电延时型：接收输入信号后延迟一定时间，输出信号才发生变化；输入信号消失后，输出瞬时复原。断电延时型：接收输入信号后，瞬时产生相应的输出信号；输入信号消失后，延迟一定时间，输出信号才复原。下面仅介绍利用电磁原理工作的直流电磁式时间继电器和空气阻尼式时间继电器。

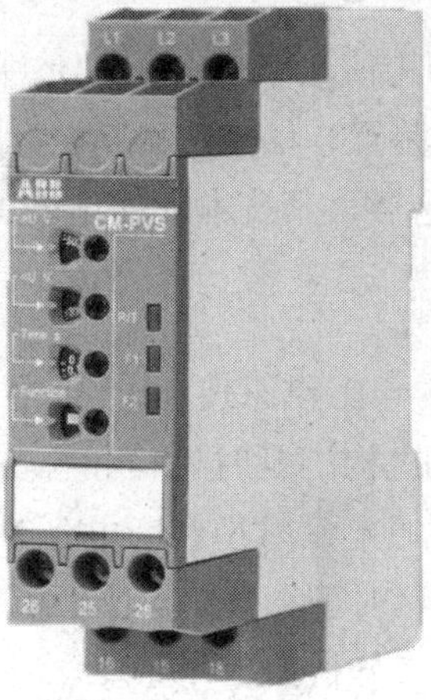

图 1-23　时间继电器

1. 直流电磁式时间继电器

图 1-24 所示为直流电磁式时间继电器，它是在电磁式电压继电器铁心上套上一个阻尼铜套后构成。当电磁线圈接通电源时，在阻尼套筒内产生感应电动势，流过感应电流。在感应电流作用下产生的磁通阻碍穿过铜套内的原磁通变化，因而对原磁通起阻尼作用，使磁路中的原磁通增加缓慢，使达到吸合磁通值的时间加长，衔铁吸合时间后延，触头也延时动作。电磁线圈通电前衔铁处于打开位置，磁路气隙大，磁阻大，磁通小，阻尼套筒作用也小，因此衔铁吸合时的延时只有 0.1 ~ 0.5 s，延时作用可不计。

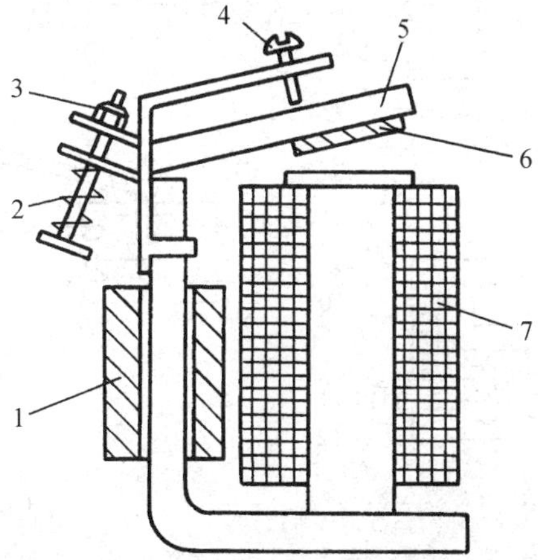

1—阻尼套筒；2—释放弹簧；3—调节螺母；4—调节螺钉；5—衔铁；6—非磁性垫片；7—电磁线圈。

图 1-24　直流电磁式时间继电器

但当衔铁已处于吸合位置，在切断电磁线圈直流电源时，因磁路气隙小，磁阻小，磁通变化大，铜套的阻尼作用大，使电磁线圈断电后衔铁延时释放，相应触头延时动作，线圈断电获得的延时可达 0.3 ~ 5 s。

直流电磁式时间继电器延时时间的长短可改变铁心与衔铁之间非磁性垫片的厚薄（粗调）或改变释放弹簧的松紧（细调）来调节。垫片厚则延时短，热片薄则延时长；释放弹簧紧则延时短，释放弹簧松则延时长。

直流电磁式时间继电器具有结构简单、寿命长、允许通电次数多等优点。但仅适用于直流电路，若用于交流电路需加整流装置；仅能获得断电延时，且延时时间短，延时精度不高。常用的有 JT18 系列电磁式时间继电器，其技术数据见表 1-3。

2. 空气阻尼式时间继电器

1）空气阻尼式时间继电器结构与工作原理

空气阻尼式时间继电器由电磁机构、延时机构和触头系统三部分组成，它利用空气阻尼原理达到延时的目的。延时方式有通电延时型和断电延时型两种。其外观区别在于：当衔铁位于铁心和延时机构之间时为通电延时型；当铁心位于衔铁和延时机构之间时为断电延时型。下面以 JS7-A 系列时间继电器为例来分析其工作原理。

图 1-25 所示为 JS7-A 系列空气阻尼式时间继电器结构原理，图 1-26 所示为时间继电器的电路符号。现以通电延时型为例说明其工作原理。当线圈 1 通电后，衔铁 3 吸合，活塞杆 6 在塔形弹簧 7 作用下带动活塞 13 及橡皮膜 9 向上移动，橡皮膜下方空气室空气变得稀薄，形成负压，活塞杆只能缓慢移动，其移动速度由进气孔气隙大小来决定。经一段延时后，活塞杆通过杠杆 15 压动微动开关 14，使其触点动作，起到通电延时作用。

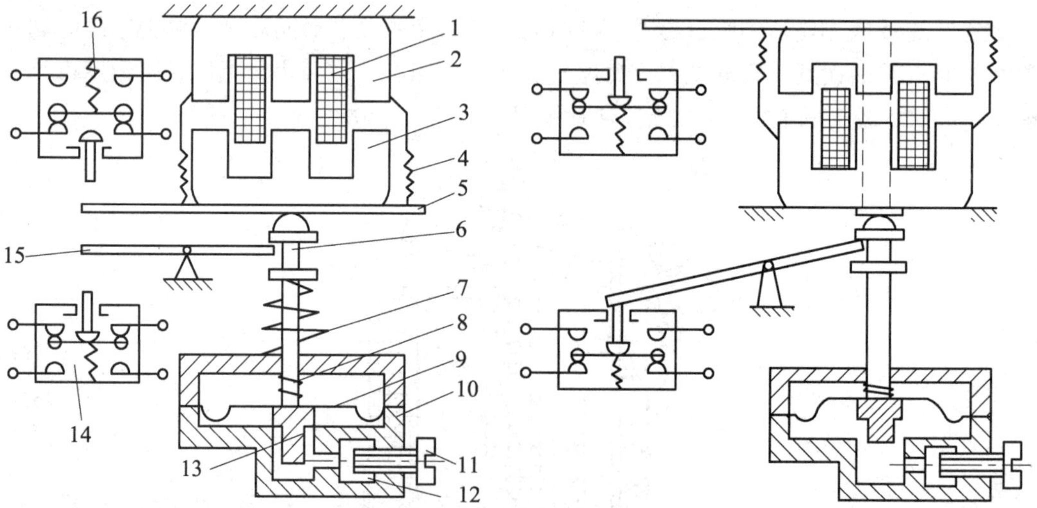

（a）通电延时型　　（b）断电延时型

1—线圈；2—铁心；3—衔铁；4—反力弹簧；5—推板；6—活塞杆；7—塔形弹簧；8—弱弹簧；9—橡皮膜；10—空气室壁；11—调节螺钉；12—进气孔；13—活塞；14、16—微动开关；15—杠杆。

图 1-25　JS7-A 系列空气阻尼式时间继电器结构原理

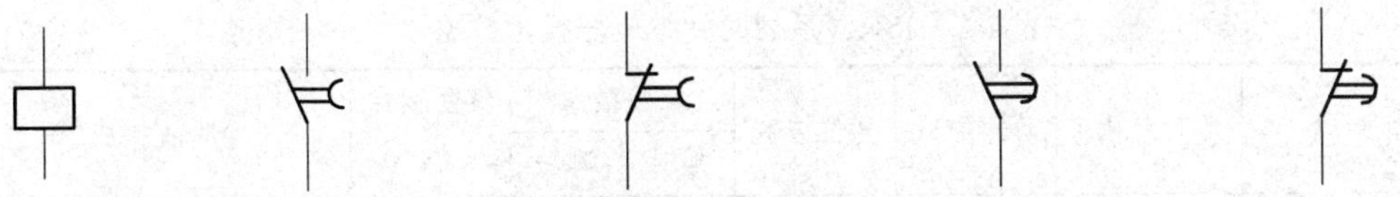

（a）线圈 （b）延时闭合常开触点（c）延时断开常开触点（d）延时闭合常开触点（e）延时闭合常闭触点

图 1-26　时间继电器电路符号

当线圈断电时，衔铁释放，橡皮膜下方空气室内的空气通过活塞肩部所形成的单向阀迅速排出，使活塞杆、杠杆、微动开关迅速复位。由线圈通电至触头动作的一段时间即为时间继电器的延时时间，延时长短可通过调节螺钉 11 来调节进气孔气隙大小来改变。

微动开关 16 在线圈通电或断电时，在推板 5 的作用下都能瞬时动作，其触头为时间继电器的瞬动触头。

空气阻尼式时间继电器具有结构简单、延时范围较大、价格较低的优点，但其延时精度较低，没有调节指示，适用于延时精度要求不高的场合。

2）空气阻尼式时间继电器典型产品简介

空气阻尼式时间继电器典型产品有 JS7、JS23、JSK□系列时间继电器。JS23 系列时间继电器技术数据与输出触头形式及组合见表 1-6 和表 1-7。

表 1-6　JS23 系列时间继电器技术数据

型号	额定电压/V		最大额定电流/A		线圈额定电压/V	延时重复误差/%	机械寿命/万次	电气寿命/万次	
			瞬动	延时				瞬动触头	延时触头
JS23-□□/□	交流	220	—		交流 110、220、380	≤9	100	100	50
		380	0.79						
	直流	110	—						
		220	0.21	0.14					

表 1-7　JS23 系列时间继电器输出触头形式及组合

型号	延时动作触头数量				瞬时动作触头数量	
	线圈通电后延时		线圈断电后延时			
	常开触头	常闭触头	常开触头	常闭触头	常开触头	常闭触头
JS23-1□/□	1	1	—	—	4	0
JS23-2□/□	1	1	—	—	3	1
JS23-3□/□	1	1	—	—	2	2
JS23-4□/□	—	—	1	1	4	0
JS23-5□/□	—	—	1	1	3	1
JS23-6□/□	—	—	1	1	2	2

JSK□系列空气阻尼式时间继电器采用积木式结构，它由 LA2-D 或 LA3-D 型空气延时头与 CA2-DN/122 型中间继电器组合而成，其技术数据见表 1-8。

表 1-8　JSK□系列时间继电器技术数据

型号	延时范围/s	动作方式	复位方式	触头数量		线圈额定电压/V	产品构成
				延时	瞬动		
JSK□-3/1	0.1～3	通电延时	自动复位	1 常开 2 常闭	2 常开 2 常闭	220 380 415 440 550	LA2-D20+CA2-DN/122
JSK□-30/1	0.1～30						LA2-D22+CA2-DN/122
JSK□-180/1	10～180						LA2-D24+CA2-DN/122
JSK□-3/2	0.1～3	断电延时	自动复位				LA2-D20+CA2-DN/122
JSK□-30/2	0.1～30						LA2-D22+CA2-DN/122
JSK□-180/2	10～180						LA2-D24+CA2-DN/122

3. 时间继电器的选用

对于延时要求不高的场合，通常选用直流电磁式或空气阻尼式时间继电器，但前者仅能获得直流断电延时，且延时时间在 5 s 内，故限制了应用，大多情况下选用空气阻尼式时间继电器。首先按控制电路电流种类和电压等级来选用时间继电器线圈电压值，再按控制电路的控制要求来选择通电延时型还是断电延时型，然后再选择触头是延时闭合还是延时断开，最后考虑延时触头数量和瞬动触头数量是否满足控制电路的要求。

任务 1.4　其他常用低压电器

1.4.1　热继电器

热继电器（见图 1-27）是利用电流流过发热元件产生热量来使检测元件受热弯曲，进而推动机构动作的一种保护电器。由于发热元件具有热惯性，所以在电路中不能用于瞬时过载保护，更不能做短路保护，主要用作电动机的长期过载保护。在电力拖动控制系统中应用最广的是双金属片式热继电器。

图 1-27　热继电器

1. 电气控制对热继电器性能的要求

（1）应具有合理可靠的保护特性。

热继电器主要用作电动机的长期过载保护，由于电动机的过载特性是一条如图 1-28 所示的反时限特性，为适应电动机的过载特性，又能起到过载保护作用，就要求热继电器具有形同电动机过载特性的反时限特性。这条特性是流过热继电器发热元件的电流与热继电器触头动作时间的关系曲线，称为热继电器的保护特性，如图 1-28 中曲线 2 所示。考虑各种误差的影响，电动机的过载特性与热继电器的保护特性是一条曲带，误差越大，带越宽。从安全角度出发，热继电器的保护特性应处于电动机过载特性下方并相邻近。这样，当发生过载时，热继电器就在电动机未达到其允许过载之前动作，切断电动机电源，实现过载保护。

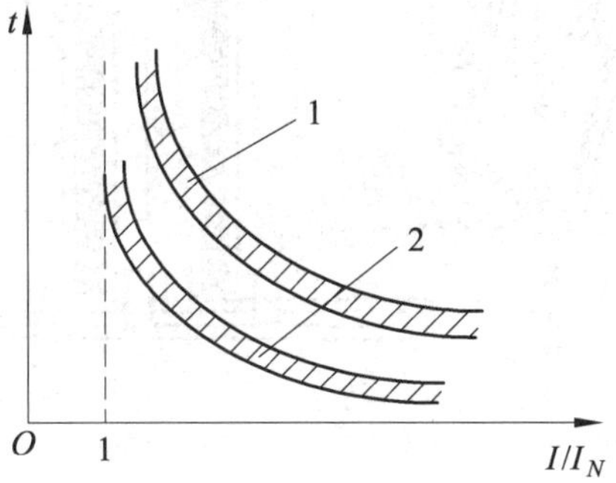

1—电动机的过载特性；2—热继电器的保护特性。

图 1-28　热继电器保护特性与电动机过载特性的配合

（2）具有一定的温度补偿。

当环境温度变化时，热继电器检测元件受热弯曲存在误差，为补偿由于温度引起的误差，应具有温度补偿装置。

（3）热继电器动作电流方便调节。

为减少热继电器热元件的规格，热继电器动作电流可在热元件额定电流 66% ~ 100%范围内调节。

4）具有手动复位与自动复位功能。

热继电器动作后，可在 2 min 内按下手动复位按钮进行复位，也可在 5 min 内可靠地自动复位。

2. 双金属片热继电器的结构及工作原理

双金属片热继电器主要由热元件、主双金属片、触头系统、动作机构、复位按钮、电流整定装置和温度补偿元件等部分组成。图 1-29 所示为双金属片式热继电器结构原理，图 1-30 所示为热继电器的电路符号。

双金属片是热继电器的感测元件，它将两种线膨胀系数不同的金属片以机械辗压的方式使其形成一体，膨胀系数大的称为主动片，膨胀系数小的称为被动片。而环绕其上的电阻丝串接于电动机定子电路中，流过电动机定子线电流，反映电动机过载情况。由于电流的热效应，使双金属片变热产生线膨胀，于是双金属片向被动片一侧弯曲，当电动机正常运行时，热元件产生的热量虽能使双金属片弯曲，但还不足以使热继电器的触头动作。只有当电动机长期过载时，过载电流流过热元件，使双金属片弯曲位移增大，经一定时间后，双金属片弯曲到推动导板 3，并通过补偿双金属片 4 与推杆 6 将触头 7 与 8 分开，此常闭触头串接于接触器线圈电路中，触头分开后，接触器线圈断电，接触器主触点断开电动机定子电源，实现电动机的过载保护。

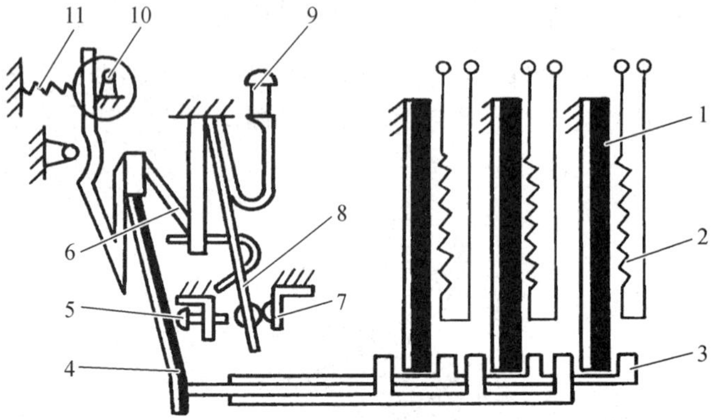

1—主双金属片；2—电阻丝；3—导板；4—补偿双金属片 5—螺钉；6—推杆；7—静触头；8—动触头；9—复位按钮 10—调节凸轮；11—弹簧。

图 1-29　双金属片式热继电器结构原理

（a）热元件　　（b）常闭触点

图 1-30　热继电器的热元件和常闭触点符号

调节凸轮 10 用来改变补偿双金属片与导板间的距离，达到调节整定动作电流的目的。此外，调节复位螺钉 5 来改变常开触头的位置，使继电器工作在手动复位或自动复位两种工作状态。调试手动复位时，在故障排除后需按下复位按钮 9 才能使常闭触头闭合。

补偿双金属片可在规定范围内补偿环境温度对热继电器的影响，当环境温度变化时，主双金属片与补偿双金属片同时向同一方向弯曲，使导板与补偿双金属片之间的推动距离保持不变。这样，继电器的动作特性将不受环境温度变化的影响。

3. 具有断相保护的热继电器

三相异步电动机运行时，若发生一相断路，流过电动机各相绕组的电流将发生变化，其变化情况将与电动机二相绕组的接法有关。如果热继电器保护的三相电动机是星形联结，当发生一相断路时，另外两相线电流增加很多，此时线电流等于相电流，而使流过电动机绕组的电流就是流过热继电器热元件的电流，因此，采用普通的两相或三相热继电器就可对此作出保护。如果电动机是三角形联结，在正常情况下，线电流是相电流的 $\sqrt{3}$ 倍，串接在电动机电源进线中的热元件按电动机额定电流，即线电流来整定。图 1-31 所示为电动机三角形联结当 U 相断路时的电流分析，当发生一相断路时，且电动机仅为 0.58 额定负载时，流过跨接于全电压下的一相绕组的相电流 I_{P3} 等于 1.15 额定相电流，而流过两相绕组串联的电流 $I_{P1}=I_{P2}$ 仅为 0.58 的额定相电流。此时未断相的那两相线电流正好为额定线电流，接在电动机进线中的热元件，因流过额定线电流，热继电器不动作，但流过全压下的一相绕组已流过 1.15 倍额定相电流，时间一长便有过热烧毁的危险。所以，三角形联结的电动机必须采用带断相保护的热继电器来对电动机进行长期过载保护。

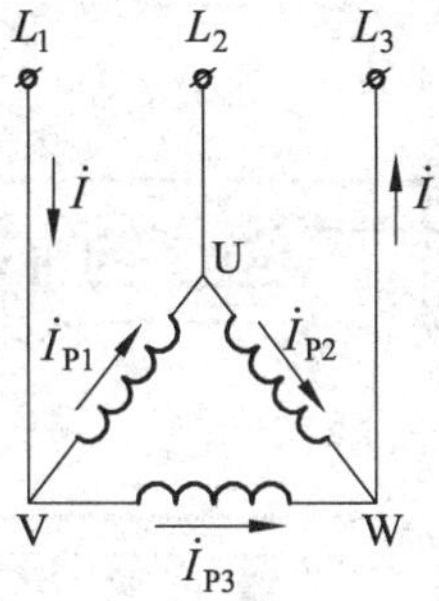

图 1-31 电动机三角形联结当 U 相断路时的电流分析

带有断相保护的热继电器是将热继电器的导板改成差动机构。图 1-32 所示为差动式断相保护机构及工作原理。差动机构由上导板 1、下导板 2 及装有顶头 4 的杠杆 3 组成，它们之间均用转轴连接。其中，图 1-32（a）为未通电时导板的位置；图 1-32（b）为热元件流过正常工作电流时的位置，此时三相双金属片都受热向左弯曲，但弯曲的挠度不够，所以下导板向左移动一小段距离，顶头 4 尚未碰到补偿双金属片 5，继电器不动作；图 1-32（c）是电动机三相同时过载的情况，三相双金属片同时向左弯曲。推动下导板向左移动，通过杠杆 3 使顶头 4 碰到补偿双金属片端部，使继电器动作；图 1-32（d）为 W 相断路时的情况，这时 W 相双金属片将冷却，端部向右弯曲，推动上导板向右移，而另外两相双金属片仍受热，端部向左弯曲推动下导板继续向左移动。这样上、下导板的一右一左移动，产生了差动作用，通过杠杆的放大作用。迅速推动补偿双金属片，使继电器动作。由于差动作用，使继电器在断相故障时加速动作，保护电动机。带断相保护热继电器的保护特性见表 1-9。

4. 热继电器典型产品及主要技术参数

常用的热继电器有 JR20、JRSl、JR36、JR21、3UA5、3UA6、LRl-D、T 系列。后四种是引入国外技术生产的。

JR20 系列热继电器具有断相保护、温度补偿、整定电流值可调、手动脱扣、自动复位、动作后的信号指示等功能。它与交流接触器的安装方式有分立结构和组合式结构两种，可通过导电杆与挂钩直接插接，并可电气连接在 CJ20 接触器上。引进的 T 系列热继电器常与 B 系列接触器组成电磁起动器。表 1-10 列出了 JR20 部分产品的技术数据。

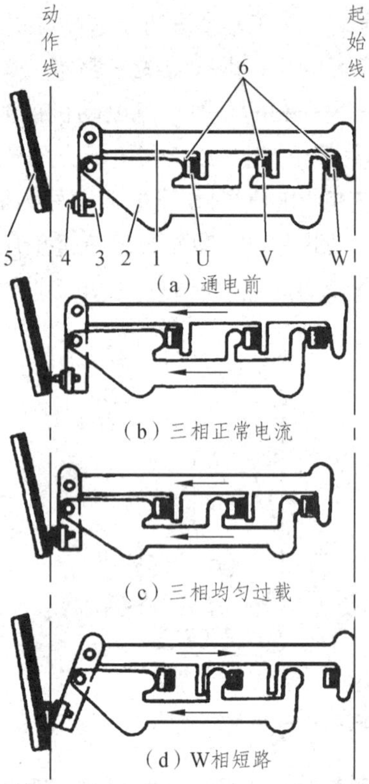

1—上导板；2—下导板；3—杠杆；4—顶头；5—补偿双金属片；6—主双金属片。

图 1-32　差动式断相保护机构及工作原理

表 1-9　带断相保护热继电器的保护特性

项目	电流倍数		动作时间	试验条件
	任意两相	第三相		
1	1	0.9	2 h 不动作	冷态
2	1.15	0	<2 h	从项 1 电流加热到稳定后开始

表 1-10　JR20 系列热继电器技术数据

型号	热元件号	整定电流范围/A	型号	热元件号	整定电流范围/A
R20-10 配 CJ20-10	1R	0.1 ~ 0.13 ~ 0.15	JR20-16 配 CJ20-16	1S	3.6 ~ 4.5 ~ 5.4
	2R	0.15 ~ 0.19 ~ 0.23		2S	5.4 ~ 6.7 ~ 8
	3R	0.23 ~ 0.29 ~ 0.35		3S	8 ~ 10 ~ 12
	4R	0.35 ~ 0.44 ~ 0.53		4S	10 ~ 12 ~ 14
	5R	0.53 ~ 0.67 ~ 0.8		5S	12 ~ 14 ~ 16
	6R	0.8 ~ 1 ~ 1.2		6S	14 ~ 16 ~ 18
	7R	1.2 ~ 1.5 ~ 1.8	JR20-25 配 CJ20-25	1T	7.8 ~ 9.7 ~ 11.6
	8R	1.8 ~ 2.2 ~ 2.6		2T	11.6 ~ 14.3 ~ 17
	9R	2.6 ~ 3.2 ~ 3.8		3T	17 ~ 21 ~ 25
	10R	3.2 ~ 4 ~ 4.8		4T	21 ~ 25 ~ 29
	11R	4 ~ 5 ~ 6		1U	16 ~ 20 ~ 24

续表

型号	热元件号	整定电流范围/A	型号	热元件号	整定电流范围/A
R20-10 配 CJ20-10	12R	5 ~ 6 ~ 7	JR20-63 配 CJ20-63	2U	24 ~ 30 ~ 36
	13R	6 ~ 7.2 ~ 8.4		3U	32 ~ 40 ~ 47
	14R	8.6 ~ 10 ~ 11.6		4U	40 ~ 47 ~ 55
	15R	0.1 ~ 0.13 ~ 0.15		5U	47 ~ 55 ~ 62
				6U	55 ~ 62 ~ 71

5. 热继电器的选用

热继电器主要用于电动机的过载保护，热继电器选用时应根据使用条件、工作环境、电动机型式及其运行条件和要求、电动机起动情况及负荷情况综合考虑。

（1）热继电器有三种安装形式，即独立安装式（通过螺钉固定）、导轨安装式（在标准导轨上安装）和插接安装式（直接挂接在与其配套的接触器）。应按实际安装情况选择其安装形式。

（2）原则上热继电器的额定电流应按电动机的额定电流选择。但对于过载能力较差的电动机，其配用的热继电器的额定电流应适当小些，通常选取热继电器的额定电流（实际上是选取热元件的额定电流）为电动机额定电流的 60% ~ 80%。

（3）在不频繁起动的场合，要保证热继电器在电动机起动过程中不产生误动作。当电动机起动电流为其额定电流 6 倍及以下，起动时间不超过 5 s 时，若很少连续起动，可按电动机额定电流选用热继电器。当电动机起动时间较长，就不宜采用热继电器，而应采用过电流继电器作保护。

（4）当电动机工作于重复短时工作制时，要注意确定热继电器的允许操作频率。因为热继电器的操作频率是很有限的，操作频率较高时，热继电器的动作特性会变差，甚至不能正常工作。对于正反转和频繁通断的电动机，不宜采用热继电器作保护，可选用埋入电动机绕组的温度继电器或热敏电阻来保护。

1.4.2 熔断器

熔断器（见图 1-33）是一种当电流超过规定值一定时间后，以它本身产生的热量使熔体熔化而分断电路的电器。它广泛应用于低压配电系统和控制系统及用电设备中作短路和过电流保护。

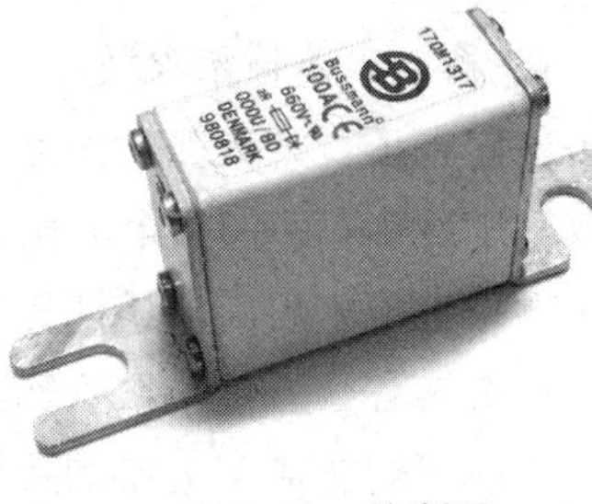

图 1-33 熔断器

1. 熔断器结构及工作原理

熔断器主要由熔体、熔断管（座）、填料及导电部件等组成。熔体是熔断器的主要部分，常做成丝状、片状、带状或笼状。其材料有两类：一类为低熔点材料，如铅、锡合金，锑、铝合金，锌等；另一类为高熔点材料，如银、铜、铝等。熔断器接入电路时，熔体串接在电路中，负载电流流经熔体，当电路发生短路或过电流时，通过熔体的电流使其发热，当达到熔体金属熔化温度时就会自行熔断，期间伴随着燃弧和熄弧过程，随之切断故障电路，起到保护作用。当电路正常工作时，熔体在额定电流下不应熔断，所以其最小熔化电流必须大于额定电流。填料目前广泛应用的是石英砂，主要有两个作用：作为灭弧介质和帮助熔体散热。

2. **熔断器的保护特性**

熔断器的保护特性是指流过熔体的电流与熔体熔断时间的关系曲线，称为时间-电流特性曲线或安-秒特性曲线，如图 1-34 所示。图中 I_{min} 为最小熔化电流或称临界电流，当熔体电流小于临界电流时，熔体不会熔断。最小熔化电流 I_{min} 与熔体额定电流 I_N 之比称为熔断器的熔化系数，即 $K = I_{min}/I_N$。当 K 小时对小倍数过载保护有利，但 K 也不宜接近于 1；当 K 为 1 时，不仅熔体在 I_N 下工作温度会过高，而且还有可能因保护特性本身的误差而发生熔体在 I_N 下也熔断的现象，影响熔断器工作的可靠性。

当熔体采用低熔点的金属材料时，熔化时所需热量少，故熔化系数小，有利于过载保护；但材料电阻率较大，熔体截面积大，熔断时产生的金属蒸气较多，不利于熄弧，故分断能力较低。当熔体采用高熔点的金属材料时，熔化时所需热量大，故熔化系数大，不利于过载保护，而且可能使熔断器过热；但这些材料的电阻率低，熔体截面小，有利于熄弧，故分断能力高。所以，不同熔体材料的熔断器在电路中保护作用的侧重点是不同的。

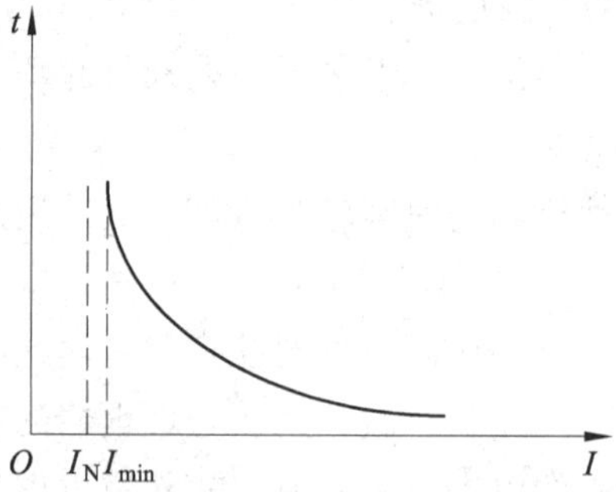

图 1-34　熔断器的保护特性

3. **熔断器的主要技术参数及典型产品**

1）熔断器的主要技术参数

（1）额定电压：从灭弧的角度出发，熔断器长期工作时和分断后能承受的电压。其值一般大于或等于所接电路的额定电压。

（2）额定电流：熔断器长期工作，各部件温升不超过允许温升的最大工作电流。熔断器的额定电流有两种：一种是熔管额定电流，也称为熔断器额定电流；另一种是熔体的额定电流。厂家为减少熔管额定电流的规格，熔管额定电流等级较少，而熔体额定电流等级较多，在一种电流规格的熔管内可安装几种电流规格的熔体，但熔体的额定电流最大不能超过熔管的额定电流。

（3）极限分断能力：熔断器在规定的额定电压和功率因数（或时间常数）条件下，能可靠分断的最大短路电流。

（4）熔断电流：通过熔体并使其熔化的最小电流。

2）熔断器的典型产品

熔断器的种类很多，按结构来分有半封闭瓷插式、螺旋式、无填料密封管式和有填料密封管式，它们的外形和结构如图 1-35 ~ 图 1-38 所示。按用途分有一般工业用熔断器、半导体保护用快速熔断器和特殊熔断器。典型产品有 RL6、RL7、RL96、RLS2 系列螺旋式熔断器，RL1B 系列带断相保护螺旋式熔断器，RT18、RT18-□X 系列熔断器以及 RT14 系列有填料密封管式熔断器。此外，还有引进国外技术生产的 NT 系列有填料封闭式刀形触头熔断器与 NGT 系列半导体器件保护用熔断器等。

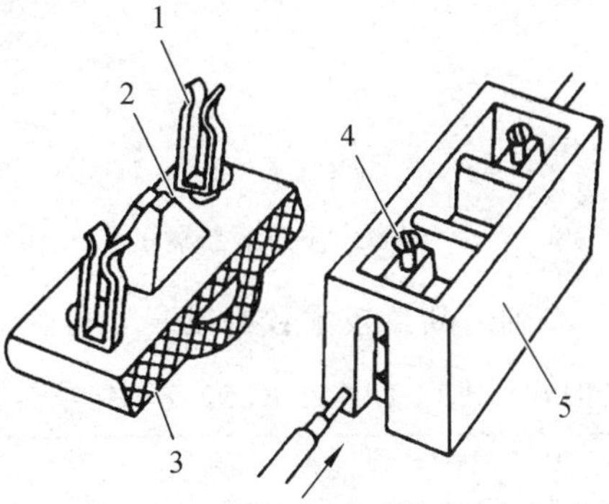

1—触头；2—熔丝；3—瓷盖；4—静触头；5—瓷底。

图 1-35　瓷插式熔断器的外形和结构

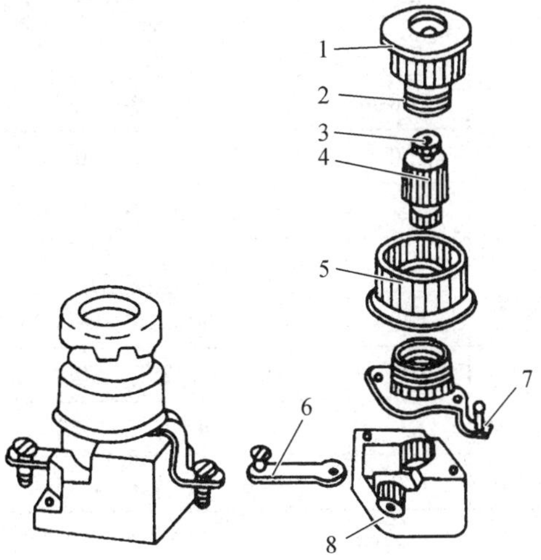

（a）外形　　　　（b）结构

1—瓷帽；2—金属螺管；3—指示器；4—熔管；5—瓷套；6—下接线端；7—上接线端；8 - 瓷座

图 1-36　螺旋式熔断器的外形和结构

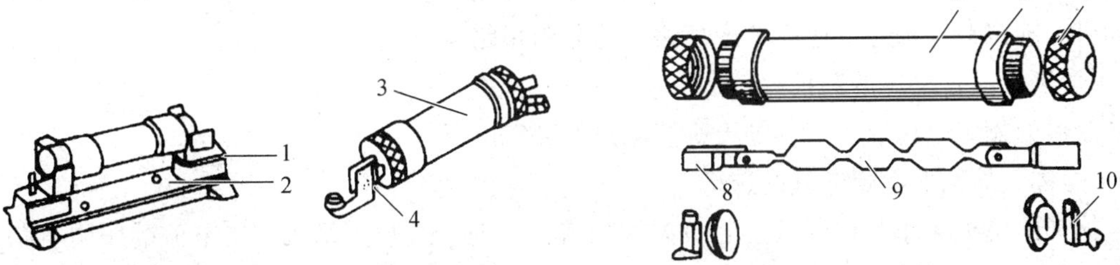

（a）外形　　　　（b）结构

1，4—夹座；2—底座；3—熔断器；5—硬质绝缘管；6—黄铜套管；7—黄铜帽；8—插刀；9—熔体；10—夹座。

图 1-37　无填料密封管式熔断器的外形和结构

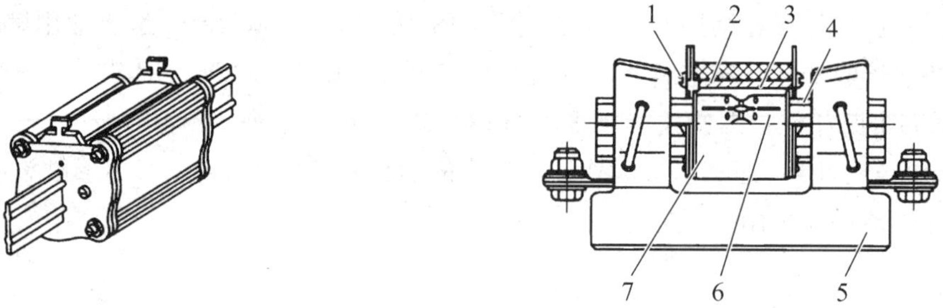

（a）外形　　　　　　（b）结构

1—熔断指示器；2—石英砂填料；3—熔丝；4—插刀；5—底座；6—熔体；7—熔管。

图 1-38　有填料密封管式熔断器的外形和结构

RL6、RL7、RL96、RLS2 系列熔断器技术数据见表 1-11。

表 1-11　RL6、RL7、RL96、RLS2 系列熔断器技术数据

型号	额定电压/V	额定电流/A		额定分断电流/kA	$\cos\varphi$
		熔断器	熔体		
RL6-25，RL96-25Ⅱ	500	25	2，4，6，10，16，20，25	50	0.1 ~ 0.2
RL6-63，RL96-63Ⅱ		63	35，50，63		
RL6-100		100	80，100		
Rl.6-200		200	125，160，200		
RL7-25	660	25	2，4，6，10，16，20，25	25	
RL7-63		63	35，50，63		
VL7-100		100	80，100		
RLS2-30	500	（30）	16，20，25，（30）	50	
RLS2-63		63	35，（45），50，63		
RLS2-100		100	（75），80，（90），100		

4．熔断器的选用

1）熔断器类型的选择

主要根据负载的保护特性和短路电流大小来选择熔断器的类型。用于保护照明电路和电动机的熔断器，一般需要过载保护，要求熔断器的熔化系数适当小些。对于大容量照明线路和电动机，除过载保护外，还应考虑短路时的分断短路电流能力。

2）熔断器额定电压的选择

熔断器的额定电压应大于或等于所接电路的额定电压。

3）熔体、熔断器额定电流的选择

熔体额定电流大小与负载大小、负载性质有关。对于负载平稳无冲击电流的照明电路、电热电路等可按负载电流大小来确定熔体的额定电流；有冲击电流的电动机负载，为起到短路保护作用，又保证电动机的正常起动，对三相笼型电动机，其熔断器熔体的额定电流为

单台长期工作电动机：

$$I_{Np} = (1.5 \sim 2.5) I_{NM} \tag{1-11}$$

式中　I_{Np}——熔体额定电流，A；

I_{NM}——电动机额定电流，A。

单台频繁起动电动机：

$$I_{Np} = (3 \sim 3.5) I_{NM} \tag{1-12}$$

多台电动机共用同一熔断器保护：

$$I_{Np} = (1.5 \sim 2.5) I_{NMmax} + \sum I_{NM} \tag{1-13}$$

式中　I_{NMmax}——电动机中容量最大一台电动机的额定电流，A；

$\sum I_{NM}$——其余各台电动机额定电流之和，A。

在式（1-11）与式（1-13）中，对轻载起动或起动时间较短时，式中系数取 1.5；重载起动或起动时间较长时，系数取 2.5。当熔体额定电流确定后，根据熔断器额定电流大于或等于熔体额定电流来确定熔断器额定电流。

4）熔断器额定电流的校验

对上述选定的熔断器类型及熔体额定电流，还须校验熔断器的保护特性，看其与保护对象的过载特性是否有良好的配合。同时，熔断器的极限分断能力是否大于或等于保护电路可能出现的短路电流值，这样才可获得可靠的短路保护。对于供电电路上的熔断器，为防止越级熔断，上、下级（即供电干、支线）熔断器间应有良好的协调配合，一般上一级熔断器的熔体额定电流比下一级熔体额定电流大 1 ~ 2 个级差。

5）熔断器的电路符号

熔断器的电路符号如图 1-39 所示。

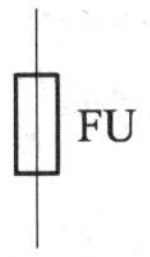

图 1-39　熔断器的图形和文字符号

1.4.3　信号继电器

信号继电器是指输入非电信号，且当非电信号到一定值时才使触头动作的电器。常用的有速度继电器、温度继电器、液位继电器与干簧继电器等。

1. 速度继电器

速度继电器是将电动机的转速信号经电磁感应原理来实现触头动作的电器。其结构主要由定子、转子和触头系统三部分组成。定子是一个笼型空心圆环，由硅钢片叠成，并嵌有笼型导条，转子是一个圆柱形永久磁铁，触头系统有正向运转时动作的和反向运转时动作的触头各一组，每组又各有一对常闭触头和一对常开触头。速度继电器的外形如图 1-40 所示，其结构原理如图 1-41 所示，其电路符号如图 1-42 所示。

图 1-40　速度继电器

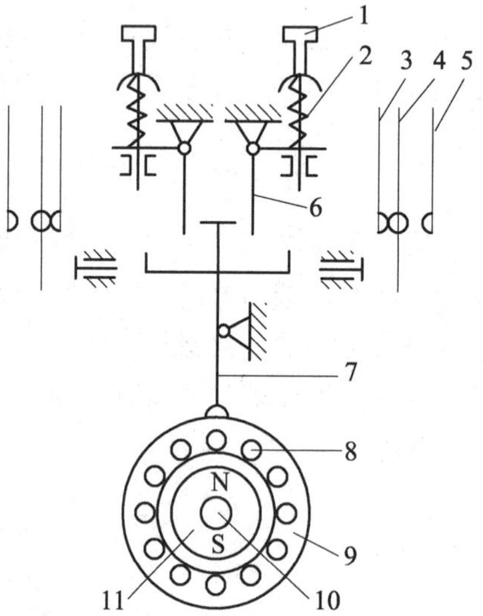

1—调节螺钉；2—反力弹簧；3—常闭触头；4—动触头；5—常开触头；6—返回杠杆；7—杠杆；8—笼型导条；9—定子；10—转轴；11—转子。

图 1-41　速度继电器结构原理

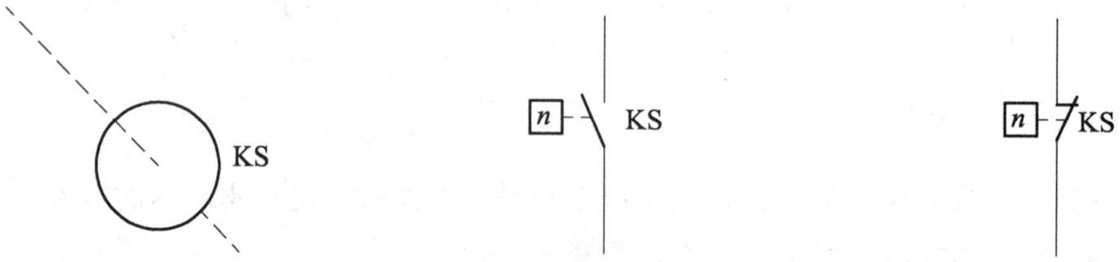

（a）转子　　（b）常开触头　　（c）常闭触头

图 1-42　速度继电器的符号

使用时，继电器转子的轴 10 与电动机轴相连接，定子空套在转子外围。当电动机起动旋转时，继电器的转子 11 随着转动，永久磁铁的静止磁场就成了旋转磁场。定子 9 内的鼠笼导条 8 因切割磁场产生感应电动势，形成感应电流，并在磁场作用下产生电磁转矩，使定子随转子旋转方向转动，但因有返回杠杆 6 挡住，故定子只能随转子旋转方向偏转。当定子偏转到一定角度时，在杠杆 7 的作用下使常闭触头打开而常开触头闭合。在杠杆 7 推动触头的同时也压缩相应的反力弹簧 2，其反作用力阻止定子偏转。当电动机转速下降时，继电器转子转速也随之下降，定子导条中的感应电动势、感应电流、电磁转矩均减小。当继电器转子转速下降到一定值时，电磁转矩小于反力弹簧的反作用力矩时，定子返回原位，继电器触头恢复到原来状态。调节螺钉 1 的松紧，可调节反力弹簧的反作用力大小，也就调节了触头动作所需的转子转速。一般速度继电器触头的动作转速为 140 r/min 左右，触头的复位转速为 100 r/min。

当电动机正向运转时，定子偏转使正向常开触头闭合，常闭触头断开，同时接通与断开与它们相连的电路；当正向旋转速度接近零时，定子复位，使常开触头断开，常闭触头闭合，同时与其相连的电路也改变状态。当电动机反向运转时，定子向反方向偏转，使反向动作触头动作，情况与正向时相同。

常用的速度继电器有 JY1 和 JFZ0 系列。JY1 系列可在 700 ~ 3 600 r/min 范围内可靠的工作。JFZ0-1 型适用于 300 ~ 1 000 r/min；JFZ0-2 型适用于 1000 ~ 3 600 r/min。它们具有两对常开、常闭触头，触头额定电压为 380 V，额定电流为 2 A。

2. 温度继电器

热继电器是对电动机进行过载保护用的电器，但当电网电压升高时，即使电动机不过载，也会导致铁损增加而使铁心发热，这样也会使绕组温升过高；或者电动机环境温度过高或通风不良等，同样也会使绕组温升过高，此时热继电器就无能为力了。为此采用温度继电器，将其埋设在电动机发热部位，如电动机定子槽内、绕组端部等部位，直接反映该处发热情况，无论是电动机出现过电流引起温度升高，还是其他原因引起电动机温度升高，温度继电器都能起到保护作用。

温度继电器（见图 1-43）大体上有两种类型：一种是双金属片式温度继电器；另一种是热敏电阻式温度继电器。

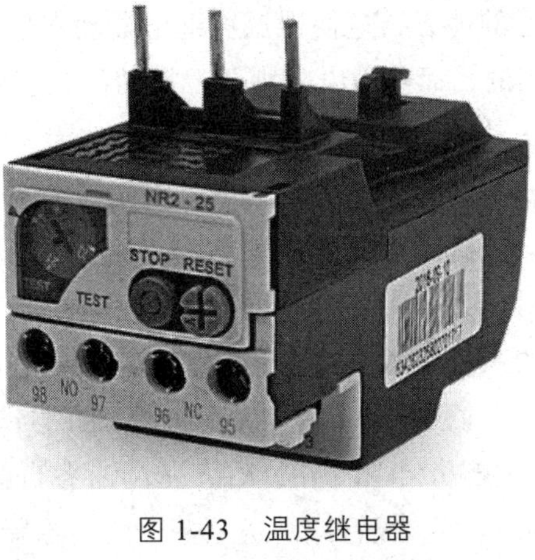

图 1-43　温度继电器

双金属片式温度继电器的动作温度是以电动机绕组绝缘等级为基础来划分的，它有 50 °C、60 °C、70 °C、80 °C、95 °C、105 °C、115 °C、125 °C、135 °C、145 °C、165 °C 等

11 个规格。继电器的返回温度因动作温度而异，一般比动作温度低 5 ~ 40 °C。

双金属片式温度继电器的加工工艺复杂，且双金属片容易老化。另外，由于体积大而多置于绕组的端部，故很难及时反映温度上升的情况，以致出现动作滞后的现象。同时也不宜用来保护高压电动机，因为过强的绝缘层会加剧动作的滞后现象。

热敏电阻式温度继电器的外形同一般晶体管式时间继电器相似，但作为温度检测元件的热敏电阻不是安放在继电器中，而是装在电动机定子槽内或绕组的端部。热敏电阻采用有明显居里点的剧变形（开关型）正温系数（PTC）的材料制成，在其居里点附近有极高的温度系数。图 1-44 所示为 PTC 热敏电阻的电阻温度特性，图中 T_r 为居里温度，T_d 为动作温度。为了对电动机进行有效的热保护，应当根据电动机所用绝缘材料的绝缘等级来选择温度继电器的动作温度。由于热阻和热惯性的存在，当电动机绕组温度因为堵转、断相等故障而急剧升高时，热敏电阻不能及时地跟随，因此在选择温度继电器的动作温度时应留有一定的裕度，即动作温度应比电动机绝缘等级最高允许温度低，一般为 10 ~ 25 °C，且绝缘材料的最高允许温度越高，要求留的裕度越大。

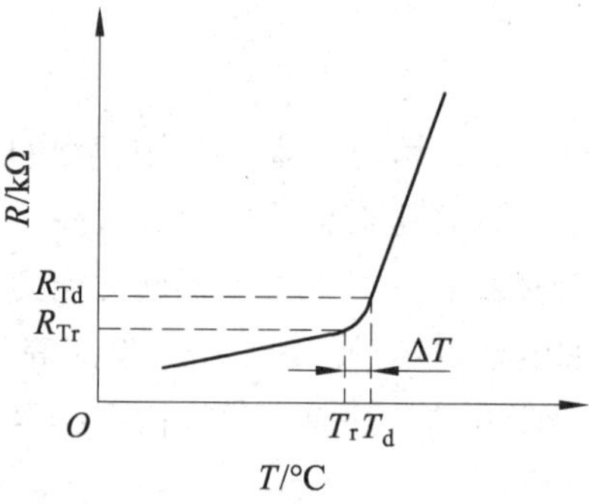

图 1-44　PTC 热敏电阻的电阻温度特性

每个剧变型 PTC 热敏电阻都有固定的居里温度，而用它构成的温度继电器一般都要求工作在热敏电阻居里点以上不远的地方，这使得温度继电器动作值的可调范围很窄。温度继电器的本体（电子电路）是通用的，而热敏电阻则要根据动作温度的不同来选配。

一个热敏电阻只能检测电动机一相绕组的温度，因此一台三相电动机至少需要三个热敏电阻。每相绕组的各部分温升不会完全相等，热敏电阻应埋在温升最高的绕组端部，那里设有有利于导热的铁心，绕组只依靠流通的空气散热。当发生匝间、相间短路或接地故障时，绕组各处的温差很大，因此对于大、中型电动机和某些特种电机，可在每相绕组的几处地方埋设热敏电阻。一台电动机的三个热敏电阻按其接线方式不同有串联接线与并联接线方式，其对应的测量电路有串联方式与并联方式，后者优于前者，图 1-45 所示为热敏电阻的“并联”接线方式测量电路。每相对应的热敏电阻 R_{TU}、R_{TV}、R_{TW} 有各自的分压电阻 R_{PU}、R_{PV}、R_{PW}，各相的输出电压 U_{XU}、U_{XV}、U_{XW} 经二级管或门送至一个公共鉴幅器。令各相的分压电阻值相等，只要三个热敏电阻的特性和参数相同，则各相就能在相同的温度下动作。

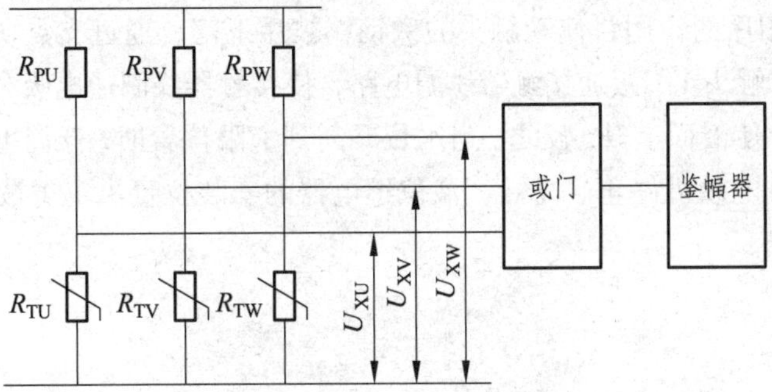

图 1-45　热敏电阻的“并联”接线方式测量电路

图 1-46 所示为热敏电阻并联接线的温度继电器，当热敏电阻随温度变化时，分压比改变，于是从热敏电阻上获得输出电压，各相输出电压经二极管或门（VD_1 ~ VD_3）送至鉴幅器（稳压管 VS）。图中鉴幅器的下级电路是直接驱动继电器 KA 的射极耦合触发器，鉴幅器的门限电压 U_d 主要由触发器的射极电位提供，U_d 一般选在 3 ~ 4 V 之间。随着电动机绕组温度的升高，热敏电阻 R_T 的阻值增大，R_T 上的分压比提高，A（B 或 C）点电位下降，当测量电路的输出电压 U_x 在数值上低于鉴幅器的门限电压 U_d 时，二极管或门（VD_1 ~ VD_3）导通，鉴幅器 VS 被击穿，射极耦合触发器翻转为 V1 导通、V2 截止，于是继电器 KA 线圈断电释放，发出温度控制信号，其常开触头断开电动机线路接触器线圈电路，接触器常开主触头断开电动机主电路，实现电动机的过热保护。

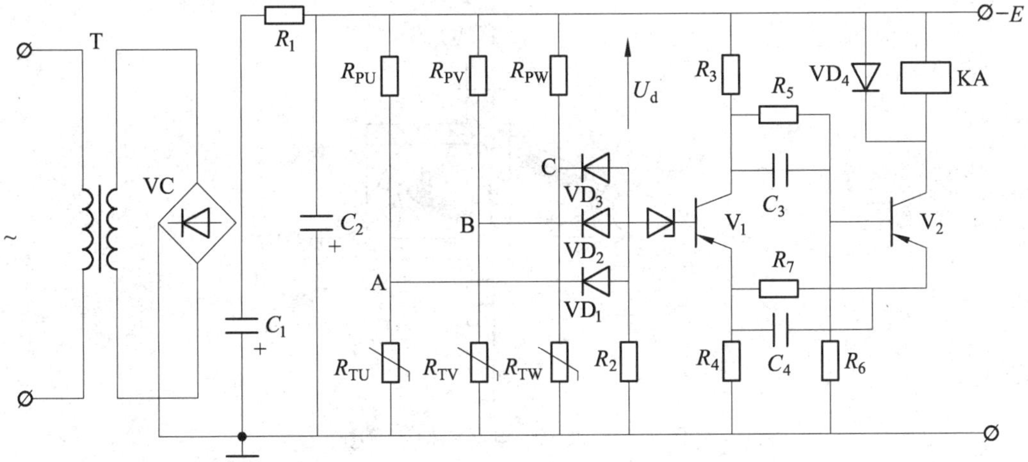

图 1-46　热敏电阻并联接线的温度继电器

3. 液位继电器

液位继电器是根据液体液面高低来使触头动作的继电器，常用于锅炉和水柜中用来控制水泵电动机的起动和停止。

图 1-47 所示为液位继电器的外形，图 1-48 所示为液位继电器的结构示意图，图中浮筒置于被控制的锅炉和水柜中，浮筒的一端装有一根磁钢，浮筒与其上的磁钢可绕支点 A 偏转。锅炉或水柜外壁装有两个静触头，动触头的一端也装有一磁钢，它与浮筒一端的磁钢相对应，且可绕支点 B 偏转。当锅炉或水柜中的水位降低到极限值时，浮筒下落使磁钢端绕支点 A 上

翘。由于磁钢同性相斥的作用，使动触头的磁钢端被斥下落，通过支点 B 使触头 1-1 接通，触头 2-2 断开，利用触头 1-1 接通接触器线圈电路，使接触器线圈通电吸合，接通水泵电动机，向锅炉或水柜供水，使液面上升。反之，当水位升高到上限位置时，浮筒上浮使触头 2-2 接通，触头 1-1 断开，水泵电动机停止。显然，液位继电器的安装位置决定了被控的液位。

图 1-47　液位继电器

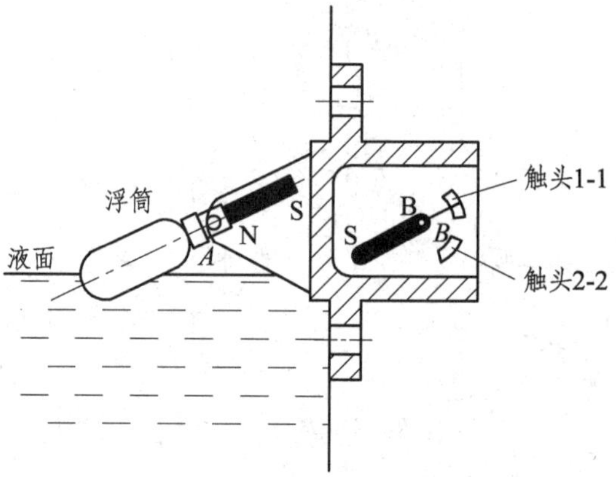

图 1-48　液位继电器结构示意图

4. 干簧继电器

干簧继电器是利用磁场作用来驱动继电器触头动作的。其主要部分是干簧管，它是由一组或几组导磁簧片封装在惰性气体（如氦、氮等气体）的玻璃管中组成开关元件。导磁簧片既有导磁作用，又作接触簧片即控制触头的作用。图 1-49 所示为干簧继电器的外形，图 1-50 所示为干簧继电器结构原理。图 1-50（a）所示为利用干簧继电器外的线圈通电产生磁场来驱动继电器动作的原理。图 1-50（b）所示为利用外磁场驱动继电器动作的原理图。在磁场作用下，干簧管内的两根磁簧片分别被磁化而相互吸引，接通电路。当磁场消失后，簧片靠本身的弹性分开。干簧继电器常用于电梯电气控制中。

图 1-49　干簧继电器

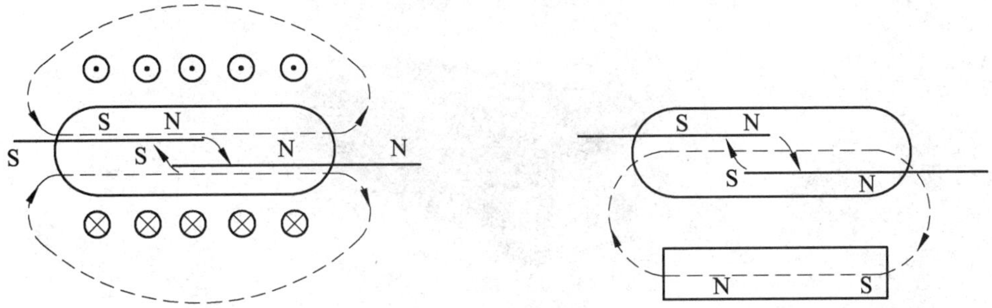

（a）线圈通电驱动型　（b）外磁场驱动型

图 1-50　干簧继电器结构原理

1.4.4　低压开关与低压断路器

1. 低压开关

低压开关又称低压隔离器，是低压电器中结构比较简单、应用广泛的一类手动电器。低压开关主要有刀开关、组合开关、用刀开关与熔断器组合成的胶盖瓷底刀开关、熔断器式刀开关、转换开关等。以下仅介绍 HK2 系列胶盖瓷底刀开关、HR5 系列熔断器刀开关与 HZ5 系列普通型组合开关。

1）HK2 系列胶盖瓷底刀开关

HK2 系列胶盖瓷底刀开关用作电路的隔离开关、小容量电路的电源开关和小容量电动机作频繁起动的操作开关。图 1-51 所示为 HK2 系列胶盖瓷底刀开关结构，图 1-52 所示为 HK2 系列胶盖瓷底刀开关的外形，其主要由熔丝、触刀、触点座、操作手柄、底座及上、下胶盖等组成。使用时进线座接电源端的进线，出线座接负载端导线，靠触刀与触头座的分合来接通和断开电路。

刀开关安装时，合上开关时其手柄在上方，不得倒装或平装。倒装时手柄可能因自重下滑而引起误操作造成人身安全事故。接线时，将电源连接在熔丝上端，负载线接在熔丝下端，拉闸后刀开关与电源隔离，便于更换熔丝。

表 1-12 为 HK2 系列刀开关技术数据。应根据负载额定电压来选择开关的额定电压，在正常情况下对普通负载可由负载额定电流来决定开关的额定电流。若用来控制电动机时，为考虑电动机起动电流，刀开关应降低容量使用，即开关的额定电流应是电动机额定电流的 3 倍。

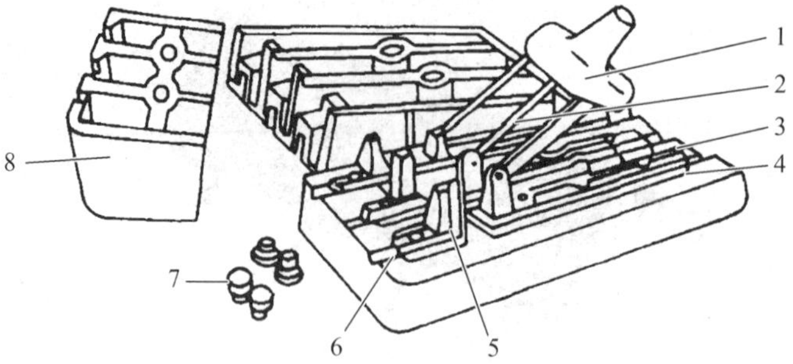

1—瓷柄；2—动触头；3—出线座；4－瓷底座；5—静触头；6—进线座；7—胶盖紧固螺钉；8—胶盖。

图 1-51　HK2 系列胶盖瓷底刀开关

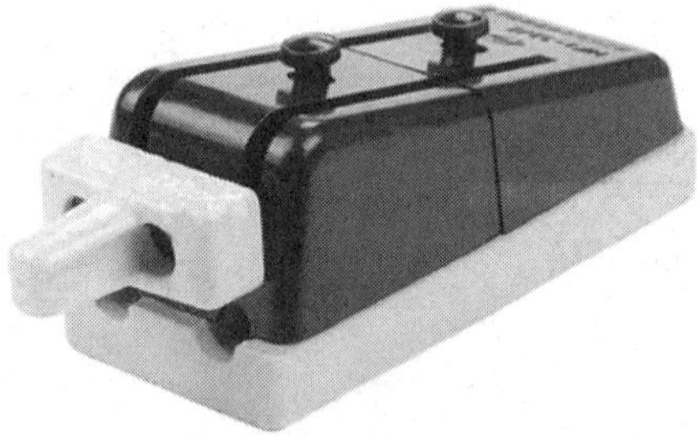

图 1-52　HK2 系列胶盖瓷底刀开关

表 1-12　HK2 系列刀开关技术数据

额定电压/V	额定电流/A	极数	溶体极限分断能力/A	控制电动机最大容量/kW	机械寿命/次	电气寿命/次
250	10	2	500	1.1	10 000	2 000
	15		500	1.5		
	30		1 000	3.0		
500	15	3	500	2.2	10 000	2 000
	30		1 000	4.0		
	60		1 000	5.5		

2）HR5 系列熔断器式刀开关

HR5 系列熔断器式刀开关（见图 1-53）用于有大短路电流的配电网络和电动机电路，用作电源开关、隔离开关，并可作短路保护。其主要由触头系统、熔体、灭弧室、底座、塑料防护盖等组成。开关还具有弹簧储能快速关合机构及指示熔体通断的信号装置。其熔断器带有撞击器时，任一相熔体熔断后，撞击器弹出，通过横杆触动装在底板的微动开关，发出信号或切断接触器线圈电路，实现缺相保护。

图 1-53　HR5-400 熔断器式刀开关

3）HZ5 系列普通型组合开关

组合开关由若干动触片和静触片分别装于数层绝缘件内组成，动触片安装在附有手柄的转轴上，可随转轴转动，实现动、静触片的分合。图 1-54 所示为 HZ5 系列普通型组合开关，图 1-55 所示为 HZ5 系列普通型组合开关的外形，在组合开关上方安装有由滑板、凸轮、扭簧及手柄等部件构成的操作机构，由于该机构采用了扭簧储能，故可实现开关的快速闭合与分断，从而使触头闭合及分断速度与手柄操作速度无关。HZ5 系列普通型组合开关适用于电压 380 V 及以下、额定电流 60 A 及以下电路，作为电源开关、控制电路的换接或对电动机起动、变速、停止及换向等用途。

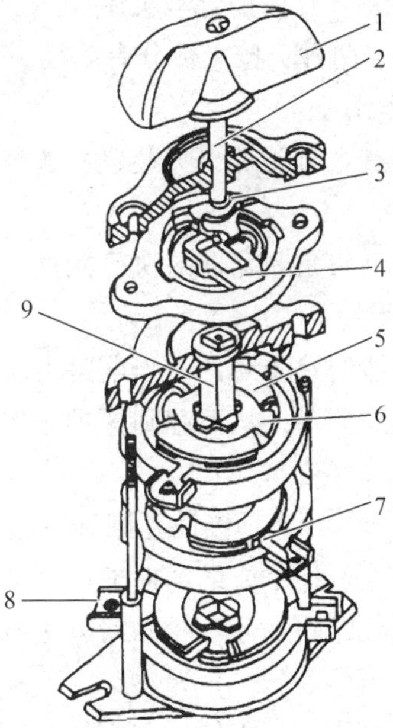

1—手柄；2—转轴；3—弹簧；4—凸轮；5—绝缘垫板；6—动触片；
7—静触片；8—接线柱；9—绝缘杆。

图 1-54　HZ5 系列普通型组合开关

图 1-55　HZ5 系列普通型组合开关

HZ5 系列组合开关额定电流及控制电动机功率见表 1-13。

表 1-13　HZ5 系列组合开关额定电流及控制电动机功率

型号	HZ5-10	HZ5-20	HZ5-40	HZ5-60
额定电流/A	10	20	40	60
控制电动机功率/kW	1.7	4.0	7.5	10

2. 低压断路器

低压断路器俗称自动空气开关（见图 1-57），是一种既有手动开关作用又能自动进行欠电压、失电压、过载和短路保护的开关电器。

低压断路器种类较多，按用途分有保护电动机用、保护配电线路用及保护照明线路用。按结构形式来分有框架式和塑壳式两种。按级数分有单极、双极、三极和四极断路器。

1）低压断路器的结构和工作原理

各种低压断路器在结构上都有主触头及灭弧装置、各种脱扣器、自由脱扣机构和操作机构等部分。

（1）主触头及灭弧装置。主触头是断路器的执行元件，用来接通和分断主电路，为提高其分断能力，主触头上装有灭弧装置。

（2）脱扣器。脱扣器是断路器的感受元件，当电路出现故障时，脱扣器感测到故障信号后，经自由脱扣器使断路器主触头分断，从而起到保护作用。按接受故障不同，有如下几种脱扣器。

① 分励脱扣器。这是一种用于远距离使断路器断开电路的脱扣器，其实质是一个电磁铁，由控制电源供电，可以按照操作人员指令或继电保护信号使电磁铁线圈通电，衔铁动作，使断路器切断电路。一旦断路器断开电路，分励脱扣器电磁线圈也就断电了，所以分励脱扣器是短时工作的。

② 欠电压、失电压脱扣器。这是一个具有电压线圈的电磁机构，其线圈并接在主电路中。当主电路电压消失或降至一定值以下时，电磁吸力不足以继续吸持衔铁，在反力作用下，衔铁释放，衔铁顶板推动自由脱扣机构，将断路器主触头断开，实现欠电压与失电压保护。

③ 过电流脱扣器。其实质是一个电流线圈的电磁机构，电磁线圈串接在主电路中，流过负载电流。当正常电流通过时，产生的电磁吸力不足以克服反力，衔铁不被吸合；当电路出现瞬时过电流或短路电流时，吸力大于反力，使衔铁吸合并带动自由脱扣机构使断路器主触头断开，实现过电流与短路电流保护。

④ 热脱扣器。该脱扣器由热元件、双金属片组成，将双金属片热元件串接在主电路中，其工作原理与双金属片式热继电器相同。当过载到一定值时，由于温度升高，双金属片受热弯曲并带动自由脱扣机构，使断路器主触头断开，实现长期过载保护。

（3）自由脱扣机构和操作机构。自由脱扣机构是用来联系操作机构和主触头的机构，当操作机构处于闭合位置时，也可操作分励脱扣机构进行脱扣，将主触头断开。

操作机构是实现断路器闭合、断开的机构。通常电力拖动控制系统中的断路器采用手动操作机构，低压配电系统中的断路器有电磁铁操作机构和电动机操作机构两种。

低压断路器的工作原理如图 1-56 所示，其外形如图 1-57 所示。图中是一个三极低压断路器，三个主触头串接于三相电路中。经操作机构将其闭合，此时传动杆 3 由锁扣 4 钩住，保持主触头的闭合状态，同时分闸弹簧 1 已被拉伸。当主电路出现过电流故障且达到过电流脱扣器的动作电流时，过电流脱扣器 6 的衔铁吸合，顶杆上移将锁扣 4 顶开，在分闸弹簧 1 的作用下使主触头断开。当主电路出现欠电压、失电压或过载时，则欠电压、失电压脱扣器和热脱扣器分别将锁扣顶开，使主触头断开。分励脱扣器可由主电路或其他控制电源供电，由操作人员发出指令或继电保护信号使分励线圈通电，其衔铁吸合，使锁扣顶开，在分闸弹簧作用下使主触头断开，同时也使分励线圈断电。

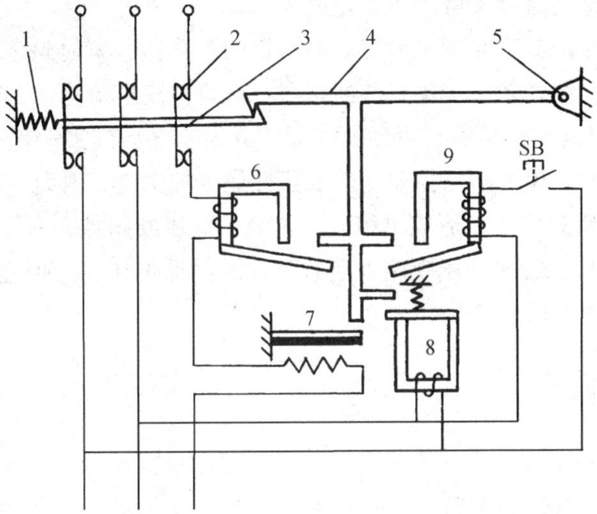

1—分闸弹簧；2—主触头；3—传动杆；4—锁扣；5—轴；6—过电流脱扣器；
7—热脱扣器；8—欠电压失电压脱扣器；9—分励脱扣器。

图 1-56　低压断路器的工作原理

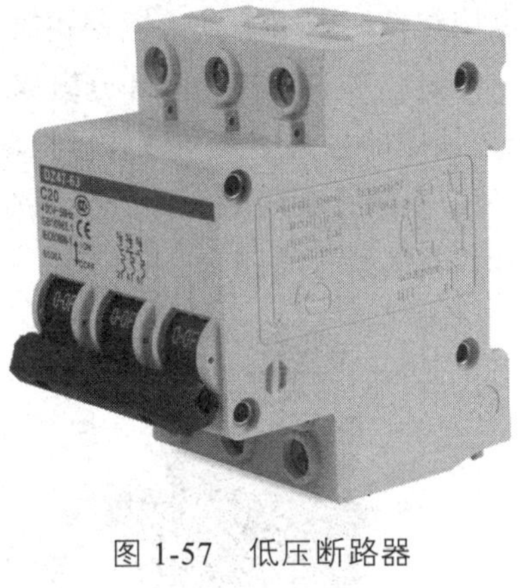

图 1-57　低压断路器

2）低压断路器的主要技术数据

（1）额定电压：断路器在电路中长期工作时的允许电压值。

（2）断路器额定电流：指脱扣器允许长期通过的电流，即脱扣器额定电流。

（3）断路器壳架等级额定电流：指每一件框架或塑壳中能安装的最大脱扣器额定电流。

（4）断路器的通断能力：指在规定操作条件下，断路器能接通和分断短路电流的能力。

3）塑壳式低压断路器的选用

塑壳式低压断路器常用于电动机的过载与短路保护，其选择原则是：

（1）断路器额定电压等于或大于线路额定电压。

（2）断路器额定电流等于或大于线路或设备额定电流。

（3）断路器通断能力等于或大于线路中可能出现的最大短路电流。

（4）欠电压脱扣器额定电压等于线路额定电压。

（5）分励脱扣器额定电压等于控制电源电压。

（6）长延时电流整定值等于电动机额定电流。

（7）瞬时整定电流：对于保护笼型感应电动机的断路器，瞬时整定电流为 8 ~ 15 倍电动机额定电流；对于保护绕线转子电动机的断路器，瞬时整定电流为 3 ~ 6 倍电动机额定电流。

（8）6 倍长延时电流整定值的可返回时间等于或大于电动机实际起动时间。

使用低压断路器来实现短路保护要比熔断器性能更加优越，因为当三相电路发生短路时，很可能只有一相的熔断器熔断，造成单相运行。对于低压断路器，只要造成短路都会使开关跳闸将相电源全部切断。何况低压断路器还有其他自动保护作用。但它结构复杂，操作频率低，价格较高，适用于要求较高场合。

1.4.5 主令电器

主令电器主要用来接通或断开控制电路，以发布命令或信号，改变控制系统工作状态的电器。常用的主令电器有控制按钮、行程开关、万能转换开关、主令控制器等。

1. 控制按钮

控制按钮是一种结构简单、应用广泛的主令电器，主要用于远距离操作具有电磁线圈的电器，如接触器、继电器等，也用在控制电路中发布指令和执行电气联锁。

控制按钮一般由按钮、复位弹簧、触头和外壳等部分组成，其外形如图 1-58 所示，其结构示意图如图 1-59 所示。每个按钮中的触头形式和数量可根据需要装配成 1 常开 1 常闭 ~ 6 常开 6 常闭等形式。按下按钮时，先断开常闭触头，后接通常开触头。当松开按钮时，在复位弹簧作用下，常开触头先断开，常闭触头后闭合。

图 1-58　控制按钮外形

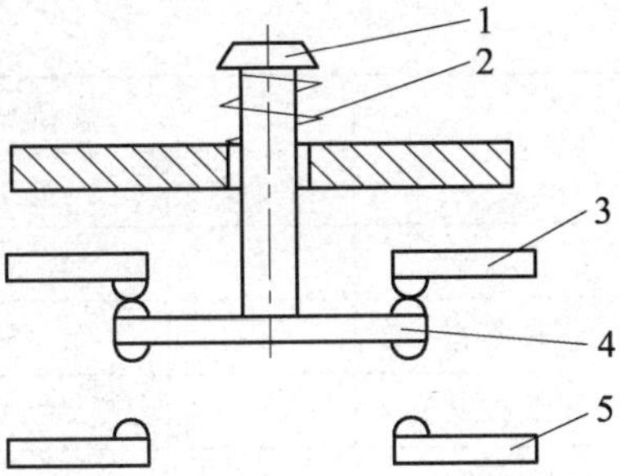

1—按钮；2—复位弹簧；3—常闭静触头；4—动触头；5—常开静触头。

图 1-59　控制按钮结构示意图

控制按钮按保护形式分为开启式、保护式、防水式和防腐式等。按结构形式分为嵌压式、紧急式、钥匙式、带信号灯、带灯撤钮式、带灯紧急式等。按钮颜色有红、黑、绿、黄、白、蓝等。各种按钮颜色及其应用场合见表 1-14。

按钮的主要技术参数有额定电压、额定电流、结构形式、触头数及按钮颜色等。常用的控制按钮额定电压为 380 V，额定工作电流为 5 A。

表 1-14　按钮颜色的含义

颜色	含义	说明	应用示例
红	紧急	危险或紧急情况时的操作	急停
黄	异常	异常情况时操作	干预、制止异常情况干预、重新起动中断了的自动循环
绿	安全	安全情况或为正常情况准备时操作	起动/接通
蓝	强制性的	要求强制动作情况下的操作	复位功能
白	未赋予特定含义	除急停以外的一般功能的起动	起动/接通（优先） 停止/断开
灰			起动/接通 停止/断开
黑			起动/接通 停止/断开（优先）

常用的控制按钮有 LA18、LA19、LA20 及 LA25 等系列。LA20 系列控制按钮技术数据见表 1-15。控制按钮的图形及文字符号如图 1-60 所示。

表 1-15　LA20 系列控制按钮技术数据

型号	触头数量		结构形式	按钮		指示灯	
	常开	常闭		按钮数	颜色	电压/V	功率/W
LA20-11	1	1	揿钮式	1	红、绿、黄、蓝或白	–	–
LA20-11J	1	1	紧急式	1	红	–	–
LA20-11D	1	1	带灯揿钮式	1	红、绿、黄、蓝或白	6	<1
LA20-11DJ	1	1	带灯紧急式	1	红	6	<1

续表

型号	触头数量		结构形式	按钮		指示灯	
	常开	常闭		按钮数	颜色	电压/V	功率/W
LA20-22	2	2	揿钮式	1	红、绿、黄、蓝或白	–	–
LA20-22J	2	2	紧急式	1	红	–	–
LA20-22D	2	2	带灯揿钮式	1	红、绿、黄、蓝或白	6	<1
LA20-22DJ	2	2	带灯紧急式	1	红	6	<1
LA20-2K	2	2	开启式	2	白红或绿红	–	–
LA20-3K	3	3	开启式	3	白、绿、红	–	–
LA20-2H	2	2	保护式	2	白红或绿红	–	–
LA20-3H	3	3	保护式	3	白、绿、红	–	–

（a）常开按钮　（b）常闭按钮

图 1-60　控制按钮的图形及文字符号

2. 行程开关

依据生产机械的行程发出命令，以控制其运动方向和行程长短的主令电器称为行程开关。若将行程开关安装于生产机械行程的终点处，用以限制其行程，则称为限位开关或终端开关。

行程开关（见图 1-61）按结构分为机械结构的接触式有触点行程开关和电气结构的非接触式接近开关。机械结构的接触式行程开关是依靠移动机械上的撞块碰撞其可动部件使常开触头闭合，常闭触头断开来实现对电路控制的。当工作机械上的撞块离开可动部件时，行程开关复位，触头恢复其原始状态。

图 1-61　行程开关

行程开关按其结构可分为直动式、滚动式和微动式三种。

自动式行程开关结构原理如图 1-62 所示。它的动作原理与按钮相同，但它的缺点是触头分合速度取决于生产机械的移动速度，当移动速度低于 0.4 m/min 时，触头分断太慢，易受电弧烧蚀，为此，应采用盘形弹簧瞬时动作的滚轮式行程开关。图 1-63 所示为滚轮式行程开关。

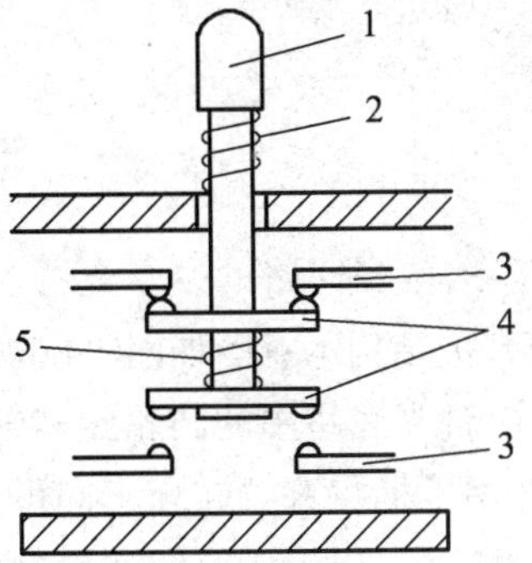

1—顶杆；2—复位弹簧；3—静触头；4—动触头；5—触头弹簧。

图 1-62　直动式行程开关

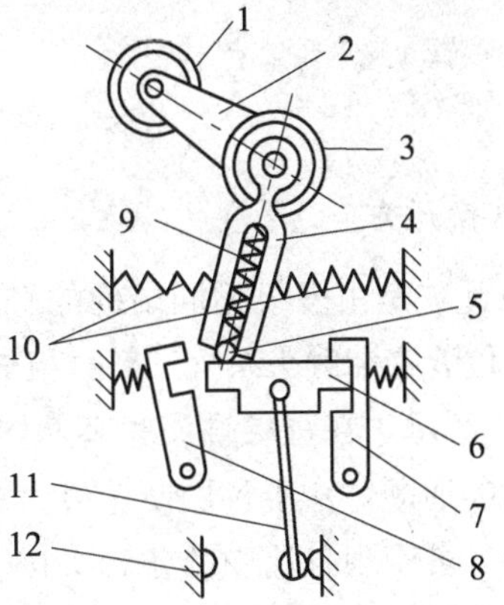

1—滚轮；2—上转臂；3—盘形弹簧；4—推杆；5—小滚轮；6—擒纵件；7，8—压板；9—弹簧；10—弹簧；11—动触头；12—静触头。

图 1-63　滚轮式行程开关

当滚轮 1 受到向左的外力作用时，上转臂 2 向左下方转动，推杆 4 向右转动，并压缩右边弹簧 10，同时下面的小滚轮 5 也很快沿着擒纵件 6 向右滚动，小滚轮滚动又压缩弹簧 9，当小滚轮 5 滚过擒纵件 6 的中点时，盘形弹簧 3 和弹簧 9 都使擒纵件迅速转动，从而使动触头迅速地与右边静触头分开，并与左边静触头闭合，减少了电弧对触头的烧蚀，适用于低速运行的机械。

微动开关是具有瞬时动作和微小行程的灵敏开关。图 1-64 所示为 LX31 型微动开关结构示意图，当开关推杆 5 在机械作用压下时，弓簧片 6 产生变形，储存能量并产生位移，当达到临界点时，弹簧片连同桥式动触头瞬时动作。当外力失去后，推杆在弓簧片作用下迅速复位，触头恢复原来状态。由于采用瞬动结构，触头换接速度不受推杆压下速度的影响。

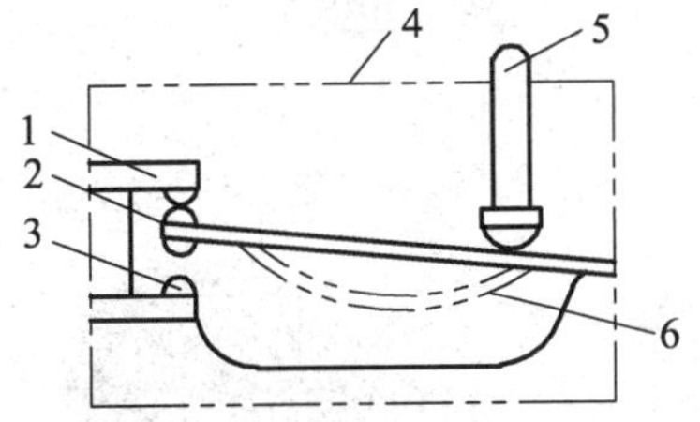

1—常开静触头；2—动触头；3—常闭静触头；4—壳体；5—推杆；6—弓簧片。

图 1-64　LX31 系列微动开关结构示意图

常用的行程开关有 JLXKl、X2、LX3、LX5、LX12、LX19 A、LX21、LX22、LX29、LX32 系列，微动开关有 LX31 系列和 JW 型。

电气结构的非接触式行程开关，当生产机械接近它到一定距离范围内时，它就发出信号，控制生产机械的位置或进行计数，故称接近开关。行程开关的图形和文字符号如图 1-65 所示。

（a）常开触点　　（b）常闭触点

图 1-65　行程开关的图形和文字符号

3. 万能转换开关

万能转换开关是由多组相同结构的触头组件叠装而成的多挡位多回路的主令电器。它由操作机构、定位装置和触头系统三部分组成。典型的万能转换开关结构示意图如图 1-66 所示，外形如图 1-67 所示。在每层触头底座上均可装三对触头，并由触头底座中的凸轮经转轴来控制这三对触头的通断。由于各层凸轮可做成不同的形状，这样用手柄将开关转至不同位置时，经凸轮的作用，可实现各层中的各触头按所规定的规律接通或断开，以适应不同的控制要求。

常用的万能转换开关有 LW5、LW6、LW12-16 等系列，用于低压各种控制电路的转换、电气测量仪表的转换以及配电设备的遥控和转换，还可用于不频繁起动停止的小容量电动机的控制。

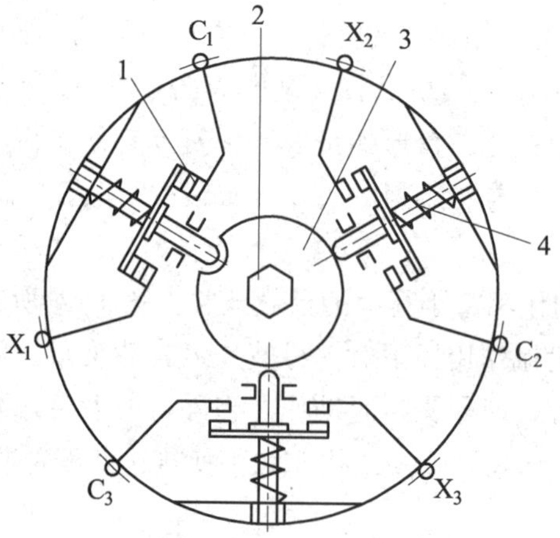

1—触头；2—转轴；3—凸轮；4—触头弹簧。

图 1-66　万能转换开关结构示意图

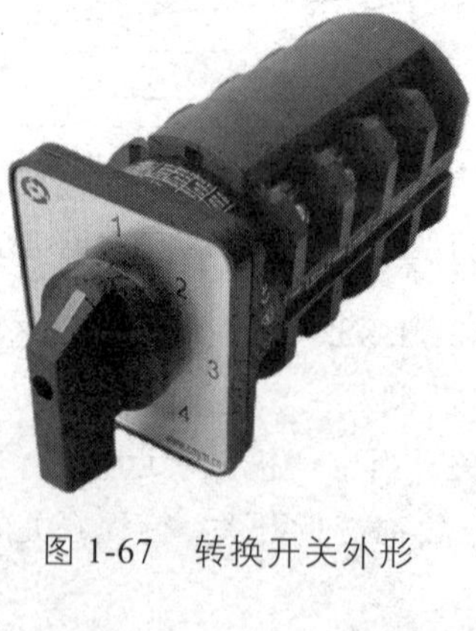

图 1-67　转换开关外形

4. 主令控制器

主令控制器（见图 1-68）是用来频繁切换复杂的多回路控制电路的主令电器，主要用作起重机、轧钢机的主令控制。

图 1-69 所示为主令控制器中某一层的结构示意图，在方形转轴上装有不同形状的凸轮块 1 与 7，转动方轴时，凸轮块随之转动，当凸轮块的凸起部分转到与小轮 8 接触时，则推动支杆 5 向外张开，使动触头 2 与静触头 3 断开。当凸轮的凹陷部分与小轮 8 接触时，支杆 5 在反作用弹簧作用下复位，使动静触头闭合。这样在方形转轴上安装一串不同形状的凸轮块，便可使触头按一定顺序闭合与断开，即获得按一定顺序动作的触头，也就获得按一定顺序动作的电路。

图 1-68　主令控制器实物

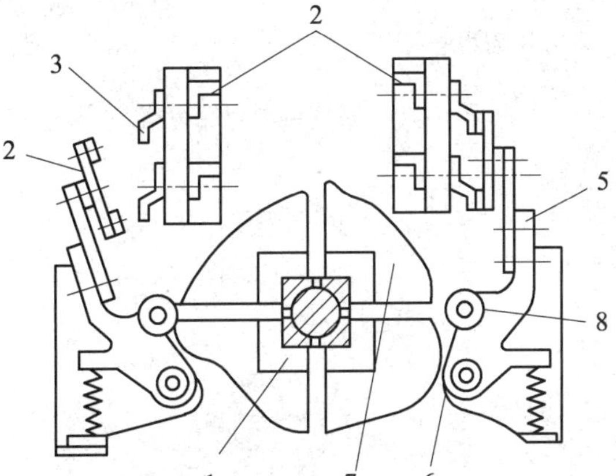

1，7—凸轮块；2—接线端；3—静触头；4—动触头；5—支杆；6—转轴；8—小轮。

图 1-69　主令控制器结构示意图

常用的主令控制器有 LK14、LK15、LK16、LK17 系列，它们都属有触点的主令控制器，对电路输出的是开关量的主令信号。为实现对电路输出模拟值的主令信号，可采用无触点主令控制器，主要有 WLK 系列。

1.4.6 常用电子式电器

电子式电器是全部或部分使用电子元器件构成的电器。随着半导体技术的迅速发展，电子技术逐渐渗透到低压电器领域。下面主要介绍晶体管时间继电器的工作原理。

晶体管时间继电器除执行继电器外，均由电子元器件组成，没有机械部件，因而具有较长的寿命和较高精度、体积小、延时范围大、调节范围宽、控制功率小等优点。

晶体管时间继电器常用的有阻容式时间继电器，它是利用电容对电压变化的阻尼作用来实现延时的。大多数阻容式延时电路都有类似于图 1-70（a）所示的结构形式，电路由阻容环节、鉴幅器、出口电路、电源四部分组成。当接通电源后，通过电阻 R 对电容 C 充电，电容上电压 U_C 按指数曲线上升。当 U_C 上升到鉴幅器的门限电压时，鉴幅器输出开关信号至后级电路，使执行继电器动作。电容充电曲线如图 1-70（b）所示。由此可知，延时的长短与电路的充电时间常数 $\tau = RC$ 及电源 E、门限电压 U_d 和电容的初始电压 U_{c0} 等有关，为了得到所需的延时，必须恰当地选择上述参数；为保证延时精度，必须保持上述参数的稳定。晶体管时间继电器的实物如图 1-71 所示。

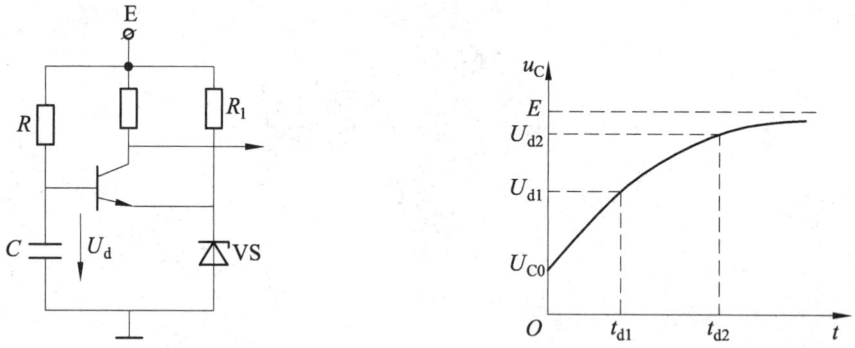

（a）阻容延时电路基本结构形式　　（b）阻容电路充电曲线

图 1-70　阻容延时电路分析

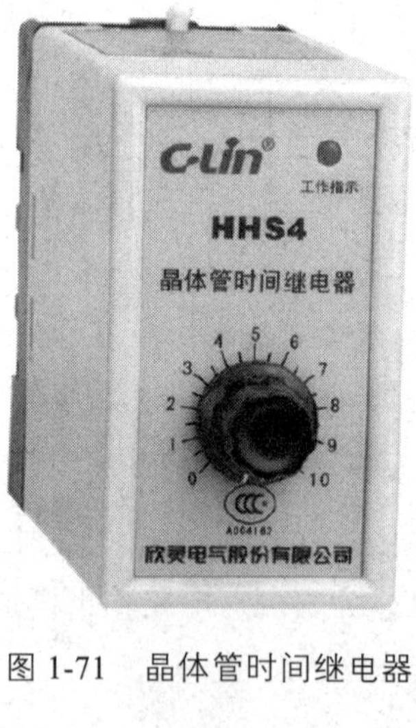

图 1-71　晶体管时间继电器

晶体管时间继电器的品种和型式很多，电路各异，本书以 JS20 系列时间继电器为例进行分析。JS20 系列时间继电器型式有通电延时型、断电延时型与带瞬动触头的通电延时型三种。所用电路有单结晶体管电路与场效应晶体管电路两类，延时等级对于通电延时型分为 1 s、5 s、10 s、30 s、60 s、120 s、180 s、300 s、600 s、1 800 s、3 600 s。断电延时型分为 1 s、5 s、10 s、30 s、60 s、120 s、180 s 等。

图 1-72 所示为采用场效应晶体管的 JS20 系列通电延时继电器电路图，它由稳压电源、*RC* 充放电电路、电压鉴别电路、输出电路和指示电路等部分组成。

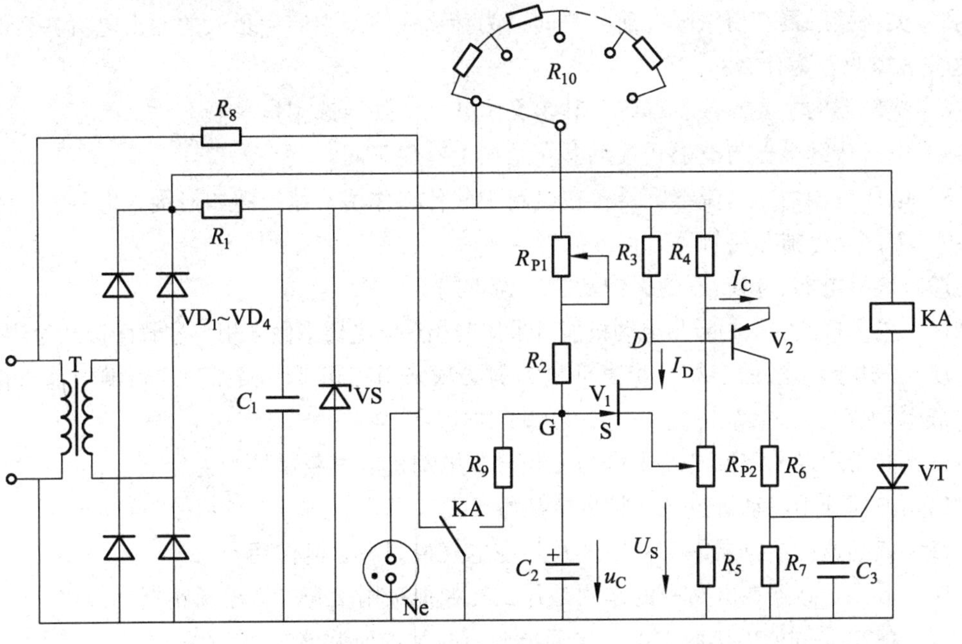

图 1-72　JS20 系列通电延时型继电器电路图

电路工作原理：接通交流电源，经整流、滤波和稳压后，直流电压经波段开关上的电阻 R_{10}、R_{P1}、R_2 向电容 C_2 充电。开始时 V_1 场效应晶体管截止，晶体管 V_2、晶闸管 VT 也处于截止状态。随着充电的进行，电容器 C_2 上的电压由零按指数曲线上升，直至 U_C 上升到 $|U_C\text{-}U_S|<|U_P|$ 时 V_1 导通。这是由于 I_D 在 R_3 上产生电压降。*D* 点电位开始下降，一旦 *D* 点电位降低到 V_2 的发射极电位以下时，V_2 导通。V_2 的集电极电流 I_C 在 R_4 上产生压降，使场效应晶体管 U_S 降低，即负栅偏压越来越小。所以对 V_1 来说，R_4 起正反馈作用，使 V_2 导通，并触发晶闸管 VT 使它导通，同时使继电器 KA 动作，输出延时信号。从时间继电器接通电源，C_2 开始被充电到 KA 动作这段时间即为通电延时动作时间。KA 动作后，C_2 经 KA 常开触头对电阻 R_9 放电，同时氖泡 Ne 指示灯起辉，并使场效应晶体管 V_1 和晶体管 V_2 都截止，为下次工作做准备。但此时晶闸管 VT 仍保持导通，除非切断电源，使电路恢复到原来状态，继电器 KA 才释放。

习　题

1-1　从外部结构特征上如何区分直流电磁机构与交流电磁机构?怎样区分电压线圈与电流线圈?

1-2　交流电磁线圈误接入对应直流电源，直流电磁线圈误接入对应交流电源，将发生什么问题？为什么?

1-3　三相交流电磁铁有无短路环？为什么？

1-4　低压电器常用的灭弧方法有哪些？相应的灭弧装置又有哪些？

1-5　交流接触器在衔铁吸合前的瞬间，为什么在线圈中产生很大的冲击电流？直流接触器有这种现象吗？为什么？

1-6　接触器的主要参数有哪些？其含义是什么？如何选用接触器？

1-7　电磁式继电器与电磁式接触器在结构上有何不同？

1-8　电压继电器、电流继电器各在电路中起什么作用？其线圈如何接入电路？

1-9　中间继电器与接触器有何异同？

1-10　热继电器、熔断器的保护功能有何不同？

1-11　星形接法的三相异步电动机能否采用两相热继电器来做断相与过载保护？为什么？

1-12　三角形接法的三相异步电动机为何必须采用三相带断相保护的热继电器来作为断相与过载保护？

1-13　能否用过电流继电器来作为三相异步电动机的过载保护？为什么？

1-14　如何选用电动机过载保护用的热继电器？

1-15　叙述速度继电器的工作原理及其在电气控制中起何作用。

1-16　低压断路器在电路中的作用是什么？如何选用塑壳式低压断路器？

1-17　JS20 系列通电延时型继电器通电延时时间如何调整？

项目 2　电气控制基本原理 ▸▸▸

项目描述

在国民经济各行业的生产机械上广泛使用着电力拖动自动控制设备。电力拖动是指用电动机拖动生产机械的工作机构使之运转的一种拖动方式，也是生产劳动时最常见的把电能转换为机械能的能量转换方式。电力拖动系统一般由电源、控制设备、电动机和传动机构构成。电路拖动基本控制线路就是通过一些元器件来控制机械设备运动以达到机械生产中的一些目的和功能，包括点动、自锁转动、正反转动、自动往返、顺序控制、降压启动等。

不同生产机械或自动控制装置的控制要求是不同的，其相应的控制电路也是千变万化、各不相同的，但是，它们都是由一些具有基本规律的基本环节、基本单元，按一定的控制原则和逻辑规律组合而成的。所以，深入地掌握这些基本单元电路及其逻辑关系和特点，再结合生产机械具体的生产工艺要求，就能掌握电气控制电路的基本分析方法和设计方法。本项目主要从电气控制系统图、电气控制电路基本控制规律、三相异步电动机的起动控制、三相异步电动机的制动控制、三相异步电动机的调速控制和直流电动机的电气控制六个方面展开阐述，促进读者对电气控制的认识。

思维导图

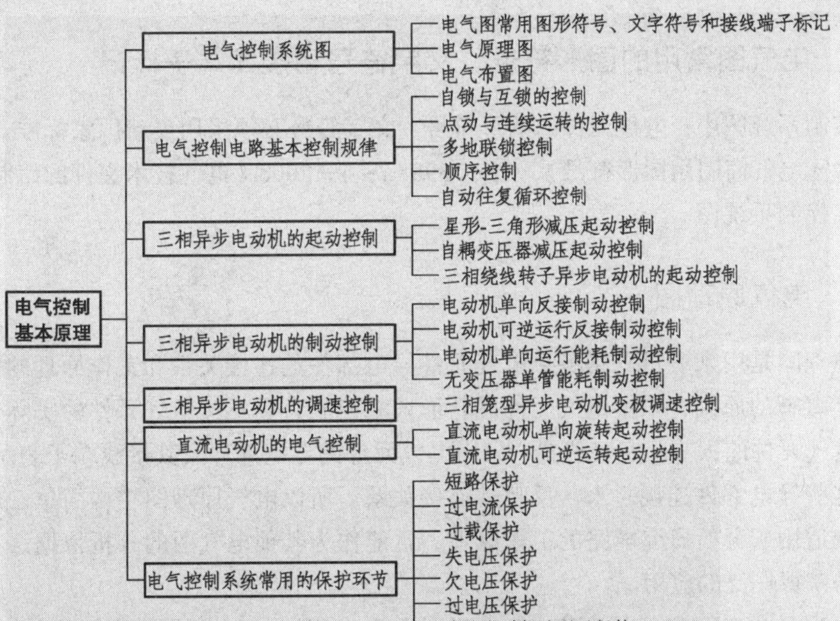

项目目标

知识目标

（1）了解电气元件的文字符号和图形符号。

（2）熟悉电气原理图、电气元件布置图和电气安装接线图及用途。

（3）了解并掌握电气控制电路的基本控制规律。

（4）掌握三相异步电动机、直流电动机的起动、换向、调速和制动的基本控制线路原理。

技能目标

（1）能够正确分析电气控制电路的工作原理。

（2）会绘制电气原理图、电气元件布置图和电气安装接线图。

（3）能够对基本电气控制电路进行故障排除。

任务 2.1　电气控制系统图

电气控制系统是由电气控制元件按一定要求连接而成。为了清晰地表达生产机械电气控制系统的工作原理，便于系统的安装、调整、使用和维修，将电气控制系统中的各电气元件用一定的图形符号和文字符号表达出来，再将其连接情况用一定的图形表达出来，这种图形就是电气控制系统图。

常用的电气控制系统图有电气原理图、电气元件布置图与电气安装接线图。

2.1.1　电气图常用的图形符号、文字符号和接线端子标记

电气控制系统图中，电气元件的图形符号、文字符号必须采用最新国家标准，包括 GB/T 4728—2022《电气简图用图形符号》、GB/T 6988.1～4—2008《电气技术文件的编制》、等要求来绘制电气控制系统图。

2.1.2　电气原理图

电气原理图是用来表示电路各个电气元件导电部件的连接关系和工作原理的图。该图应根据简单、清晰的原则，采用电气元件展开形式来绘制，它不按电气元件的实际位置来画，也不反映电气元件的大小、安装位置，只用电气元件的导电部件及其接线端子表示电气元件，用导线将这些导电部件连接起来，反映其连接关系。所以电气原理图结构简单、层次分明，关系明确，适用于分析研究电路的工作原理，且能作为其他电气图的分析依据，在设计部门和生产现场获得广泛的应用。

现以图 2-1 的 CW6132 普通车床电气原理图为例来阐明绘制电气原理图的原则和注意事项。

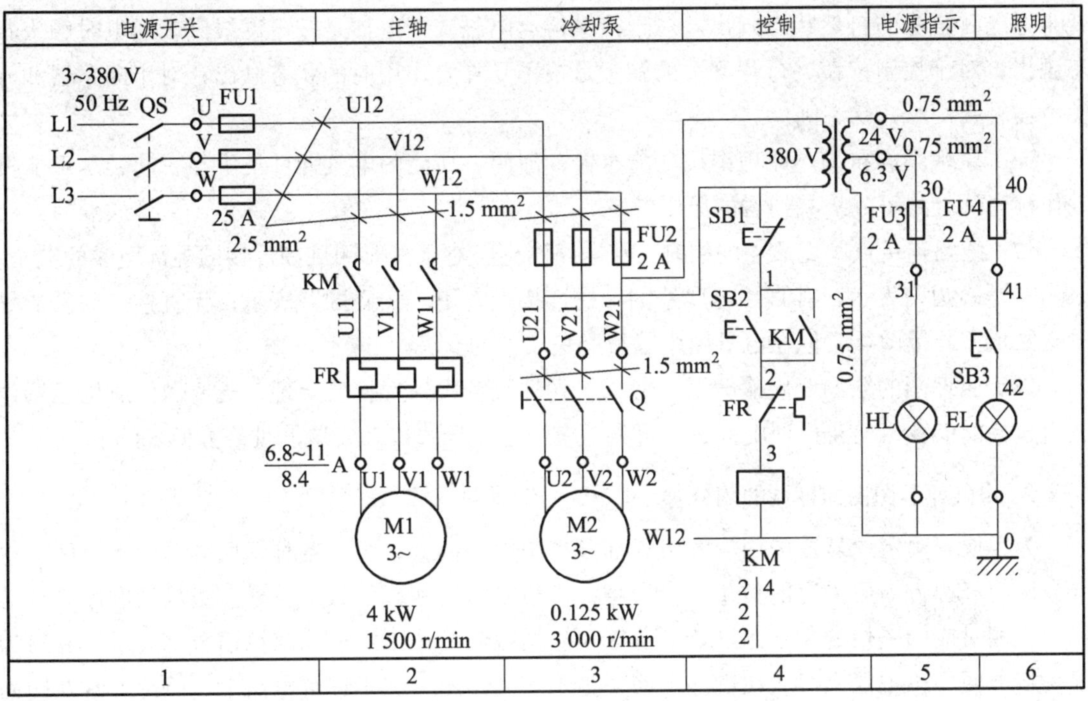

图 2-1　CW6132 普通车床电气原理图

1. **绘制电气原理图的原则**

（1）图中所有的元器件都应采用国家统一规定的图形符号和文字符号。

（2）电气原理图的组成。电气原理图由主电路和辅助电路组成。主电路是从电源到电动机的电路，其中有刀开关、熔断器、接触器主触头、热继电器发热元件与电动机等，主电路用粗线绘制在图面的左侧或上方。辅助电路包括控制电路、照明电路、信号电路及保护电路等。它们由继电器、接触器的电磁线圈、继电器、接触器辅助触头、控制按钮、其他控制元件触头、控制变压器、熔断器、照明灯、信号灯及控制开关等组成，用细实线绘制在图面的右侧或下方。

（3）电源线的画法。原理图中直流电源用水平线画出，一般直流电源的正极画在图面上方，负极画在图面的下方。三相交流电源线集中水平画在图面上方，相序自上而下依 L1、L2、L3 排列，中性线（N 线）和保护接地线（PE 线）排在相线之下。主电路垂直于电源线画出，控制电路与信号电路垂直在两条水平电源线之间。耗电元件（如接触器、继电器的线圈、电磁铁线圈、照明灯、信号灯等）直接与下方水平电源线相接，控制触头接在上方电源水平线与耗电元件之间。

（4）原理图中电气元件的画法。原理图中的各电气元件均不画实际的外形图，原理图中只画出其带电部件，同一电气元件上的不同带电部件是按电路中的联接关系画出，但必须按国家标准规定的图形符号画出，并且用同一文字符号标明。对于几个同类电器，在表示名称的文字符号后加上数字序号，以示区别。

（5）电气原理图中电气触头的画法。原理图中各元器件触头状态均按没有外力作用时或者未通电时触头的自然状态画出。对于接触器、电磁式继电器是按电磁线圈未通电时触头状态画出；对于控制按钮、行程开关的触头是按不受外力作用时的状态画出；对于断路器和开关电器触头按断开状态画出。

（6）原理图的布局。原理图按功能布置，即同一功能的电气元件集中在一起，尽可能按动作顺序从上到下或从左到右的原则绘制。

（7）线路连接点、交叉点的绘制。在电路图中，对于需要测试和拆接的外部引线的端子，采用“空心圆”表示；有直接电联系的导线连接点，用“实心圆”表示；无直接电联系的导线交叉点不画黑圆点，但在电气图中尽量避免线条的交叉。

（8）原理图的绘制要层次分明，各电气元件及触头的安排要合理，既要做到所用元器件最少，耗能最少，又要保证电路运行可靠，节省连接导线以及安装、维修方便。

2. 电气原理图图面区域的划分

为了便于确定原理图的内容和组成部分在图中的位置，可在各种幅面的图样上分区。每个分区内竖边方向用大写的拉丁字母编号，横边方向用阿拉伯数字编号。编号的顺序应从与标题栏相对应的图幅的左上角开始，分区代号用该区的拉丁字母和阿拉伯数字表示。有时为了分析方便，也把数字区放在图的下面。为了方便读图，利于理解电路工作原理，常在图面区域对应的上方标明该区域的元件或电路的功能，见图 2-1。

3. 继电器、接触器触头位置的索引

电气原理图中，在继电器、接触器线圈的下方注有该继电器、接触器触头所在图中位置的索引代号，索引代号用图面区域号表示。其中左栏为常开触头所在图区号，右栏为常闭触头所在图区号，见图 2-1。

4. 电气图中技术数据的标注

电气原理中电气元件的相关数据，常在电气原理图中电气元件文字符号下方标注出来。如图 2-1 中热继电器文字符号 FR 下方标有 6.8 ~ 11 A，该数据为该热继电器的动作电流值范围，而 8.4 A 为该继电器的整定电流值。

2.1.3 电气元件布置图

电气元件布置图是用来表明电气原理图中各元器件的实际安装位置，可按实际情况分别绘制，如电气控制箱中的电气元件布置图、控制面板图等。电气元件布置图是控制设备生产及维护的技术文件，电气元件的布置应注意以下几方面。

（1）体积大和较重的电气元件应安装在电器安装板的下方，而发热元件应安装在电器安装板的上面。

（2）强电、弱电应分开，弱电应屏蔽，防止外界干扰。

（3）需要经常维护、检修、调整的电气元件安装位置不宜过高或过低。

（4）电气元件的布置应考虑整齐、美观、对称。外形尺寸与结构类似的电器安装在一起，以利安装和配线。

（5）电气元件布置不宜过密，应留有一定间距。如用走线槽，应加大各排电器间距，以利布线和维修。

电器布置图根据电气元件的外形尺寸绘出，并标明各元件间距尺寸。控制盘内电气元件与盘外电气元件的联接应经接线端子进行，在电器布置图中应画出接线端子板并按一定顺序标出接线号。图 2-2 为 CW6132 普通车床控制盘电器布置图，图 2-3 为 CW6132 普通车床电气设备安装布置图。

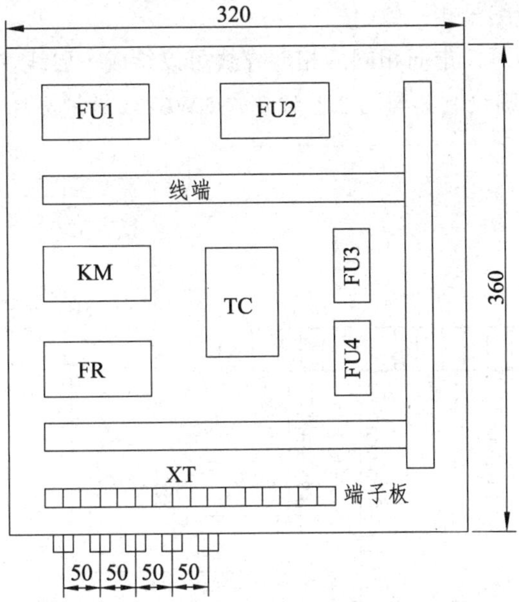

图 2-2　CW6132 普通车床控制盘电器布置图

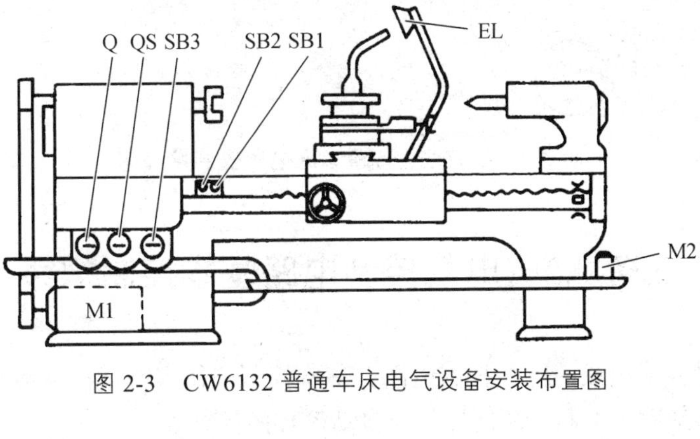

图 2-3　CW6132 普通车床电气设备安装布置图

2.1.4　电气安装接线图

电气安装接线图主要用于电器的安装接线、线路检查、线路维修和故障处理，通常接线图与电气原理图和电气元件布置图一起使用。电气安装接线图表示出项目的相对位置、项目代号、端子号、导线号、导线型号、导线截面等内容。接线图中的各个项目（如元件、器件、部件、组件、成套设备等）采用简化外形（如正方形、矩形、圆形）表示，简化外形旁应标注项目代号，并应与电气原理图中的标注一致。

电气安装接线图的绘制原则：

（1）各电气元件均按实际安装位置绘出，元件所占图面按实际尺寸以统一比例绘制。

（2）同一个元件中所有的带电部件均画在一起，并用点画线框起来，即采用集中表示法。

（3）各电气元件的图形符号和文字符号必须与电气原理图一致，并符合国家标准。

（4）各电气元件上凡是需接线的部件端子都应绘出，并予以编号，各接线端子的编号必须与电气原理图中的导线编号相一致。

（5）绘制安装接线图时，走向相同的相邻导线可以绘成一股线。

图 2-4 是根据上述原则绘制的与图 2-1 对应的 CW6132 普通车床电气安装接线图。

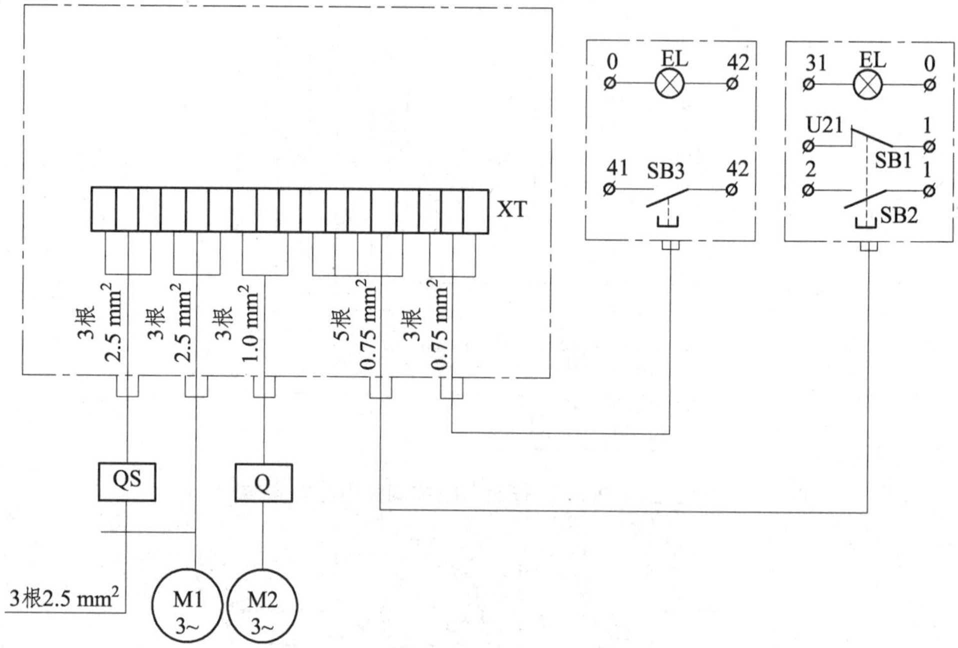

图 2-4　CW6132 普通车床电气安装接线图

任务 2.2　电气控制电路基本控制规律

由继电器接触器所组成的电气控制电路，基本控制规律有自锁与互锁的控制、点动与连续运转的控制、多地联锁控制、顺序控制与自动循环的控制等。

2.2.1　自锁与互锁的控制

自锁与互锁的控制统称为电气的联锁控制，在电气控制电路中应用十分广泛。

图 2-5 所示为三相鼠笼型异步电动机全压起动单向运转控制电路。电动机起动时，合上电

源开关 Q，接通控制电路电源，按下起动按钮 SB2，其常开触头闭合，接触器 KM 线圈通电吸合，KM 常开主触头与常开辅助触头同时闭合，前者使电动机接入三相交流电源起动旋转；后者并接在起动按钮 SB2 两端，从而使 KM 线圈经 SB2 常开触头与 KM 自身的常开辅助触头两路供电。松开起动按钮 SB2 时，虽然 SB2 这一路已断开，但 KM 线圈仍通过自身常开触头这－通路而保持通电，使电动机继续运转，这种依靠接触器自身辅助触头而保持通电的现象称为自锁，这对起自锁作用的辅助触头称为自锁触头，这段电路称为自锁电路。要使电动机停止运转，可按下停止按钮 SB1，KM 线圈断电释放，主电路及自锁电路均断开，电动机断电停止。上述电路是一个典型的有自锁控制的单向运转电路，也是－个具有最基本的控制功能的电路。

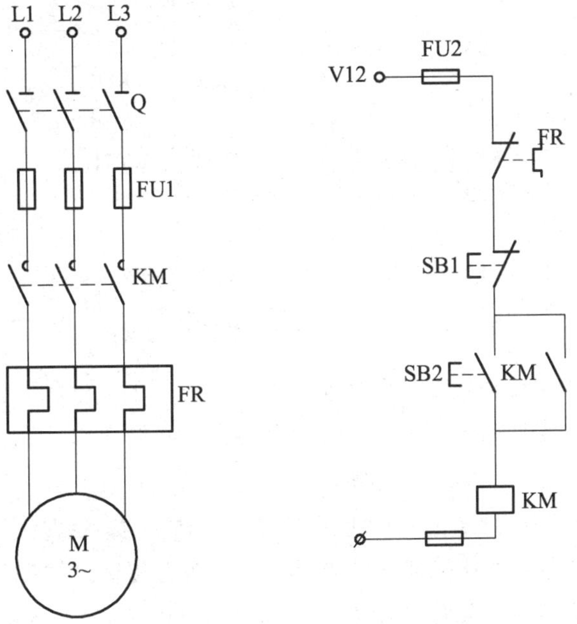

图 2-5　三相鼠笼式异步电动机全压起动单向运转控制电路

图 2-6 所示为三相异步电动机正反转控制电路，图左方为其主电路图，右方为三种控制电路图。图 2-6（a）是将两个单向旋转控制电路组合而成。主电路由正、反转接触器 KM1、KM2 的主触头来实现电动机三相电源任意两相的换相，从而实现电动机正反转。当正转起动时，按下正转起动按钮 SB2，KM1 线圈通电吸合并自锁，电动机正向起动并运转；当反转起动时，按下反转起动按钮 SB3，KM2 线圈通电吸合并自锁，电动机便反向起动并运转。但若在按下正转起动按钮 SB2，电动机已进入正转运行后，接着又按下反转起动按钮 SB3 的误操作时，由于正反转接触器 KM1、KM2 线圈均通电吸合，其主触头均闭合，于是发生电源两相短路，致使熔断器 FU1 熔体熔断，电动机无法工作。因此，该电路在任何时候只能允许一个接触器通电工作。为此，通常在控制电路中将 KM1、KM2 正反转接触器常闭辅助触头串接在对方线圈电路中，形成相互制约的控制，这种相互制约的控制关系称为互锁，这两对起互锁作用的常闭触头称为互锁触头。

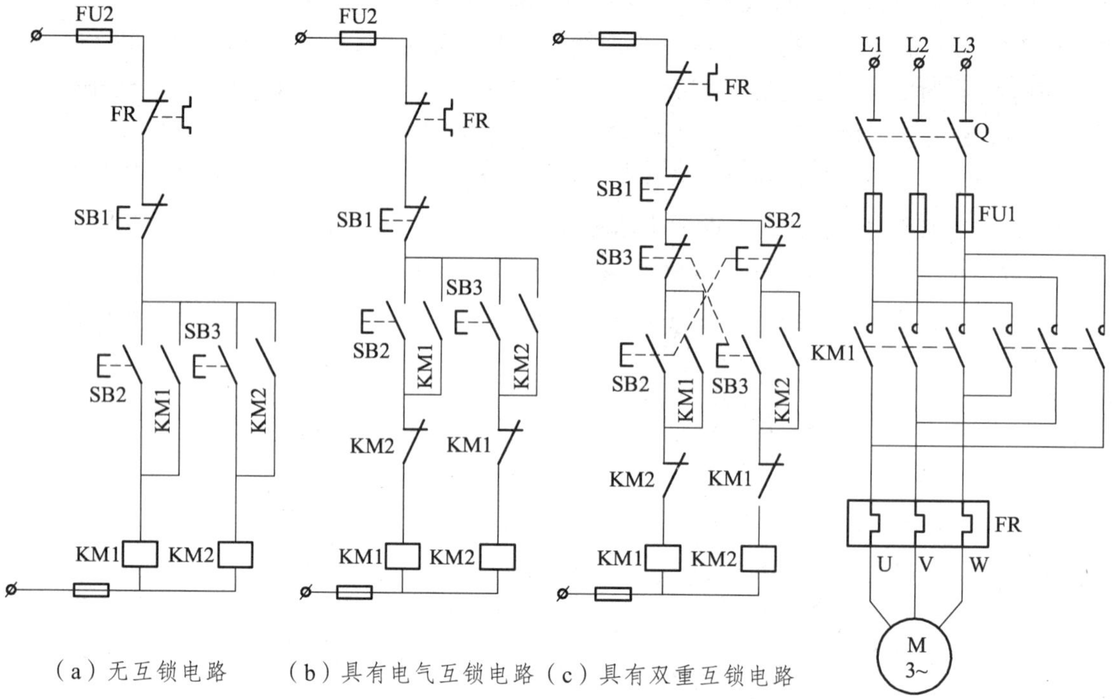

（a）无互锁电路　（b）具有电气互锁电路（c）具有双重互锁电路

图 2-6　三相异步电动机正反转控制电路

图 2-6（b）是利用正反转接触器常闭辅助触头作互锁的，这种互锁称为电气互锁。这种电路要实现电动机由正转到反转，或由反转变正转，都必须先按下停止按钮，然后才可进行反向起动，这种电路称为正—停—反电路。

图 2-6（c）是在图 2-6（b）的基础上又增加了一对互锁，这对互锁是将正、反转起动按钮的常闭辅助触头串接在对方接触器线圈电路中，这种互锁称为按钮互锁，又称机械互锁。所以图 2-6（c）是具有双重互锁的控制电路，该电路可以实现不按停止按钮，由正转直接变反转，这是因为按钮互锁触头可实现先断开正在运行的电路，再接通反向运转电路，称为正—反—停电路。

2.2.2　点动与连续运转的控制

生产机械的运转状态有连续运转与短时间断运转，所以对其拖动电机的控制也有点动与连续运转两种控制电路。图 2-7 所示为电动机点动与连续运转控制电路，图左方为主电路图，右方为三种控制形式的控制电路图。

图 2-7（a）是最基本的点动控制电路。按下点动按钮 SB，KM 线圈通电，电动机起动旋转；松开 SB 按钮，KM 线圈断电释放，电动机停转。所以该电路为单纯的点动控制电路。

图 2-7（b）是用开关 SA 断开或接通自锁电路，可实现点动也可实现连续运转的电路。合上开关 SA 时，可实现连续运转；SA 断开时，可实现点动控制。图 2-7（c）是用复合按钮 SB3 实现点动控制，按钮 SB2 实现连续运转的电路。

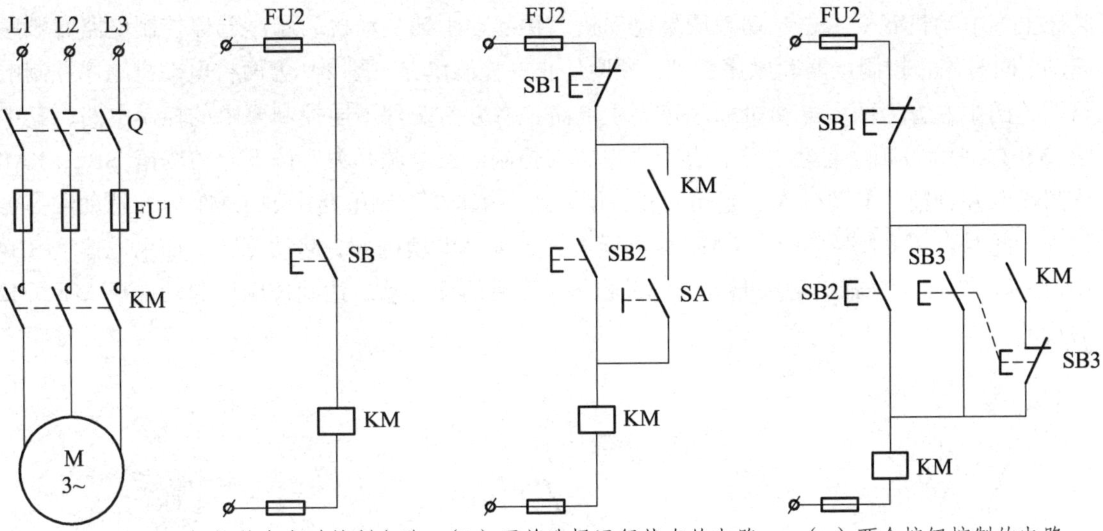

（a）基本点动控制电路　（b）开关选择运行状态的电路　（c）两个按钮控制的电路

图 2-7　电动机点动与连续运转控制电路

2.2.3　多地联锁控制

在一些大型生产机械和设备上，要求操作人员在不同方位能进行操作与控制，即实现多地控制。多地控制是用多组起动按钮、停止按钮来进行的，这些按钮连接的原则是：起动按钮常开触头要并联，即逻辑或的关系；停止按钮常闭触头要串联，即逻辑与的关系。图 2-8 为多地控制电路图。

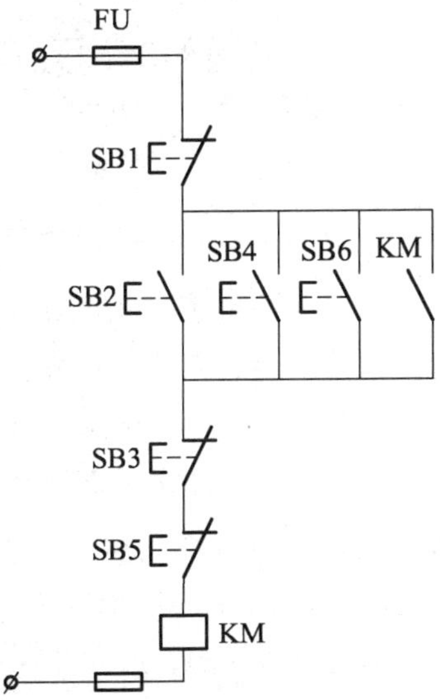

图 2-8　多地控制电路图

2.2.4　顺序控制

在生产实际中，有些设备往往要求其上的多台电动机按一定顺序实现其起动和停止，如磨床上的电动机就要求先起动液压泵电动机，再起动主轴电动机。顺序起停控制电路有顺序起动、同时停止控制电路和顺序起动、顺序停止的控制电路。图 2-9 为两台电动机顺序控制电路图，图中左方为两台电动机顺序控制主电路，右方为两种不同控制要求的控制电路，其中图 2-9（a）为按顺序起动电路，合上主电路与控制电路电源开关，按下起动按钮 SB2，KMl 线圈通电并自锁，电动机 M1 起动旋转，同时串在 KM2 控制电路中的 KM1 常开辅助触头也闭合，此时再按下按钮 SB4，KM2 线圈通电并自锁，电动机 M2 起动旋转。如果先按下 SB4 按钮，因 KM1 常开辅助触头断开，电动机 M2 不可能先起动，达到按顺序起动电机 M1、M2 的目的。

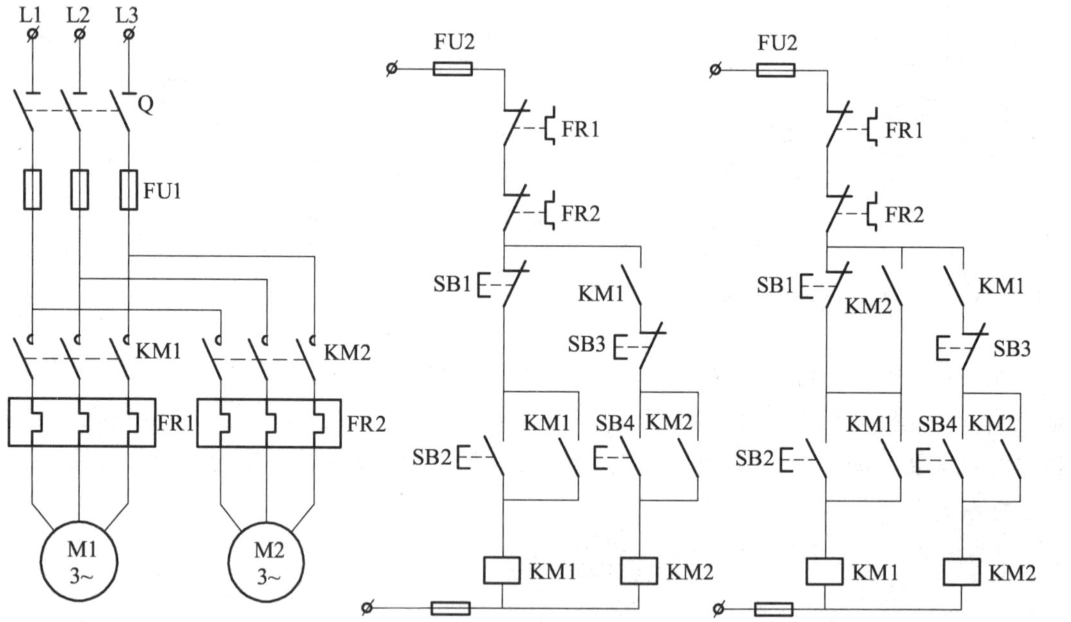

（a）按顺序起动电路　　（b）按顺序起动、停止的控制电路

图 2-9　两台电动机顺序控制电路图

生产机械除要求按顺序起动外，有时还要求按一定顺序停止，如传送带运转机，前面的第一台运输机先起动，再起动后面的第二台；停车时应先停第二台，再停第一台，这样才不会造成物料在皮带上的堆积和滞留。图 2-9（b）为按顺序起动与停止的控制电路，在图 2-9（a）的基础上，将接触器 KM2 的常开辅助触头并接在停止按钮 SB1 的两端，这样，即使先按下 SB1，由于 KM2 线圈仍通电，电动机 M1 不会停转，只有按下 SB3，电动机 M2 先停后再按下 SB3 才能使 M1 停转，达到先停 M2、后停 M1 的要求。

在许多顺序控制中，要求有一定的时间间隔，此时往往用时间继电器来实现。图 2-10 为时间继电器控制的顺序起动电路，接通主电路与控制电路电源，按下起按钮 SB2、KM1、KT 同时通电并自锁，电动机 Ml 起动运转，当通电延时型时间继电器 KT 延时时间到，其延时闭合的常开触头闭合，接通 KM2 线圈电路并自锁，电动机 M2 起动旋转，同时 KM2 常闭辅助触头断开将时间继电器 KT 线圈电路切断，KT 不再工作。

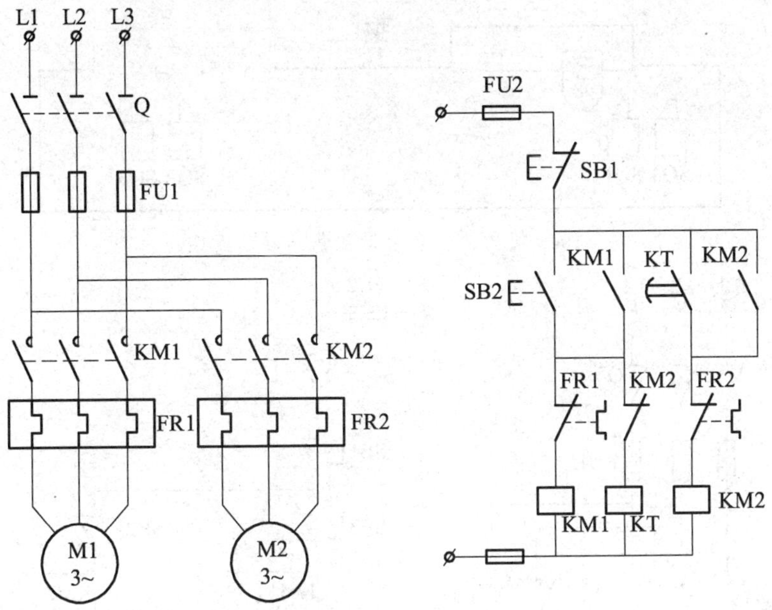

图 2-10　时间继电器控制的顺序起动电路

2.2.5　自动往复循环控制

在生产中，某些机床的工作台需要进行自动往复运行，而自动往复运行通常是利用行程开关来控制自动往复运动的相对位置，再来控制电动机的正反转或电磁阀的通断电来实现生产机械的自动往复运动的。图 2-11 为自动往复循环控制电路，其中图 2-11（a）为机床工作台自动往复运动示意图。在床身两端固定有行程开关 SQ1、SQ2，用来表明加工的起点与终点。在工作台上设有撞块 A 和 B，其随运动部件工作台一起移动，分别压下 SQ1、SQ2 来改变控制电路状态，实现电动机的正反向运转，实现工作台的自动往复运动。图 2-11（b）为自动往复循环控制电路，其中左方为主电路，右方为控制电路。图中 SQ1 为反向转正向行程开关，SQ3 为正向限位开关，SQ4 为反向限位开关。电路工作原理：合上主电路与控制电路电源开关，按下正转起动按钮 SB2，KM1 线圈通电并自锁，电动机正转起动旋转，拖动工作台前进向右移动，当移动到位时，撞块 A 压下 SQ2，其常闭触头断开，常开触头闭合，前者使 KM1 线圈断电，后者使 KM2 线圈通电并自锁，电动机由正转变为反转，拖动工作台由前进变为后退，工作台向左移动。当后退到位时，撞块 B 压下 SQ1，使 KM2 断电，KM1 通电，电动机由反转变为正转，拖动工作台变后退为前进，如此周而复始实现自动往返工作。当按下停止按钮 SB1 时，电动机停止，工作台停下。当行程开关 SQ1、SQ2 失灵时，由限位开关 SQ3、SQ4 来实现极限保护，避免运动部件因超出极限位置而发生事故。

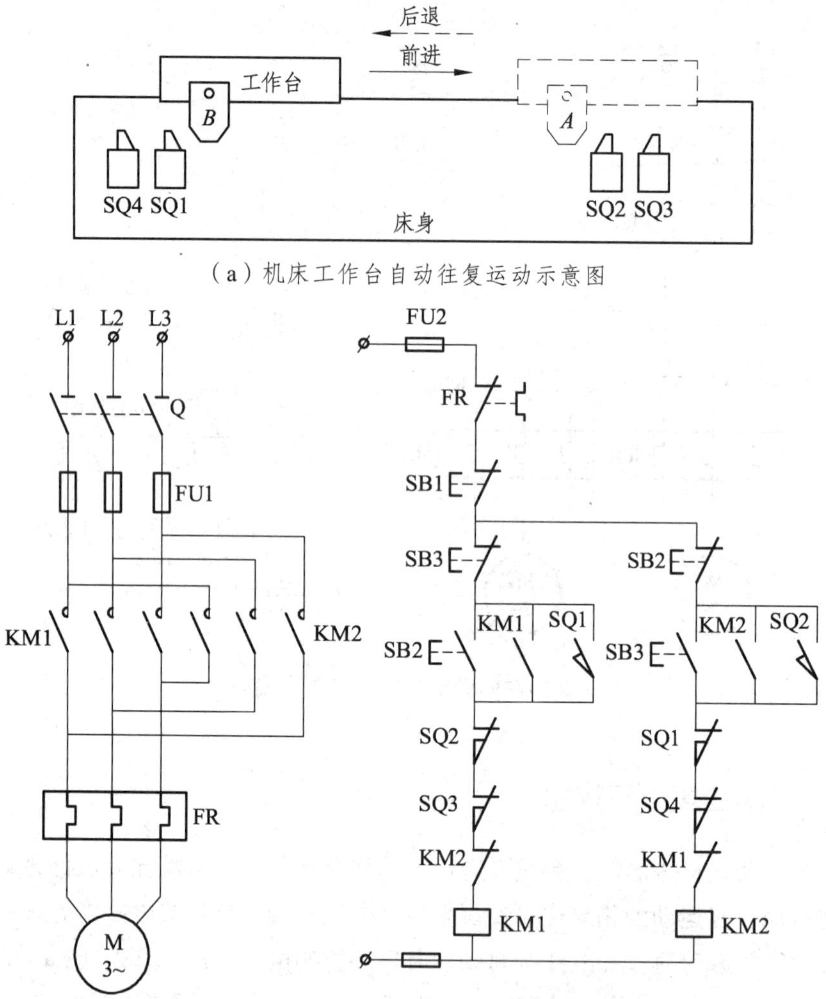

（a）机床工作台自动往复运动示意图

（b）自动往复循环控制电路

图 2-11　自动往复循环控制电路

任务 2.3　三相异步电动机的起动控制

10 kW 及其以下容量的三相异步电动机，通常采用全压起动，即起动时电动机的定子绕组直接接在额定电压的交流电源上，图 2-5、图 2-6 等电路皆为全压起动电路，但当电动机容量超过 10 kW 时，因起动电流较大，一般采用减压起动。减压起动是指起动时降低加在电动机定子绕组上的电压，待电动机起动后再将电压恢复到额定值，使之运行在额定电压下。减压起动可以减少起动电流，减小线路电压降，也就减小了起动时对线路的影响。但电动机的电磁转矩是与定子端电压平方成正比，所以电动机的起动转矩相应减小，故减压起动适用于空载或轻载下起动。减压起动方式有星形-三角形减压起动、自耦变压器减压起动、软起动（固态减压起动器）、延边三角形减压起动、定子串电阻减压起动等。常用的有星形-三角形减压起动与自耦变压器减压起动。软起动是一种当代电动机控制技术，正在一些场合推广使用，其余两种起动方式已很少采用。

2.3.1 星形-三角形减压起动控制

对于正常运行时定子绕组接成三角形的三相笼型异步电动机，均可采用星形-三角形减压起动。起动时，定子绕组先接成星形，待电动机转速上升到接近额定转速时，将定子绕组换接成三角形，电动机便进入全压下的正常运转。

图 2-12 为 QX4 系列自动星形-三角形起动器电路，适用于 125 kW 及以下的三相笼型异步电动机作星形-三角形减压起动和停止的控制。

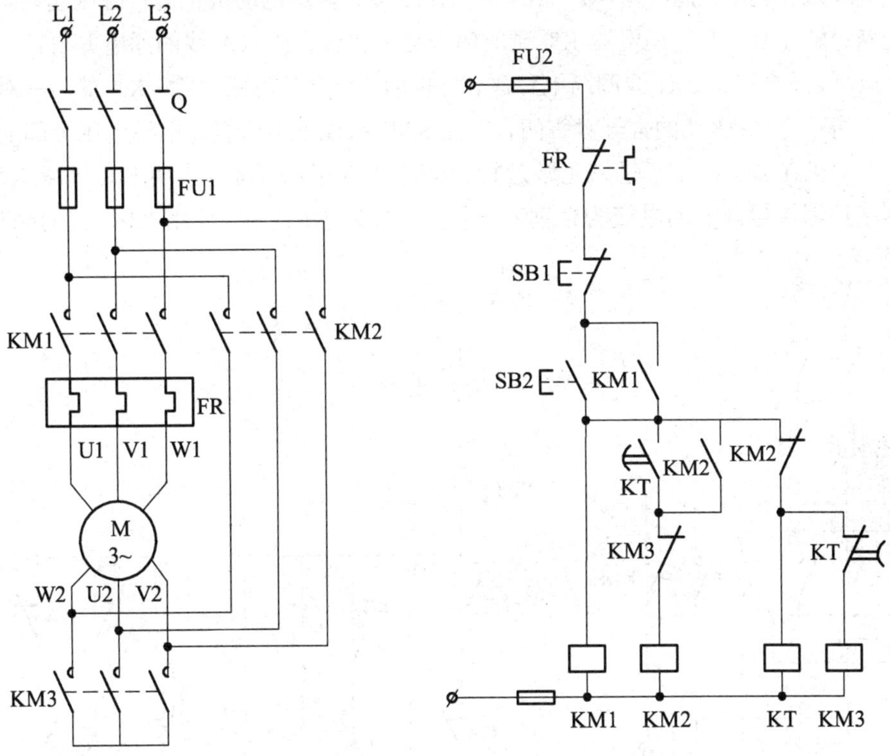

图 2-12 QX4 系列自动星形-三角形起动器电路

电路工作原理：合上电源开关 Q，按下起动按钮 SB2，KMl、KT、KM3 线圈同时通电并自锁，电动机三相定子绕组接成星形接入三相交流电源进行减压起动，当电动机转速接近额定转速时，通电延时型时间继电器动作，KT 常闭触头断开，KM3 线圈断电释放；同时 KT 常开触头闭合，KM2 线圈通电吸合并自锁，电动机绕组接成三角形全压运行。当 KM2 通电吸合后，KM2 常闭触头断开，使 KT 线圈断电，避免时间继电器长期工作。KM2、KM3 常闭触头为互锁触头，以防同时接成星形和三角形造成电源短路。

2.3.2 自耦变压器减压起动控制

电动机自耦变压器减压起动是将自耦变压器一次侧接在电网上，起动时定子绕组接在自耦变压器二次侧上。这样，起动时电动机获得的电压为自耦变压器的二次电压。待电动机转速接近电动机额定转速时，再将电动机定子绕组接在电网上即电动机额定电压上进入正常运转。这种减压起动适用于较大容量电动机的空载或轻载起动，起动转矩可以通过改变不同轴头来获得。

图 2-13 为 XJO1 系列自耦减压起动电路图。图中 KM1 为减压起动接触器，KM2 为全压运行接触器，KA 为中间继电器，KT 为减压起动时间继电器，HL1 为电源指示灯，HL2 为减压起动指示灯，HL3 为正常运行指示灯。

电路工作原理：合上主电路与控制电路电源开关，HL1 灯亮，表明电源电压正常。按下起动按钮 SB2，KMl、KT 线圈同时通电并自锁，将自耦变压器接入，电动机由自耦变压器二次电压供电作减压起动，同时指示灯 HL1 灭，HL2 亮，显示电动机正进行减压起动。当电动机转速接近额定转速时，时间继电器 KT 延时闭合触头闭合，使 KA 线圈通电并自锁，其常闭触头断开 KM1 线圈电路，KM1 线圈断电释放，将自耦变压器从电路切除；KA 的另一对常闭触头断开，HL2 指示灯灭；KA 的常开触头闭合，使 KM2 线圈通电吸合，电源电压全部加在电动机定子上，电动机在额定电压下进入正常运转，同时 HL3 指示灯亮，表明电动机减压起动结束。由于自耦变压器星接部分的电流为自耦变压器一、二次电流之差，故用 KM2 辅助触头来连接。

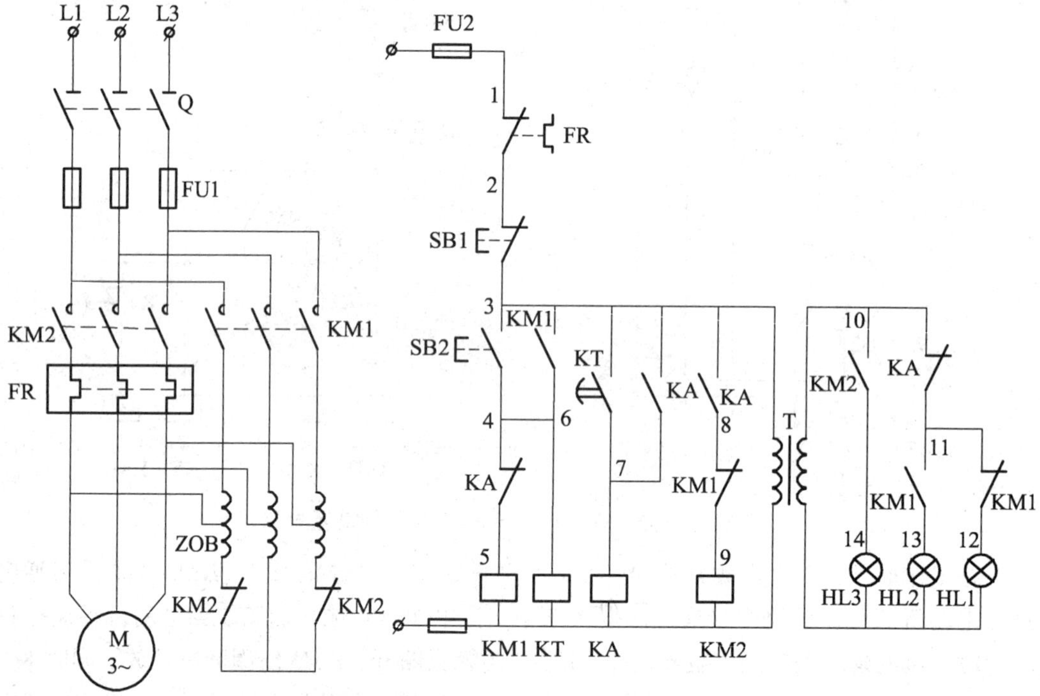

图 2-13　XJO1 系列自耦减压起动电路

2.3.3　三相绕线转子异步电动机的起动控制

三相绕线转子异步电动机转子绕组可通过铜环经电刷与外电路电阻相接，以减小起动电流，提高转子电路功率因数和起动转矩，故适用于重载起动的场合。

按绕线转子起动过程中串接装置不同分为串电阻起动和串频敏变阻器起动电路两种，转子串电阻起动又有按时间原则和电流原则控制两种。下面仅分析按时间原则控制转子串电阻起动电路。

图 2-14 为时间原则控制转子电阻起动电路。图中 KM1 为线路接触器，KM2、KM3、KM4 为短接电阻起动接触器，KT1、KT2、KT3 为短接转子电阻时间继电器。电路工作原理读者可自行分析。值得注意的是，电路确保在转子全部电阻串入情况下起动，且当电动机进入正常运行时，只有 KM1、KM4 两个接触器处于长期通电状态，而 KT1、KT2、KT3 与 KM2、KM3 线圈通电时间均压缩到最低限度。一方面，这样能节省电能，延长电器使用寿命；另一方面，这样能减少电路故障，保证电路安全可靠工作。由于电路为逐级短接电阻，电动机电流与转矩突然增大，产生机械冲击。

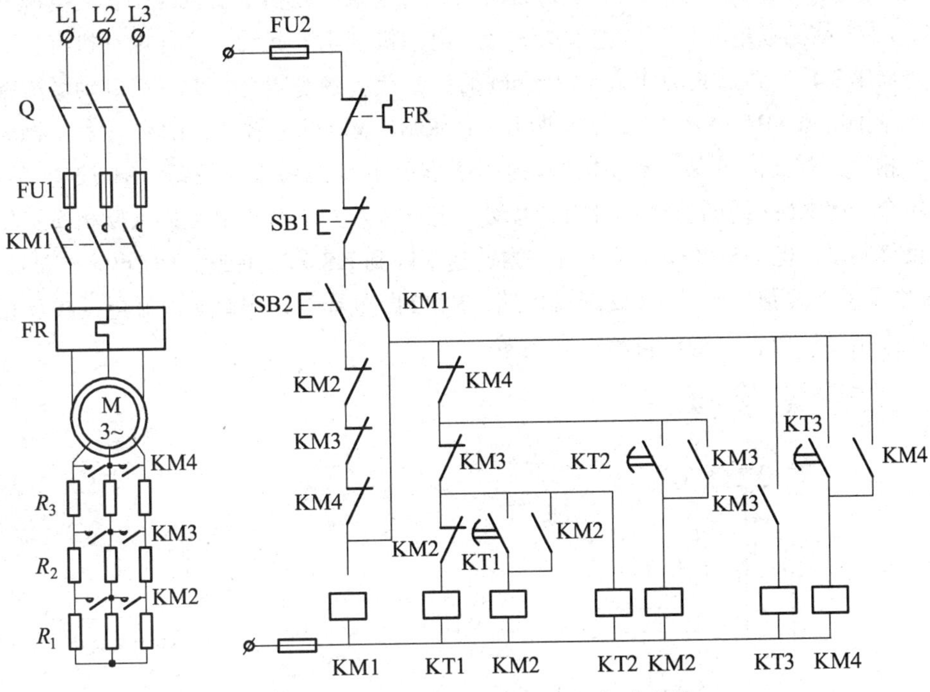

图 2-14　时间原则控制转子电阻起动电路

任务 2.4　三相异步电动机的制动控制

三相异步电动机从切除电源到完全停止旋转，由于机械惯性，总需经过一定的时间，这往往不能满足生产机械要求迅速停车的要求，也影响生产率的提高。因此应对电动机进行制动控制，制动控制方法有机械制动和电气制动。机械制动是用机械装置来强迫电动机迅速停车；电气制动是使电动机的电磁转矩方向与电动机旋转方向相反，起制动作用。电气制动有反接制动、能耗制动、再生制动及派生的电容制动等。这些制动方法各有特点，适用不同场合。本任务将介绍几种典型的制动控制电路。

2.4.1 电动机单向反接制动控制

反接制动是利用改变电动机电源的相序，使定子绕组产生相反方向的旋转磁场，因而产生制动转矩的一种制动方法。电源反接制动时，转子与定子旋转磁场的相对转速接近两倍的电动机同步转速，所以定子绕组中流过的反接制动电流相当于全压起动时起动电流的两倍，因此反接制动制动转矩大，制动迅速，冲击大，通常适用于 10 kW 及以下的小容量电动机。

为了减小冲击电流，通常在笼型异步电动机定子电路中串入反接制动电阻。另外，当电动机转速接近零时，要及时切断反相序电源，以防电动机反向再起动，通常用速度继电器来检测电动机转速并控制电动机反相序电源的断开。

图 2-15 为电动机单向反接制动控制电路。图中 KM1 为电动机单向运行接触器，KM2 为反接制动接触器，KS 为速度继电器，*R* 为反接制动电阻。起动电动机时，合上电源开关，按下 SB2，KM1 线圈通电并自锁，主触头闭合，电动机全压下起动，当与电动机有机械联接的速度继电器 KS 转速超过其动作值 140 r/min 时，其相应触头闭合，为反接制动做准备。停止时，按下停止按钮 SB1，SB1 常闭触头断开，使 KM1 线圈断电释放，KM1 主触头断开，切断电动机原相序三相交流电源，电动机仍以惯性高速旋转。当将停止按钮 SB1 按到底时，其常开触头闭合，使 KM2 线圈通电并自锁，电动机定子串入三相对称电阻接入反相序三相交流电源进行反接制动，电动机转速迅速下降。当转速下降到 KS 释放转速，即 100 r/min 时，KS 释放，KS 常开触头复位，断开 KM2 线圈电路，KM2 断电释放，主触头断开电动机反相序交流电源，反接制动结束，电动机自然停车至零。

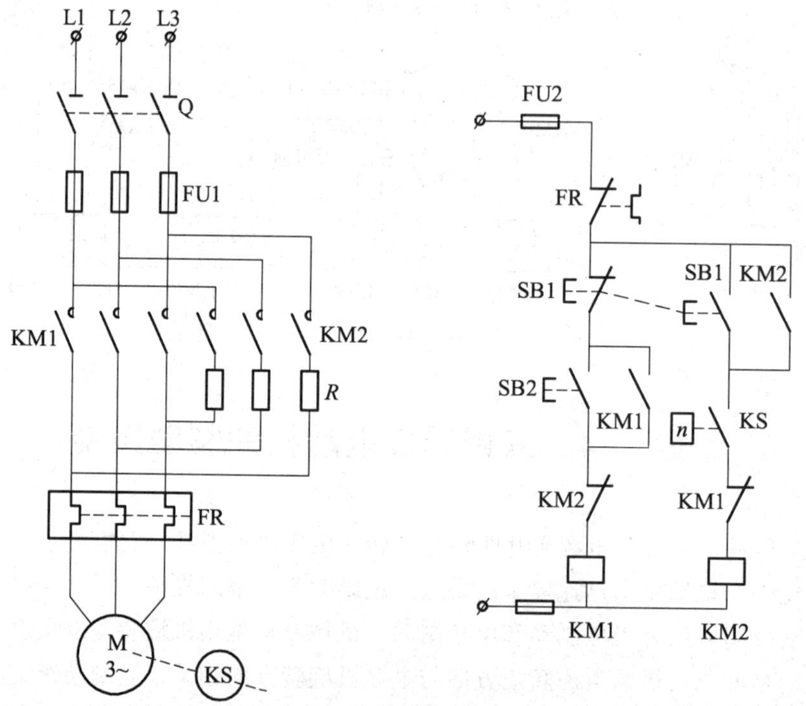

图 2-15　电动机单向反接制动控制电路

2.4.2 电动机可逆运行反接制动控制

图 2-16 为电动机可逆运行反接制动控制电路。图中 KM1、KM2 为电动机正、反转接触器，KM3 为短接制动电阻接触器，KA1、KA2、KA3、KA4 为中间继电器，KS 为速度继电器，其中 KS-1 为正转闭合触头，KS-2 为反转闭合触头。*R* 电阻起动时起定子串电阻减压起动用，停车时，*R* 电阻又作为反接制动电阻。

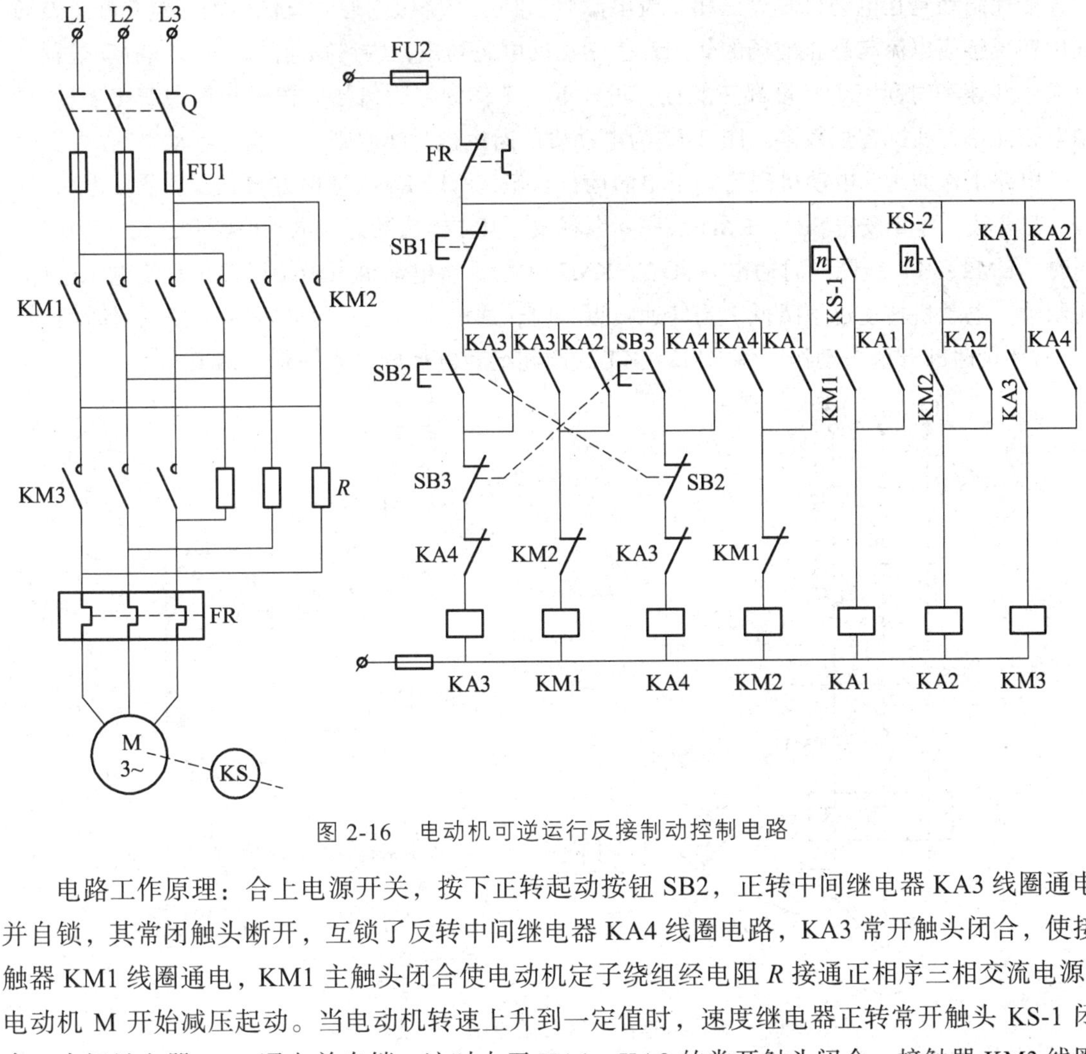

图 2-16　电动机可逆运行反接制动控制电路

电路工作原理：合上电源开关，按下正转起动按钮 SB2，正转中间继电器 KA3 线圈通电并自锁，其常闭触头断开，互锁了反转中间继电器 KA4 线圈电路，KA3 常开触头闭合，使接触器 KM1 线圈通电，KM1 主触头闭合使电动机定子绕组经电阻 *R* 接通正相序三相交流电源，电动机 M 开始减压起动。当电动机转速上升到一定值时，速度继电器正转常开触头 KS-1 闭合，中间继电器 KA1 通电并自锁。这时由于 KA1、KA3 的常开触头闭合，接触器 KM3 线圈通电，于是电阻 *R* 被短接，定子绕组直接加以额定电压，电动机转速上升到稳定工作转速。所以，电动机转速从零上升到速度继电器 KS 常开触头闭合这一区间是定子串电阻降压起动。

在电动机正转运转过程中，若按下停止按钮 SB1，则 KA3、KM1、KM3 线圈相继断电释放，但此时电动机转子仍以惯性高速旋转，使 KS-1 仍维持闭合状态，中间继电器 KA1 仍处于吸合状态，所以在接触器 KM1 常闭触头复位后，接触器 KM2 线圈便通电吸合，其常开主触头闭合，使电动机定子绕组经电阻 *R* 获得反相序三相交流电源，对电动机进行反接制动，电动机转速迅速下降，当电动机转速低于速度继电器释放值时，速度继电器常开触头 KS-1 复位，KA1 线圈断电，接触器 KM2 线圈断电释放，反接制动过程结束。

电动机反向起动和反接制动停车过程与正转时相同，在此不再赘述。

2.4.3　电动机单向运行能耗制动控制

能耗制动是在电动机脱离三相交流电源后，向定子绕组内通入直流电流，建立静止磁场，利用转子感应电流与静止磁场的作用产生制动的电磁制矩，达到制动的目的。在制动过程中，电流、转速和时间三个参量都在变化，可任取一个作为控制信号。按时间作为变化参量，控制电路简单，实际应用较多。图 2-17 为电动机单向运行时间原则控制能耗制动电路。

电路工作原理：电动机现已处于单向运行状态，所以 KM1 通电并自锁。若要使电动机停转，只要按下停止按钮 SB1，KM1 线圈断电释放，其主触头断开，电动机断开三相交流电源。同时，KM2、KT 线圈同时通电并自锁，KM2 主触头将电动机定子绕组接入直流电源进行能耗制动，电动机转速迅速降低，当转速接近零时，通电延时型时间继电器 KT 延时时间到，KT 常闭延时断开触头动作，使 KM2、KT 线圈相继断电释放，能耗制动结束。

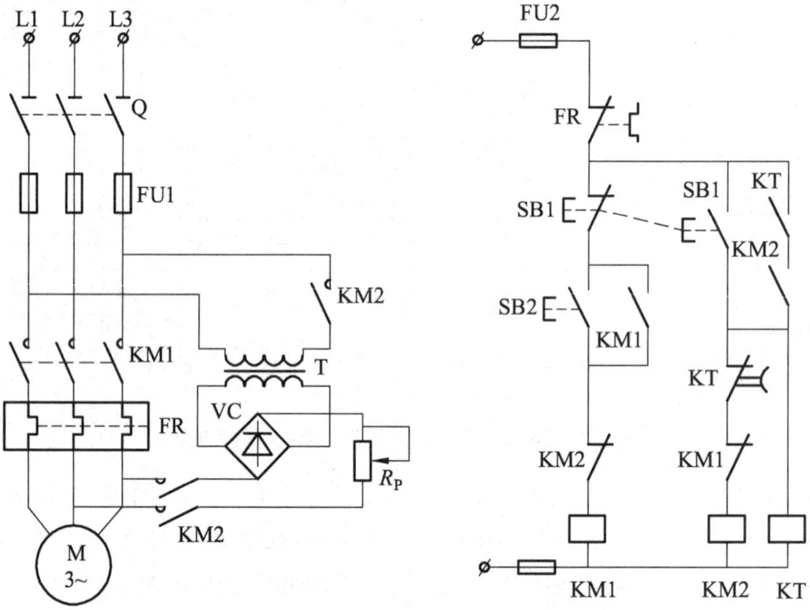

图 2-17　电动机单向运行时间原则控制能耗制动电路

2.4.4　无变压器单管能耗制动控制

对于 10 kW 以下电动机，在制动要求不高时，可采用无变压器单管能耗制动。图 2-18 为电动机无变压器单管能耗制动电路。图中 KM1 为线路接触器，KM2 为制动接触器，KT 为能耗制动时间继电器。该电路整流电源电压为 220 V，由 KM2 主触头接至电动机定子绕组，经整流二极管 VD 接至电源中性线 N 构成闭合电路。制动时电动机 U、V 相由 KM2 主触头短接，因此只要单方向制动转矩。电路工作原理与图 2-18 所示电路相似，读者可自行分析。

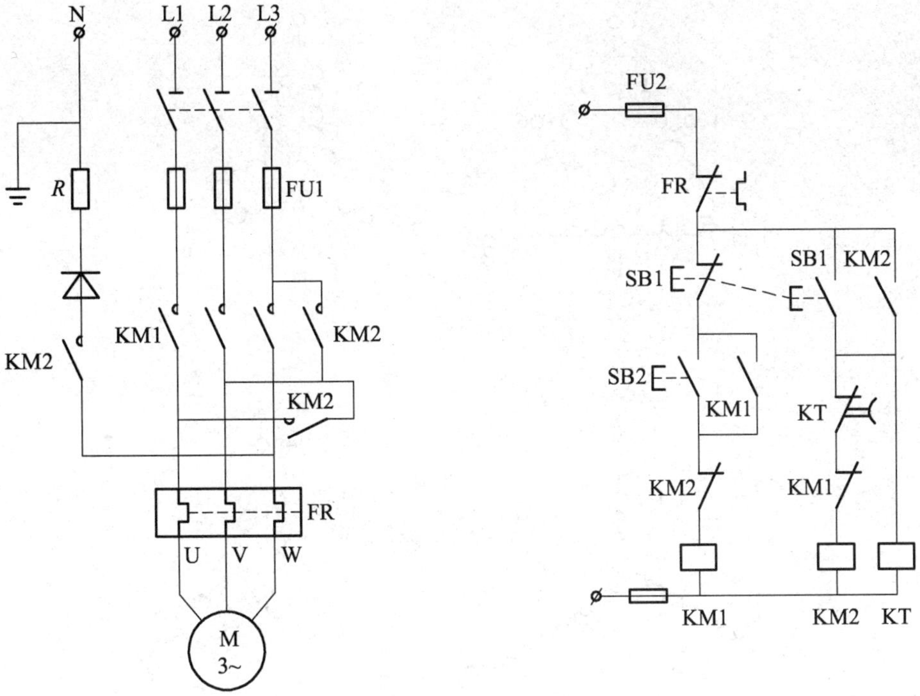

图 2-18　电动机无变压器单管能耗制动电路

任务 2.5　三相异步电动机的调速控制

由三相异步电动机转速 $n = 60f(1-s)/p$ 可知，三相异步电动机调速方法有变极对数、变转差率和变频调速三种。而变极调速一般仅适用于笼型异步电动机，变转差率调速可通过调节定子电压、改变转子电路中的电阻以及采用串级调速来实现。变频调速是现代电力传动的一个主要发展方向，已广泛应用于工业自动控制中。本任务仅介绍三相笼型异步电动机变极调速电路，变频调速将在后续课程中讲授。

变极调速是通过接触器触头来改变电动机绕组的接线方式，获得不同的极对数来达到调速目的。变极电动机一般有双速、三速、四速之分，双速电动机定子装有一套绕组，而三速、四速电动机则为两套绕组。图 2-19 为双速电动机三相绕组接线图，图（a）为三角形（四极，低速）与双星形（二极，高速）接法；图（b）为星形（四极，低速）与双星形（二极，高速）接法。

图 2-20 为双速电动机变极调速控制电路。图中 KM1 为电动机三角形联结接触器，KM2、KM3 为电动机双星形联结接触器，KT 为电动机低速换高速时间继电器，SA 为高、低速选择开关，其有三个位置，“左”位为低速，“右”位为高速，“中间”位为停止。电路工作原理由读者自行分析。

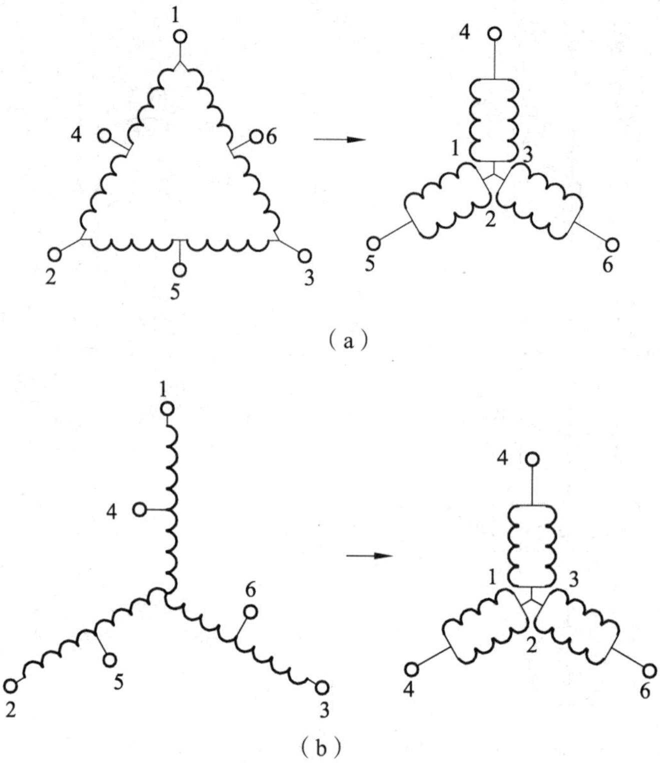

图 2-19　双速电动机三相绕组接线图

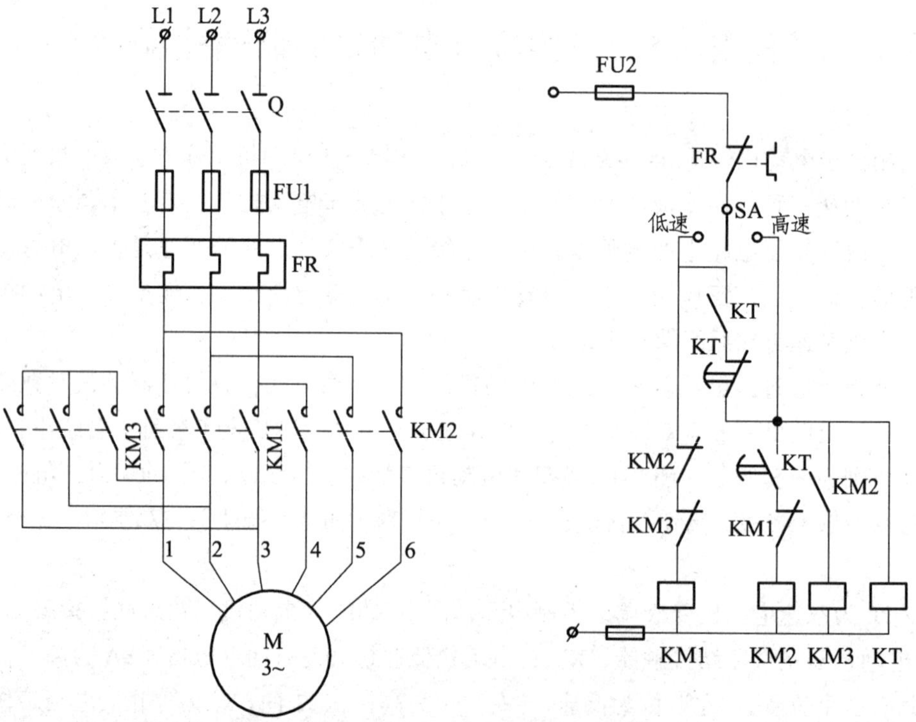

图 2-20　双速电动机变极调速控制电路

任务 2.6　直流电动机的电气控制

直流电动机具有良好的起动、制动和调速性能，容易实现各种运行状态的控制。直流电动机有串励、并励、复励和他励四种，其控制电路基本相同。本任务仅介绍直流他励电动机的起动、反向和制动的电气控制。

2.6.1　直流电动机单向旋转起动控制

直流电动机在额定电压下直接起动，起动电流为额定电流的 10～20 倍，产生很大的起动转矩，导致电动机换向器和电枢绕组损坏。为此在电枢回路中串入电阻起动。同时，他励直流电动机在弱磁或零磁时会产生飞车现象，因此在接入电枢电压前，应先接入额定励磁电压，而且在励磁回路中应有弱磁保护。图 2-21 为直流电动机电枢串电阻单向旋转起动电路。图中 KM1 为线路接触器，KM2、KM3 为短接起动电阻接触器，KA1 为过电流继电器，KA2 为欠电流继电器，KT1、KT2 为时间继电器，R_3 为放电电阻。

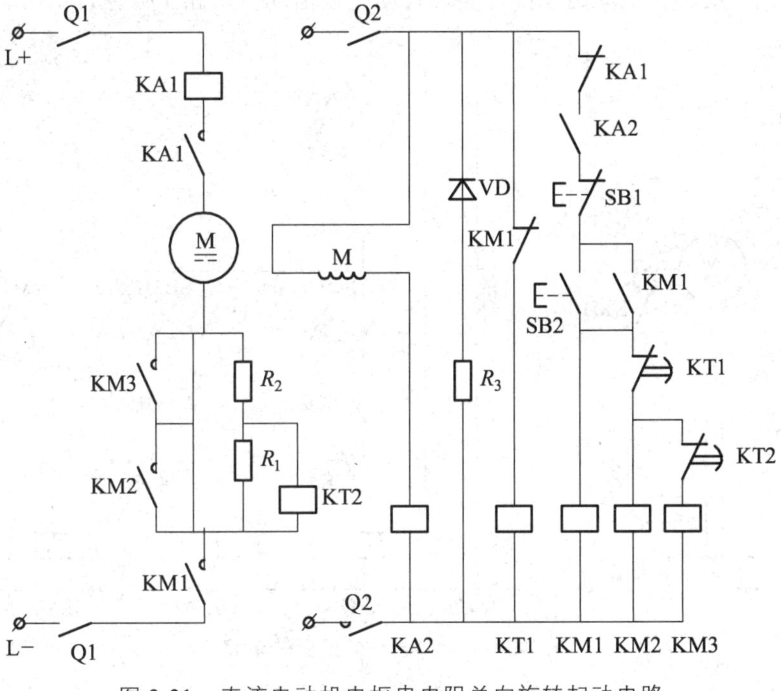

图 2-21　直流电动机电枢串电阻单向旋转起动电路

电路工作原理：合上电枢电源开关 Q1 和励磁与控制电路电源开关 Q2，励磁回路通电，KA2 线圈通电吸合，其常开触头闭合，为起动做好准备；同时，KT1 线圈通电，其常闭触头断开，切断 KM2、KM3 线圈电路。保证串入 R_1、R_2 起动。按下起动按钮 SB2，KM1 线圈通电并自锁，主触头闭合，接通电动机电枢回路，电枢串入两级起动电阻起动；同 KM1 常闭辅助触头断开，KT1 时线圈断电，为延时使 KM2、KM3 线圈通电，短接 R_1、R_2 做准备。在串

入 R_1、R_2 起动同时，并接在 R_1 电阻两端的 KT2 线圈通电，其常闭触头断开，使 KM3 不能通电，确保 R_2 电阻串入起动。

经一段时间延时后，KT1 延时闭合触头闭合，KM2 线圈通电吸合，主触头短接电阻 R_1，电动机转速升高，电枢电流减小。就在 R_1 被短接的同时，KT2 线圈断电释放，再经一定时间的延时，KT2 延时闭合触头闭合，KM3 线圈通电吸合，KM3 主触头闭合短接电阻 R_2，电动机在额定电枢电压下运转，起动过程结束。

电路保护环节：过电流继电器 KA1 实现电动机过载和短路保护；欠电流继电器 KA2 实现电动机弱磁保护；电阻 R_3 与二极管 VD 构成励磁绕组的放电回路，实现过电压保护。

2.6.2 直流电动机可逆运转起动控制

图 2-22 为直流电动机正反转电路，图中是改变直流电动机电枢电压极性实现电动机正反转的。图中 KM1、KM2 为正、反转接触器，KM3、KM4 为短接电枢电阻接触器，KT1、KT2 为时间继电器，R_1、R_2 为起动电阻，R_3 为放电电阻，SQ1 为反向转正向行程开关，SQ2 为正向转反向行程开关。起动时电路工作情况与图 2-23 电路相同，但起动后电动机将按行程原则实现电动机的正、反转，拖动运动部件实现自动往返运动。电路工作原理由读者自行分析。

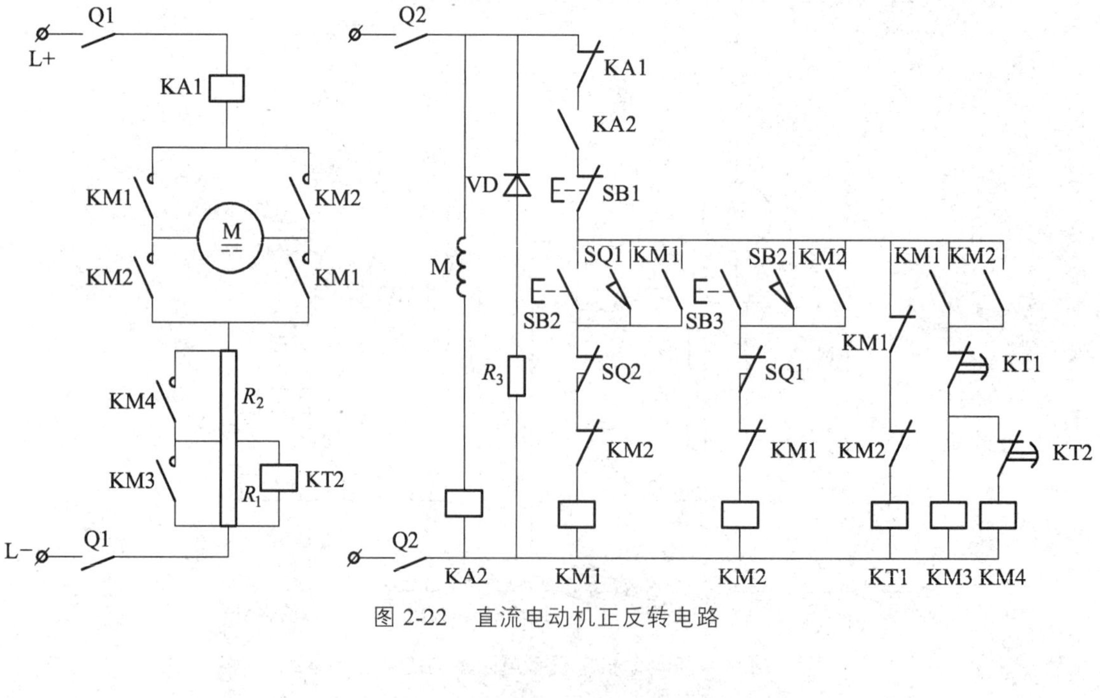

图 2-22 直流电动机正反转电路

任务 2.7 电气控制系统常用的保护环节

电气控制系统必须在安全、可靠的前提下来满足生产工艺要求，为此，在电气控制系统的设计与运行中，必须考虑系统发生各种故障和不正常工作情况的可能性，在控制系统中设置有各种保护装置。保护环节是所有电气控制系统不可缺少的组成部分。常用的保护环节有过电流、过载、短路、过电压、失电压、断相、弱磁与超速保护等。本任务主要介绍低压电动机常用的保护环节。

2.7.1 短路保护

当电器或线路绝缘遭到损坏、负载短路、接线错误将产生短路现象。短路时产生的瞬时故障电流可达到额定电流的十几倍到几十倍，使电气设备或配电线路因过流而产生电动力而损坏，甚至因电弧而引起火灾。短路保护要求具有瞬动特性，即要求在很短时间内切断电源。短路保护的常用方法有熔断器保护和低压断路器保护。熔断器熔体的选择见前述有关内容。低压断路器动作电流按电动机起动电流的 1.2 倍来整定，相应低压断路器切断短路电流的触头容量应加大。

2.7.2 过电流保护

过电流保护是区别于短路保护的一种电流型保护。过电流是指电动机或电气元件超过其额定电流的运行状态，其一般比短路电流小，不超过 6 倍额定电流。在过电流情况下，电气元件并不是马上损坏，只要在达到最大允许温升之前，电流值能恢复正常，还是允许的。但过大的冲击负载，使电动机流过过大的冲击电流，以致损坏电动机。同时，过大的电动机电磁转矩也会使机械的传动部件受到损坏，因此要瞬时切断电源。电动机在运行中产生过电流的可能性要比发生短路的可能性大，特别是在频繁起动和正反转、重复短时工作电动机中更是如此。

过电流保护常用过电流继电器来实现，通常过电流继电器与接触器配合使用，即将过电流继电器线圈串接在被保护电路中，当电路电流达到其整定值时，过电流继电器动作，而过电流继电器常闭触头串接在接触器线圈电路中，使接触器线圈断电释放，接触器主触头断开来切断电动机电源。这种过电流保护环节常用于直流电动机和三相绕线转子异步电动机的控制电路中。若过电流继电器动作电流为 1.2 倍电动机起动电流，则过流继电器也可实现短路保护作用。

2.7.3 过载保护

过载保护是过电流保护中的一种。过载是指电动机的运行电流大于其额定电流，但在 1.5 倍额定电流以内。引起电动机过载的原因很多，如负载的突然增加、缺相运行或电源电压降低等。若电动机长期过载运行，其绕组的温升将超过允许值而使绝缘老化、损坏。过载保护装置要求具有反时限特性，且不会受电动机短时过载冲击电流或短路电流的影响而瞬时动作，所以通常用热继电器作过载保护。当有 6 倍以上额定电流通过热继电器时，需经 5 s 后才动作，这样在热继电器尚未动作前，可能使热继电器的发热元件先烧坏，所以在使用热继电器作过载保护时，还必须装有熔断器或低压断路器的短路保护装置。由于过载保护特性与过电流保护不同，故不能用过电流保护方法来进行过载保护。

对于电动机进行断相保护，可选用带断相保护的热继电器来实现过载保护。

2.7.4 失电压保护

电动机应在一定的额定电压下才能正常工作，电压过高、过低或者工作过程中非人为因素的突然断电，都可能造成生产机械损坏或人身事故，因此在电气控制电路中，应根据要求设置失电压保护、过电压保护和欠电压保护。

电动机正常工作时，如果因为电源电压消失而停转，一旦电源电压恢复时，有可能自行起动，电动机的自行起动将造成人身事故或机械设备损坏。为防止电压恢复时电动机自行起动或电气元件自行投入工作而设置的保护称为失电压保护。采用接触器和按钮控制的起动、停止，就具有失电压保护作用。这是因为当电源电压消失时，接触器就会自动释放而切断电动机电源，当电源电压恢复时，由于接触器自锁触头已断开，不会自行起动。如果不是采用按钮而是用不能自动复位的手动开关、行程开关来控制接触器，必须采用专门的零电压继电器。工作过程中一旦失电，零压继电器释放，其自锁电路断开，电源电压恢复时，不会自行起动。

2.7.5 欠电压保护

电动机运转时，电源电压过分降低引起电磁转矩下降，在负载转矩不变情况下，转速下降，电动机电流增大。此外，由于电压的降低引起控制电器释放，造成电路不正常工作。因此，当电源电压降到60%～80%额定电压时，将电动机电源切除而停止工作，这种保护称欠电压保护。

除上述采用接触器及按钮控制方式，利用接触器本身的欠电压保护作用外，还可采用欠电压继电器来进行欠电压保护，吸合电压通常整定为0.8～$0.85U_N$，释放电压通常整定为0.5～$0.7U_N$。其方法是将电压继电器线圈跨接在电源上，其常开触头串接在接触器线圈电路中，当电源电压低于释放值时，电压继电器动作使接触器释放，接触器主触头断开电动机电源实现欠电压保护。

2.7.6 过电压保护

电磁铁、电磁吸盘等大电感负载及直流电磁机构、直流继电器等，在通断时会产生较高的感应电动势，将使电磁线圈绝缘击穿而损坏。因此，必须采用过电压保护措施。通常过电压保护是在线圈两端并联一个电阻，电阻串电容或二极管串电阻，以形成一个放电回路，实现过电压的保护。

2.7.7 直流电动机的弱磁保护

直流电动机磁场的过度减少会引起电动机超速，需设置弱磁保护，这种保护是通过在电动机励磁线圈回路中串入欠电流继电器来实现的。在电动机运行时，若励磁电流过小，欠电流继电器释放，其触头断开电动机电枢回路线路接触器线圈电路，接触器线圈断电释放，接触器主触头断开电动机电枢回路，电动机断开电源，实现保护电动机的目的。

2.7.8 其他保护

除上述保护外，还有超速保护、行程保护、油压（水压）保护等，这些都是在控制电路中串接一个受这些参量控制的常开触头或常闭触头来实现对控制电路的电源控制来实现的。这些装置有离心开关、测速发电机、行程开关、压力继电器等。

习 题

2-1 常用的电气控制系统图有哪三种？

2-2 何为电气原理图？绘制电气原理图的原则是什么？

2-3 何为电气元件布置图？电气元件的布置应注意哪几方面？

2-4 何为电气安装接线图？绘制电气安装接线图的原则是什么？

2-5 电动机点动控制与连续运转控制在电气控制电路上有何不同？其关键控制环节是什么？

2-6 采用接触器与按钮控制的电路是如何实现电动机的失电压与欠电压保护的？

2-7 何为互锁控制？实现电动机正、反转互锁控制的方法有哪两种？为何有了机械互锁还要有电气互锁？

2-8 电动机正、反转控制电路中的控制关键环节是哪两处？

2-9 设计一个电气控制电路：三台三相笼型异步电动机起动时，Ml 先起动，经 10 s 后 M2 自行起动，运行 30 s 后 Ml 停止并同时使 M3 自行起动，再运行 30 s 后其余两台电动机全部停止。

2-10 为两台三相笼型异步电动机设计电气控制电路，其要求如下：

（1）两台电动机互不影响地独立操作；

（2）能同时控制两台电动机的起动和停止；

（3）当任一台电动机发生过载时，两台电动机均停止。

2-11 某水泵由一台三相笼型异步电动机拖动，按下列要求设计电气控制电路：

（1）采用 Y-△减压起动；

（2）三处控制电动机的起动和停止。

2-12 某机床有主轴电动机 Ml、液压泵电动机 M2，均采用直接起动。生产工艺要求：主轴必须在液压泵开动后，方可起动；主轴要求正、反向运转，但为测试方便，要求能实现正、反向点动；主轴停止后，才允许液压泵停止；电路具有短路保护、过载保护及失电压保护。试设计电气控制电路。

2-13 某一三相笼型异步电动机采用 Y-△减压起动，能耗制动停车，试画出其电气控制电路图。

2-14 某一三相笼型异步电动机要求正、反向运转，定子串电阻减压起动，反接制动停车，试画出其电气控制电路图。

2-15 试分析图 2-22 直流电动机可逆旋转反接制动电气控制电路的工作原理。

2-16 电气控制系统常用的保护环节有哪些？它们各采用什么电气元件？

项目 3　典型设备电气控制电路分析 ▶▶▶

项目描述

电气控制设备种类繁多，拖动控制方式各异，控制电路也各不相同，因此，在阅读分析电气图时，重要的是要掌握其基本分析方法。本项目从电气控制电路分析出发，先讲解电气控制电路分析的依据、内容和方法，再通过对 Z3040 摇臂钻床和 T68 卧式镗床两个典型设备电气控制电路的分析，进一步阐述电气控制系统的分析方法与分析步骤，使读者掌握分析电气图的方法，培养阅读电气图的能力。

思维导图

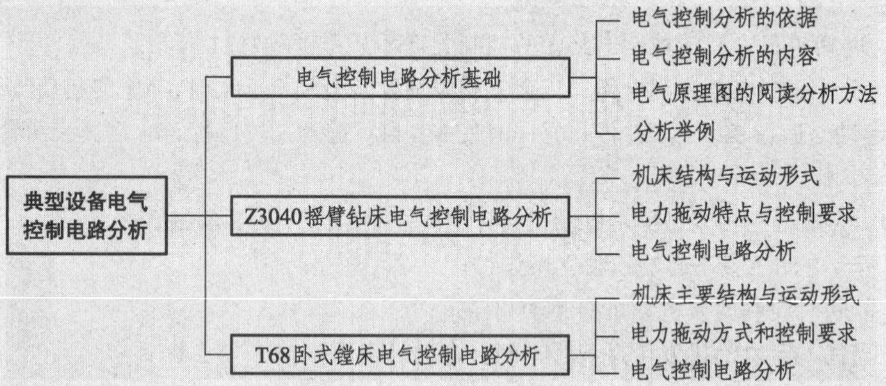

项目目标

知识目标

（1）了解电气控制分析的依据和内容。

（2）了解并掌握电气原理图的阅读分析方法。

（3）掌握典型生产机械电气控制线路的原理。

技能目标

（1）能够分析典型生产机械电气控制线路的工作原理。

（2）能够对典型生产机械电气控制线路进行故障排除。

任务 3.1　电气控制电路分析基础

3.1.1　电气控制分析的依据

分析设备的电气控制的依据是设备本身的基本结构、运行情况、加工工艺要求和对电力拖动自动控制的要求。也就是首先要熟悉控制对象，掌握其控制要求，这样分析起来才有针对性。这些依据的获得来源于设备的有关技术资料，主要有设备说明书、电气原理图、电气接线图及电气元件一览表等。

3.1.2　电气控制分析的内容

通过对各种技术资料的分析，掌握电气控制电路的工作原理、操作方法、维护要求等。

1. 设备说明书

设备说明书一般由机械、液压部分与电气两部分组成。阅读这两部分说明书，重点掌握以下内容。

（1）设备的构造，主要技术指标，机械、液压、气动部分的传动方式与工作原理。

（2）电气传动方式，电机及执行电器的数目、规格型号、安装位置、用途与控制要求。

（3）了解设备的使用方法，操作手柄、开关、按钮、指示信号装置以及在控制电路中的作用。

（4）必须清楚地了解与机械、液压部分直接关联的电器，如行程开关、电磁阀、电磁离合器、传感器、压力继电器、微动开关等的位置，工作状态以及与机械、液压部分的关系，掌握这些电器在控制中的作用。特别应了解机械操作手柄与电器开关元件之间的关系，液压系统与电气控制的关系。

2. 电气控制原理图

这是电气控制电路分析的中心内容。电气控制原理图由主电路、控制电路、辅助电路、保护与联锁环节以及特殊控制电路等部分组成。

在分析电气原理图时，必须与阅读其他技术资料结合起来，根据电动机及执行元件的控制方式、位置及作用，各种与机械有关的行程开关、主令电器的状态来理解电气工作原理。

在分析电气原理图时，还可通过设备说明书提供的电气元件一览表来查阅电气元件的技术参数，进而分析出电气控制电路的主要参数，估计出各部分的电流、电压值，以便在调试或检修中合理使用仪表进行检测。

3. 电气设备的总装接线图

阅读分析电气设备的总装接线图，可以了解系统的组成分布情况，各部分的连接方式，主要电气部件的布置、安装要求，导线和导线管的规格型号等，以期对设备的电气安装有清晰的了解，这是电气安装必不可少的资料。

阅读分析总装接线图应与电气原理图、设备说明书结合起来。

4. 电气元件布置图与接线图

这是制造、安装、调试和维护电气设备必需的技术资料。在测试、检修中可通过布置图和接线图迅速方便地找到各电气元件的测试点，进行必要的检测、调试和维修。

3.1.3 电气原理图的阅读分析方法

电气原理图阅读分析基本原则是“先机后电、先主后辅、化整为零、集零为整、统观全局、总结特点”。最常用的方法是查线分析法，即以某一电动机或电气元件线圈为对象，从电源开始，由上而下，自左至右，逐一分析其接通断开关系，并区分出主令信号、联锁条件、保护环节等。根据图区坐标标注的检索和控制流程的方法分析出各种控制条件与输出结果之间的因果关系。

1. 先机后电

首先了解设备的基本结构、运行情况、工艺要求和操作方法，以期对设备有总体的了解，进而明确设备对电力拖动自动控制的要求，为阅读和分析电路做好前期准备。

2. 先主后辅

先阅读主电路，看设备由几台电动机拖动，各台电动机的作用，结合工艺要求弄清各台电动机的起动、转向、调速、制动等的控制要求及保护环节。而主电路各控制要求是由控制电路来实现的，此时要运用化整为零去阅读分析控制电路。最后再分析辅助电路。

3. 化整为零

在分析控制电路时，将控制电路功能分为若干个局部控制电路，从电源和主令信号开始，经过逻辑判断，写出控制流程，用简便明了的方式表达出电路的自动工作过程。

然后分析辅助电路，辅助电路包括信号电路、检测电路与照明电路等。这部分电路具有相对独立性，起辅助作用而不影响主要功能，这部分电路大多是由控制电路中的元件来控制，可结合控制电路一并分析。

在某些控制电路中，还设置了一些与主电路、控制电路关系不密切、相对独立的某些特殊环节，如计数装置、自动检测系统、晶闸管触发电路与自动测温装置等。可参照上述分析过程，运用所学过的电子技术、变流技术、检测与转换等知识逐一分析。

4. 集零为整、统观全局

经过“化整为零”逐步分析每一局部电路的工作原理之后，必须用“集零为整”的办法来“统观全局”，看清各局部电路之间的控制关系、联锁关系，机电液的配合情况，各种保护环节的设置等，以期对整个电路有清晰的理解，对电路中的每个电器，电器中的每一对触头的作用了如指掌。

5. **总结特点**

各种设备的电气控制虽然都是由各种基本控制环节组合而成，但其整机的电气控制都有各自的特点，这也是各种设备电气控制的区别所在，应给予总结，这样才能加深对电气设备电气控制的理解。

3.1.4　分析举例

现以 C650 普通车床为例，说明生产机械电气原理图的分析过程。

普通车床是一种应用极为广泛的金属切削机床，主要用来车削外圆、内圆、端面、螺纹和定型表面，并可以通过其尾架进行钻孔、铰孔、攻螺纹等加工。

1. **主要结构和运动情况**

C650 普通车床属中型车床，加工工件回转半径最大可达 1 020 mm，长度可达 3 000 mm。其结构主要由床身、主轴变速箱、进给箱、溜板箱、刀架、尾架、丝杠和光杠等部分组成，如图 3-1 所示。

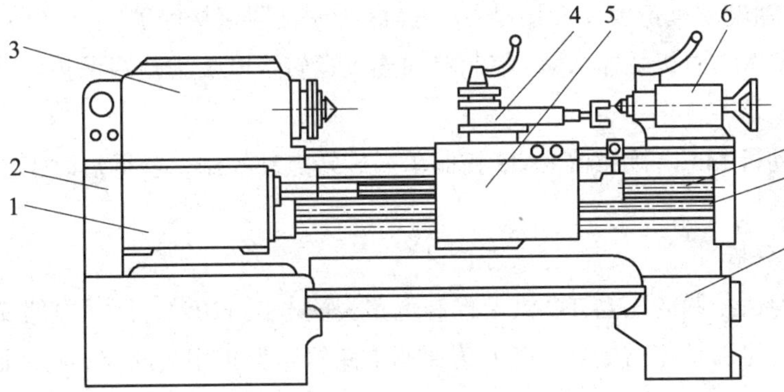

1—进给箱；2—挂轮箱；3—主轴变速箱；4—溜板与刀架；5—溜板箱；6—尾架；7—光杠；8—丝杠；9—床身。

图 3-1　C650 普通车床的结构示意图

车床的主运动为工件的旋转运动，它是由主轴通过卡盘带动工件旋转，其为车削加工时的主要切削功率。车削加工时，应根据加工工件、刀具种类、工件尺寸、工艺要求等来选择不同的切削速度。普通车床一般采用机械变速，车削加工时，一般不要求反转，但在加工螺纹时，为避免乱扣，要反转退刀，再以正向进刀继续进行加工，所以要求主轴能够实现正反转。

车床的进给运动是溜板带动刀架的横向或纵向的直线运动。其运动方式有手动和机动两种。主运动与进给运动由一台电动机驱动并通过各自的变速箱来调节主轴旋转或进给速度。此外，为提高效率、减轻劳动强度，C650 普通车床的溜板箱还能快速移动，称为辅助运动。

2. **C650 普通车床对电气控制的要求**

C650 普通车床由三台三相笼型异步电动机拖动，即主轴电动机 M1、冷却泵电动机 M2

和刀架快速移动电动机 M3。从车削加工工艺要求出发，对各电动机的控制要求是：

（1）主轴电动机 M1，30 kW 采用全压下的空载直接起动，能实现正、反向旋转的连续运行。为便于对工件作调整运动，主轴电动机能实现单方向的点动控制，同时定子串入电阻获得低速点动。

主轴电动机停车时，由于加工工件转动惯量较大，采用反接制动。加工过程中为显示电动机工作电流设有电流监视环节。

（2）冷却泵电动机 M2，用于车削加工时提供冷却液，采用直接起动，单向旋转，连续工作。

（3）快速移动电动机 M3，单向点动、短时运转。

（4）电路应有必要的保护和联锁环节，有安全可靠的照明电路。

3. C650 普通车床的电气控制电路分析

图 3-2 为 C650 普通车床电气原理图。

1）主电路分析

带脱扣器的低压断路器 QS 将三相电源引入，FU1 为主轴电动机 M1 短路保护用熔断器，FR1 为 M1 的过载保护热继电器。*R* 为限流电阻，限制反接制动时的电流冲击，防止在点动时连续起动电流造成电动机的过载。通过电流互感器 TA 接入电流表以监视主轴电动机线电流。KM1、KM2 为主轴电动机正、反转接触器，KM3 为制动限流接触器。

冷却泵电动机 M2 由接触器 KM4 控制单向连续运转，FU2 为短路保护用熔断器，FR2 为过载保护用热继电器。

快速移动电动机 M3 由接触器 KM5 控制单向旋转点动控制，获得短时工作，FU3 为其短路保护用熔断器。

2）控制电路分析

控制电路电源由控制变压器 TC 供给控制电路交流电压 110 V，照明电路交流电压 36 V。FU5 为控制电路短路保护用熔断器，FU6 为照明电路短路保护用熔断器，局部照明灯 EL 由主令开关 SA 控制。

（1）主电动机的点动调整控制。

M1 的点动控制由点动按钮 SB2 控制，按下 SB2，接触器 KM1 线圈通电吸合，KM1 主触头闭合，M1 定子绕组经限流电阻 *R* 与电源接通，电动机在低速下正向起动。当转速达到速度继电器 KS 动作值时，KS 正转触头 KS-1 闭合，为点动停止反接制动做准备。松开 SB2，KM1 线圈断电，KM1 触头复原，因 KS-1 仍闭合，使 KM2 线圈通电，M1 被反接串入电阻继续反接制动停车，当转速达到 KS 释放转速时，KS-1 触头断开，反接制动结束。

（2）主电动机的正反转控制。

主电动机正转由正向起动按钮 SB3 控制，按下 SB3，接触器 KM3 首先通电吸合，其主触点闭合将限流电阻 *R* 短接，KM3 常开辅助触头闭合，使中间继电器 KA 通电吸合，触头 KA（13-9）闭合使接触器 KM1 通电吸合，电动机 M1 在全电压下直接起动。由于 KM1 的常开触头 KM1（15-13）闭合，KA（7-15）闭合，将 KM1 和 KM3 自锁，获得正向连续运转。

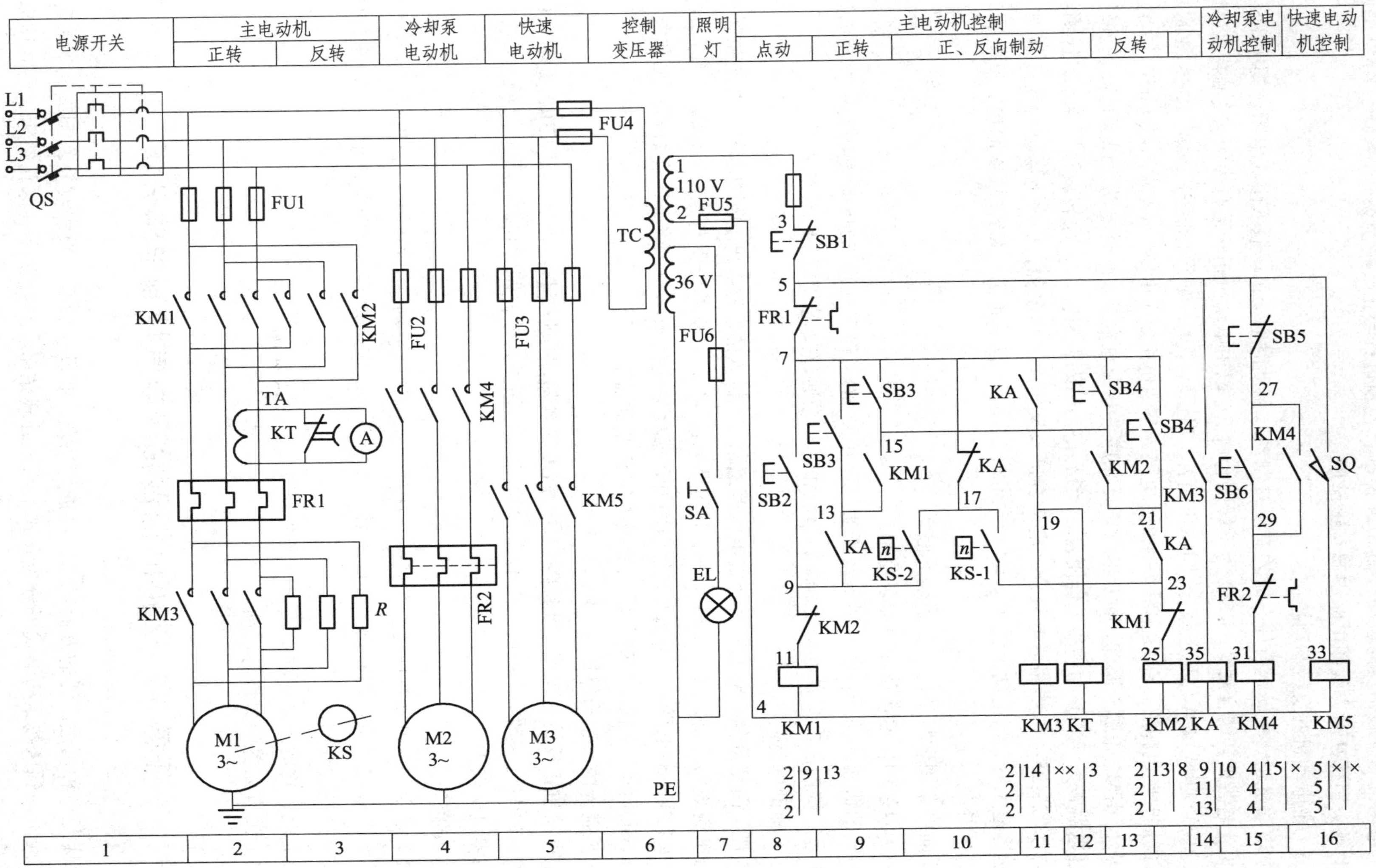

图 3-2　C650 普通车床电气原理图

主电动机的反转由反向起动按钮 SB4 控制，控制过程与正转控制类同。KMl、KM2 的常闭辅助触头串接在对方线圈电路中起互锁作用。

（3）主电动机的反接制动控制。

主电动机正、反转运行停车时均有反接制动，制动时电动机串联入限流电阻。图中 KS-1 为速度继电器正转闭合触头，KS-2 为反转闭合触头。以主电动机正转运行为例。接触器 KM1、KM3、中间继电器 KA 已通电吸合且 KS-1 闭合。当正转停车，按下停止按钮 SBl，KM3、KM1、KA 线圈同时断电释放。KM3 主触头断开，电阻 R 串入电机定子电路，KA 常闭触头 KA（7-17）复原闭合，KM1 主触头断开，断开电动机正相序三相交流电源。此时电动机以惯性高速旋转，速度继电器触头 KS-1（17-23）仍闭合，当松开停止按钮 SB1 时，反转接触器 KM2 线圈经 1-3-5-7-17-23-25-4-2 线路通电吸合，电动机接入反相序三相电源，串入电阻进行反接制动，使转速迅速下降，当电动机转速 $n<100$ r/min 时，KS-1 触头断开，KM2 线圈断电，反接制动结束，自然停车至零。

反向停车制动与正向停车制动类似。

（4）刀架的快速移动和冷却泵控制。

刀架的快速移动是转动刀架手柄压动行程开关 SQ，使接触器 KM5 通电吸合，控制电动机 M3 来实现的。冷却泵电动机 M2 的起动和停止是通过按钮 SB5、SB6 控制。

（5）辅助电路。

监视主回路负载的电流表是通过电流互感器 TA 接入的。为防止电动机起动、点动和制动电流对电流表的冲击，线路中接入一个时间继电器 KT，且 KT 线圈与 KM3 线圈并联。当起动时，KT 线圈通电吸合，但 KT 的延时断开的常闭触头尚未动作，将电流表短路。起动后，KT 延时断开的常闭触头才断开，电流表内才有电流流过。

（6）完善的联锁与保护。

主电动机正反转有互锁。熔断器 FU1 ~ FU6 实现短路保护。热继电器 FR1、FR2 实现 M1、M2 的过载保护。接触器 KM1、KM2、KM4 采用按钮与自锁控制方式，使 M1 与 M2 具有欠电压与零电压保护。

3）电路特点

（1）采用三台电动机拖动，尤其是车床溜板箱的快速移动是由单一台电动机拖动。

（2）主轴电动机不但有正、反向运转，还有单向低速点动的调整控制，正、反向停车时均具有反接制动控制。

（3）设有检测主轴电动机工作电流的环节。

（4）具有完善的保护与联锁。

任务 3.2　Z3040 摇臂钻床电气控制电路分析

钻床是一种用途广泛的万能机床，可进行钻孔、扩孔、铰孔、攻螺纹及修刮端面等多种形式的加工。钻床按结构形式可分为立式钻床、卧式钻床、摇臂钻床、深孔钻床、台式钻床等。在各种钻床中，摇臂钻床操作方便、灵活，适用范围广，特别适用于带有多孔大型工件的孔加工，是机械加工中常用的机床设备，具有典型性。下面以 Z3040 型摇臂钻床为例进行分析。

3.2.1 机床结构与运动形式

摇臂钻床一般由底座、内外立柱、摇臂、主轴箱和工作台等部件组成，如图 3-3 所示。内立柱固定在底座的一端，外立柱套在内立柱上，并可绕内立柱回转 360°。摇臂的一端为套筒，套在外立柱上，借助于升降丝杠的正反向旋转，摇臂可沿外立柱上下移动。由于升降螺母固定在摇臂上，所以摇臂只能与外立柱一起围绕内立柱回转。主轴箱是一个复合的部件，它由主电动机、主轴和主轴传动机构、进给和变速机构以及机床的操作机构等部分组成。主轴箱安装在摇臂的水平导轨上，通过手轮操作可使主轴箱沿摇臂水平导轨做径向运动。这样，主轴可通过主轴箱在摇臂上的水平移动及摇臂的回转可方便地调整至机床尺寸范围内的任意位置。为适应加工不同高度工件的需要，可调节摇臂在立柱上的位置。Z3040 摇臂钻床中，主轴箱沿摇臂的径向运动和摇臂的回转运动为手动调整。

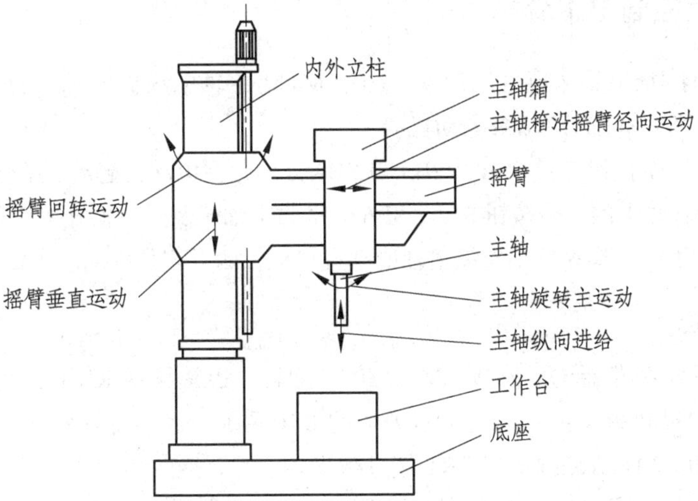

图 3-3　摇臂转床结构及运动情况示意图

机床钻削加工时，主轴旋转为主运动，主轴的纵向运动为进给运动，即钻头一面旋转一面作纵向进给，此时主轴箱夹紧在摇臂的水平导轨上，摇臂与外立柱夹紧在内立柱上。辅助运动有：摇臂沿外立柱的上下垂直移动；主轴箱沿摇臂水平导轨的径向移动；摇臂的回转运动。

3.2.2 电力拖动特点与控制要求

1．电力拖动

（1）摇臂钻床运动部件较多，为简化传动装置，采用多电动机拖动，分别是主轴电动机、摇臂升降电动机、液压泵电动机及冷却泵电动机。

（2）摇臂钻床的主运动与进给运动皆为主轴的运动，为此这两种运动由一台主轴电动机拖动，分别经主轴传动装置、进给传动装置来实现主轴的旋转与进给。

2. 控制要求

（1）4 台电动机容量均较小，采用直接起动方式，主轴要求有正反转功能，但采用机械方法实现，主轴电动机单向旋转。

（2）升降电动机要求能够正反转。液压泵电动机用来驱动液压泵送出不同流向的压力油，推动活塞、带动菱形块的动作来实现内外立柱的夹紧与放松，以及主轴箱和摇臂的夹紧与放松，故液压泵电动机要求有正反转功能。

（3）摇臂的移动严格按照摇臂松开→摇臂移动→移动到位摇臂夹紧的程序进行。因此，摇臂的夹紧放松与摇臂升降应按照上述程序自动进行。

（4）钻削加工时，应由冷却泵电动机拖动冷却泵，供出冷却液进行钻头冷却。

（5）要求有必要的联锁与保护环节。

（6）具有机床安全照明电路与信号指示电路。

3.2.3 电气控制电路分析

图 3-4 为 Z3040 摇臂钻床电气原理图，图中 M1 为主轴电动机，M2 为摇臂升降电动机，M3 为液压泵电动机，M4 为冷却泵电动机。

主轴箱上装有 4 个按钮 SB2、SB1、SB3 与 SB4 分别是主电动机起动、停止按钮、摇臂上升、下降按钮。主轴箱转盘上的 2 个按钮 SB5、SB6 分别为主轴箱及立柱松开按钮和夹紧按钮。转盘为主轴箱左右移动手柄，操纵杆则操纵主轴的垂直移动，两者均为手动。主轴也可机动进给。

1. 主电路分析

三相电源由低压断路器 QS 控制。M1 为单向旋转，由接触器 KM1 控制。主轴的正反转是另一套由主轴电动机拖动齿轮泵送出压力油的液压系统，经“主轴变速、正反转及空挡”操作手柄来获得的。M1 由热继电器 FR1 作过载保护。

M2 由正反转接触器 KM2、KM3 控制实现正反转，因摇臂移动是短时的，不用设过载保护，但其与摇臂的放松与夹紧之间有一定的配合关系，这由控制电路去保证。

M3 由接触器 KM4、KM5 控制实现正反转，设有热继电器 FR2 作过载保护。

M4 电动机容量小，仅 0.125 kW，由开关 SA1 控制起动、停止。

2. 控制电路分析

（1）主轴电动机控制。由按钮 SB2、SB1 与接触器 KM1 构成主轴电动机起动-停止控制电路，M1 起动后，指示灯 HL3 亮，表示主轴电动机在旋转。

（2）摇臂升降及夹紧、放松控制。摇臂钻床工作时摇臂应夹紧在外立柱上，发出摇臂移动信号后，须先松开夹紧装置，当摇臂移动到位后，夹紧装置再将摇臂夹紧。本电路能自动完成这一过程。

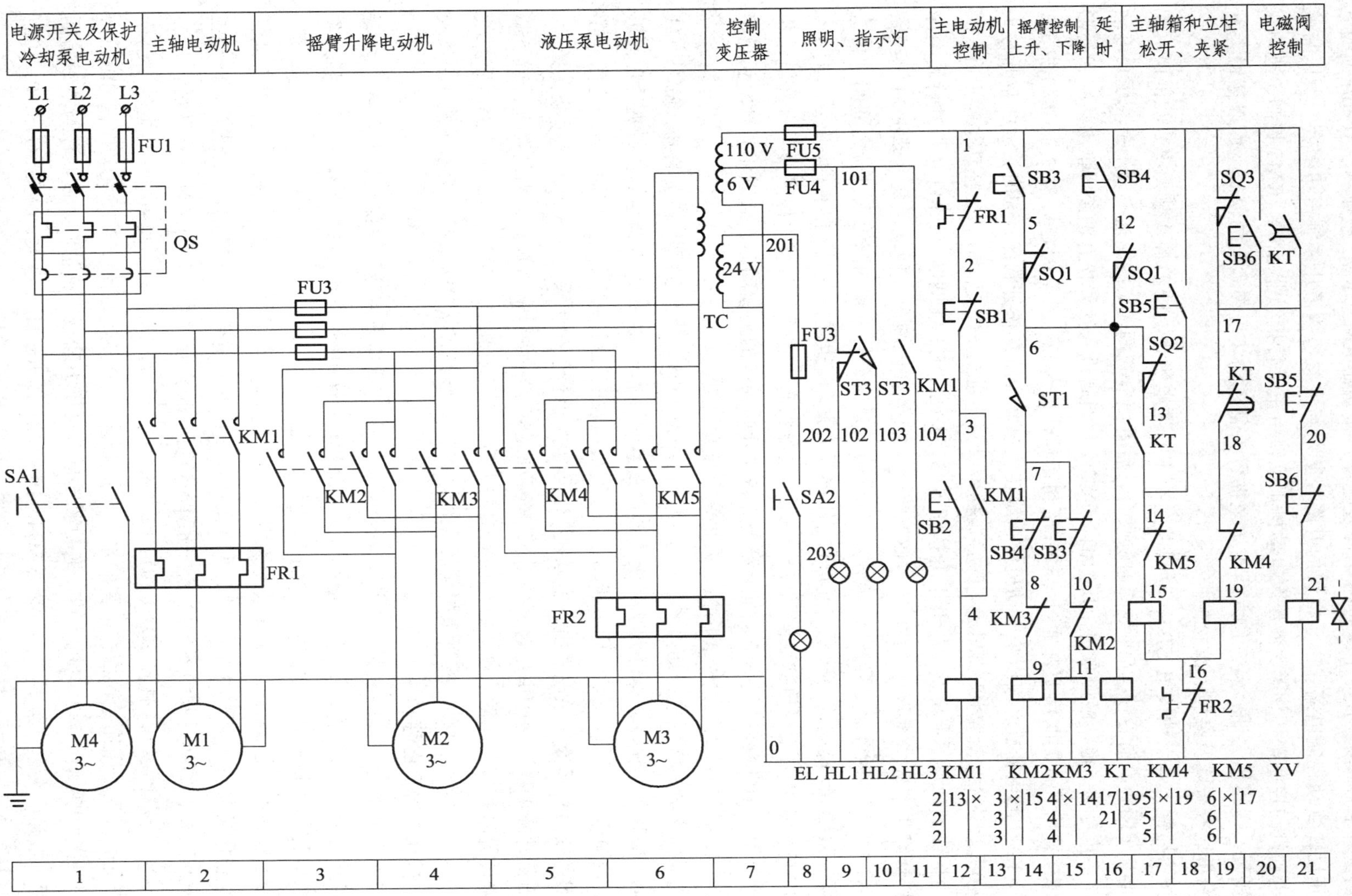

图 3-4　Z3040 摇臂钻床电气原理图

由摇臂上升按钮 SB3、下降按钮 SB4 及正反转接触器 KM2、KM3 组成具有双重互锁的电动机正反转点动控制电路。由于摇臂的升降控制须与夹紧机构液压系统密切配合，所以与液压泵电动机的控制密切相关。液压泵电动机正反转由正反转接触器 KM4、KM5 控制，拖动双向液压泵，送出压力油，经二位六通阀送至摇臂夹紧机构实现夹紧与放松。下面以摇臂上升为例分析摇臂升降及夹紧、放松的控制。

按下摇臂上升点动按钮 SB3，时间继电器 KT 通电吸合，瞬动常开触头 KT（13-14）和 KT（1-17）闭合，前者使 KM4 线圈通电吸合，后者使电磁阀 YV 线圈通电。于是液压泵电动机 M3 正转起动，拖动液压泵送出压力油，经二位六通阀进入摇臂松开油腔，推动活塞和菱形块，使摇臂松开。同时活塞杆通过弹簧片压动行程开关 SQ2，其常闭触头 SQ2（6-13）断开，接触器 KM4 断电释放，液压泵电动机停止旋转，摇臂维持在松开状态；同时，SQ2 常开触头 SQ2（6-7）闭合，使 KM2 线圈通电吸合，摇臂升降电动机 M2 起动旋转，拖动摇臂上升。

当摇臂上升到预定位置，松开上升按钮 SB3，KM2、KT 线圈断电，M2 依惯性旋转至停止，摇臂停止上升。经延时，KT（17-18）闭合，KM5 线圈通电，使液压泵电动机 M3 反转，触头 KT（1-17）断开，电磁阀 YV 断电。送出的压力油经另一条油路流入二位六通阀，再进入摇臂夹紧油腔，反向推动活塞与菱形块，使摇臂夹紧。值得注意的是，在 KT 断电延时的 1 ~ 3 s，KM5 线圈仍处于断电状态，而 YV 仍处于通电状态，这段延时就确保了横梁升降电动机在断开电源依惯性旋转经 1 ~ 3 s 完全停止旋转才开始摇臂的夹紧动作，所以 KT 延时长短依 M2 电动机切断电源到完全停止的惯性大小来调整。

当摇臂夹紧后，活塞杆通过弹簧片压动行程开关 SQ3，使 SQ3（1-17）断开，KM5、线圈断电，M3 停止旋转，摇臂夹紧完成。摇臂夹紧的行程开关 SQ3 应调整到摇臂夹紧后能够动作，若调整不当摇臂夹紧后仍不能动作，会使液压泵电动机 M3 长期工作而过载。为防止由于长期过载而损坏液压泵电动机，电动机 M3 虽短时运行，也仍采用热继电器作过载保护。

摇臂升降的极限保护由组合开关 SQ1 来实现。SQ1 有两对常闭触头，当摇臂上升或下降到极限位置时相应常闭触头断开，切断对应的上升或下降接触器 KM2 与 KM3 线圈电路，使 M2 停止，摇臂停止移动，实现极限位置保护。此时可按下反方向移动起动按钮，使 M2 反向旋转，拖动摇臂反向移动。

（3）主轴箱与立柱的夹紧、放松控制。立柱与主轴箱均采用液压操纵夹紧与放松，两者是同时进行的，工作时要求二位六通阀 YV 不通电。松开与夹紧分别由松开按钮 SB5 和夹紧按钮 SB6 控制。指示灯 HL1、HL2 指示其动作。

按下松开按钮 SB5 时，KM4 线圈通电吸合，M3 电动机正转，拖动液压泵送出压力油，此时电磁阀线圈 YV 不通电，其提供的高压油经二位六通电磁阀到另一油路，进入立柱与主轴箱松开油腔，推动活塞和菱形块使立柱和主轴箱同时松开。当立柱与主轴箱松开后，行程开关 SQ4 不受压复位，触头 SQ4（101-102）闭合，指示灯 HL1 亮，表明立柱与主轴箱已松开。于是可以手动操作主轴箱在摇臂的水平导轨上移动。当移动到位，按下夹紧按钮 SB6 时，KM5 线圈通电吸合，M3 电机反转，拖动液压泵送出压力油至夹紧油腔，使立柱与主轴箱同时夹紧。当确已夹紧，压下 SQ4，触头 SQ4（101-102）断开，HL1 灯灭，触头 SQ4（101-103）闭合，HL2 灯亮，指示立柱与主轴箱均已夹紧，可以进行钻削加工。

（4）冷却泵电动机 M4 的控制。M4 电动机由开关 SA1 手动控制、单向旋转。

（5）联锁与保护环节：

① SQ1 行程开关实现摇臂上升与下降的限位保护。

② SQ2 行程开关实现摇臂松开到位，开始升降的联锁。

③ SQ3 行程开关实现摇臂完全夹紧，液压泵电动机 M3 停止运转的联锁。

④ KT 时间继电器实现升降电动机 M2 断开电源，待 M2 停止后再进行夹紧的联锁。

⑤ M2 电动机正反转具有双重互锁，M3 电动机正反转具有电气互锁。

⑥ SB5、SB6 立柱与主轴箱松开、夹紧按钮的常闭触头串接在电磁阀 YV 线圈电路中，实现立柱与主轴箱松开、夹紧操作时，压力油只进入立柱与主轴箱夹紧油腔而不进入摇臂夹紧油腔的联锁。

⑦ 熔断器 FU1-FU5 实现电路的短路保护。

⑧ 热继电器 FR1、FR2 为电动机 M1、M3 的过载保护。

3. 照明与信号指示电路分析

HL1 为主轴箱与立柱松开指示灯，灯亮表示已松开，可以手动操作主轴箱沿摇臂移动或推动摇臂回转。

HL2 为主轴箱与立柱夹紧指示灯，灯亮表示已经夹紧，可以进行钻削加工。

HL3 为主轴旋转工作指示灯。

EL 机床局部照明灯，由控制变压器 TC 供给 24 V 安全电压，由手动开关 SA2 控制。

4. Z3040 摇臂钻床电气控制的特点

（1）Z3040 摇臂钻床是机、电、液的综合控制。机床有两套液压系统：一套是由单向旋转的主轴电动机拖动齿轮泵送出压力油，通过操作手柄来操纵机构实现主轴正、反转、停车制动、空挡、预选与变速的操纵机构液压系统；另一套是由液压泵电动机拖动液压泵送出压力油来实现摇臂的夹紧与松开、主轴箱和立柱的夹紧和放松的夹紧机构液压系统。

（2）摇臂的升降控制与摇臂夹紧放松的控制有严格的程序要求，以确保先松开，再移动，移动到位后自动夹紧。所以 M3、M2 电动机的控制有严格程序要求，这些由电气控制电路保证。

（3）电路具有完善的保护和联锁，有明显的信号指示。

任务 3.3　T68 卧式镗床电气控制电路分析

镗床是一种精密加工机床，主要用于加工精确的孔和各孔间相互位置要求较高的零件。按用途不同，镗床可分为卧式镗床、立式镗床、坐标镗床、金刚镗床和专门化镗床，以卧式镗床使用为最多。T68 镗床除镗孔外，还可用于钻孔、铰孔及加工端面，加上车螺纹附件后，还可车削螺纹；装上平旋盘刀架还可加工大的孔径、端面和外圆。

3.3.1　机床主要结构和运动形式

T68 卧式镗床的结构如图 3-5 所示，主要由床身、前立柱、镗头架、后立柱、尾座、下溜板、上溜板、工作台等部分组成。

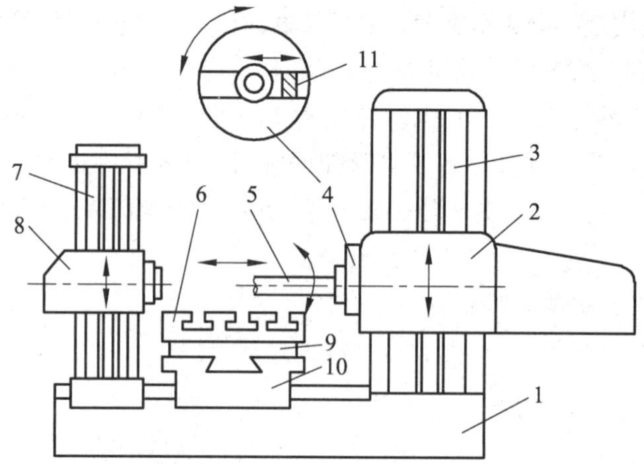

1—床身；2—镗头架；3—前立柱；4—平旋盘；5—镗轴；6—工作台；
7—后立柱；8—尾座；9—上溜板；10—下溜板；11—刀具溜板。

图 3-5　T68 卧式镗床结构示意图

床身是一个整体的铸件，在它的一端固定有前立柱，在前立柱的垂直导轨上装有镗头架，镗头架可沿导轨垂直移动。镗头架上装有主轴、主轴变速箱、进给箱与操纵机构等部件。切削刀具固定在镗轴前端的锥形孔里，或装在平旋盘的刀具溜板上。在镗削加工时，镗轴一面旋转，一面沿轴向做进给运动。平旋盘只能旋转，装在其上的刀具溜板做径向进给运动。镗轴和平旋盘轴径由各自的传动链传动，因此可以独自旋转，也可以不同转速同时旋转。

在床身的另一端装有后立柱，后立柱可沿床身导轨在镗轴轴线方向调整位置。在后立柱导轨上安装有尾座，用来支撑镗轴的末端，尾座与镗头架同时升降，保证两者的轴心在同一水平线上。

安装工件的工作台安放在床身中部的导轨上，它由下溜板、上溜板与可转动的工作台组成。下溜板可沿床身导轨做纵向运动，上溜板可沿下溜板的导轨做横向运动，工作台相对于上溜板可做回转运动。

由上可知，T68 卧式镗床的运动形式有以下三种。

主运动：镗轴和平旋盘的旋转运动。

进给运动：镗轴的轴向进给、平旋盘刀具溜板的径向进给、镗头架的垂直进给、工作台的纵向进给和横向进给。

辅助运动：工作台的回转、后立柱的轴向移动、尾座的垂直移动及各部分的快速移动等。

3.3.2　电力拖动方式和控制要求

镗床加工范围广，运动部件多，调速范围广。进给运动决定了切削量，切削量又与主轴转速、刀具、工件材料、加工精度等有关。所以一般卧式镗床主运动与进给运动由一台主轴电动机拖动，由各自传动链传动。为缩短辅助时间，镗头架上、下，工作台前、后、左、右及镗轴的进、出运动除工作进给外，还应有快速移动，由快速移动电动机拖动。

T68 卧式镗床控制要求主要是：

（1）主轴旋转与进给量都有较大的调速范围，主运动与进给运动由一台电动机拖动，为简化传动机构，采用双速笼型异步电动机。

（2）由于各种进给运动都有正反不同方向的运转，故主电动机要求有正、反转。

（3）为满足调整工作需要，主电动机应能实现正、反转的点动控制。

（4）保证主轴停车迅速、准确，主电动机应有制动停车环节。

（5）主轴变速与进给变速可在主电动机运转时进行。为便于变速时齿轮啮合，应有变速低速冲动过程。

（6）为缩短辅助时间，各进给的方向均能快速移动，配有快速移动电动机拖动，采用快速电动机正、反转的点动控制方式。

（7）主电动机为双速电机，有高、低两种速度供选择，高速运转时应先经低速起动。

（8）由于运动部件多，应设有必要的联锁与保护环节。

3.3.3 电气控制电路分析

图 3-6 为 T68 卧式镗床电气原理图。

1. 主电路分析

电源经低压断路器 QS 引入，M1 为主电动机，由接触器 KM1、KM2 控制其正、反转；KM6 控制 M1 低速运转（定子绕组联结成三角形，为 4 级），KM7、KM8 控制 M1 高速运转（定子绕组联结成双星形，为 2 级）；KM3 控制 M1 反接制动限流电阻。M2 为快速移动电动机，由 KM4、KM5 控制其正反转。热继电器 FR 作 M1 过载保护，M2 为短时运行不需过载保护。

2. 控制电路分析

由控制变压器 TC 供给 110 V 控制电路电压、36 V 局部照明电压及 6.3 V 指示电路电压。

1）M1 主电动机的点动控制

由主电动机正反转接触器 KM1、KM2、正反转点动按钮 SB3、SB4 组成 Ml 电动机正反转控制电路。点动时，M1 三相绕组接成三角形且串入电阻 *R* 实现低速点动。

以正向点动为例，合上电源开关 QS，按下 SB3 按钮，KM1 线圈通电，主触头接通三相正相序电源，KM1（4-14）闭合，KM6 线圈通电，电动机 M1 三相绕组接成三角形，串入电阻 *R* 低速起动。由于 KM1、KM6 此时都不能自锁，当松开 SB3 按钮时，KM1、KM6 相继断电，M1 断电而停车。

反向点动，由 SB4、KM2 和 KM6 控制。

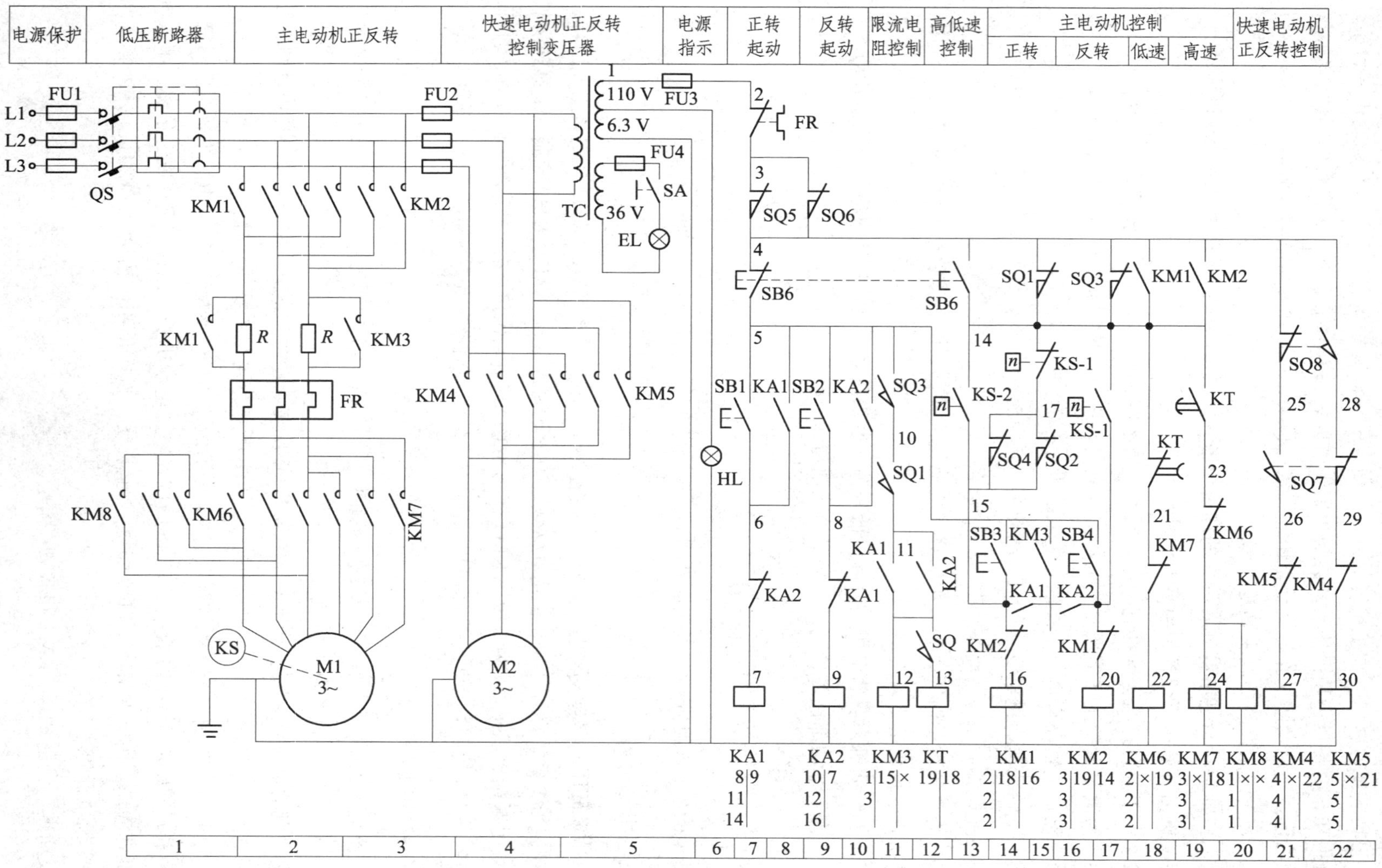

图 3-6　T68 卧式镗床电气原理图

2）M1 电动机正反转控制

M1 电动机正反转由正反转起动按钮 SB1、SB2 操作，以中间继电器 KA1、KA2 及正反转接触器 KM1、KM2，并配合接触器 KM3、KM6、KM7、KM8 来完成 M1 电动机的可逆运行控制。

M1 电动机起动前，主轴变速，进给变速均已完成，即主轴变速与进给变速手柄置于推合位置，此时行程开关 SQ1、SQ3 被压下，触头 SQ1（10-11），SQ3（5-10）闭合。当选择 Ml 低速运转时，将主轴速度选择手柄置于“低速”挡位，此时经速度选择手柄联动机构使高低速行程开关 SQ 处于释放状态，其触头 SQ（12-13）断开。

按下 SB1，KAl 通电并自锁，触头 KA1（11-12）闭合，使 KM3 通电吸合；触头 KM3（5-18）闭合与 KA1（15-18）闭合，使 KM1 线圈通电吸合，触头 KM1（4-14）闭合又使 KM6 线圈通电。于是，M1 电动机定子绕组接成三角形，接入正相序三相交流电源全电压起动，低速正向运行。

反向低速起动运行是由 SB2、KA2、KM3、KM2 和 KM6 控制的，其控制过程与正向低速运行相类似，此处不再复述。

3）M1 电动机高低速的转换控制

行程开关 SQ 是高低速的转换开关，即 SQ 的状态决定 M1 是在三角形接线下运行还是在双星形接线下运行。SQ 的状态是由主轴孔盘变速机构机械控制，高速时 SQ 被压动，低速时 SQ 不被压动。

以正向高速起动为例，来说明高低速转换控制过程。将主轴速度选择手柄置于“高速”挡，SQ 被压动，触头 SQ（12-13）闭合。按下 SB1 按钮，KA1 线圈通电并自锁，相继使 KM3、KM1 和 KM6 通电吸合，控制 M1 电动机低速正向起动运行；在 KM3 线圈通电的同时 KT 线圈通电吸合，待 KT 延时时间到，触头 KT（14-21）断开使 KM6 线圈断电释放，触头 KT（14-23）闭合使 KM7、KM8 线圈通电吸合，这样，使 M1 定子绕组由三角形接法自动换接成双星形接线，M1 自动由低速变高速运行。由此可知，主电动机在高速挡为二级起动控制，以减少电动机高速挡起动时的冲击电流。

反向高速挡起动运行，是由 SB2、KA2、KM3、KT、KM2、KM6 和 KM7、KM8 控制的，其控制过程与正向高速起动运行相似。

4）M1 电动机的停车制动控制

由 SB6 停止按钮、KS 速度继电器、KM1 和 KM2 组成了正反向反接制动控制电路。下面仍以 M1 电动机正向运行时的反接制动为例加以说明。

若 M1 为正向低速运行，即由按钮 SB1 操作，由 KA1、KM3、KM1 和 KM6 控制使 M1 运转。欲停车时，按下停止按钮 SB6，使 KA1、KM3、KM1 和 KM6 相继断电释放。由于电动机 M1 正转时速度继电器 KS-1（14-19）触头闭合，所以按下 SB6 后，使 KM2 线圈通电并自锁，并使 KM6 线圈仍通电吸合。此时 M1 定子绕组仍接成三角形，并串入限流电阻 R 进行反接制动，当速度降至 KS 复位转速时 KS-1（14-19）断开，使 KM2 和 KM6 断电释放，反接制动结束。

若 M1 为正向高速运行，即由 KA1、KM3、KM1、KM7、KM8 控制下使 M1 运转。欲停车时，按下 SB6 按钮，使 KA1、KM3、KM1、KT、KM7、KM8 线圈相继断电，于是 KM2 和 KM6 通电吸合，此时 M1 定子绕组接成三角形，并串入不对称电阻 *R* 反接制动。

M1 电动机的反向高速或低速运行时的反接制动，与正向的类似，都是 M1 定子绕组为三角形接法，串入限流电阻 *R* 进行，由速度继电器控制。

5）主轴及进给变速控制

T68 卧式镗床的主轴变速与进给变速可在停车时进行也可在运行中进行。变速时将变速手柄拉出，转动变速盘，选好速度后，再将变速手柄推回。拉出变速手柄时，相应的变速行程开关不受压；推回变速手柄时，相应的变速行程开关压下，SQ1、SQ2 为主轴变速用行程开关，SQ3、SQ4 为进给变速用行程开关。

（1）停车变速。由 SQ1 ~ SQ4、KT、KM1、KM2 和 KM6 组成主轴和进给变速时的低速脉动控制，以便齿轮顺利啮合。

下面以主轴变速为例加以说明。因为进给运动没进行变速，进给变速手柄推回，进给变速开关 SQ3、SQ4 均为受压状态，触头 SQ3（4-14）断开，SQ4（17-15）断开。主轴变速时，拉出主轴变速手柄，主轴变速行程开关 SQ1、SQ2 不受压，此时触头 SQ1（4-14），SQ2（17-15）由断开状态变为接通状态，使 KM1 通电并自锁，同时也使 KM6 通电吸合，则 M1 串入电阻 *R* 低速正向起动。当电动机转速达到 140 r/min 左右时，KS-1（14-17）常闭触头断开，KS-1（14-19）常开触头闭合，使 KM1 线圈断电释放，而 KM2 通电吸合，且 KM6 仍通电吸合。于是，M1 进行反接制动，当转速降到 100 r/min 时，速度继电器 KS 释放，触头复原 KS-1（14-17）常闭触头由断开变为接通，KS-1（14-19）常开触头由接通变为断开，使 KM2 断电释放，KM1 通电吸合，KM6 仍通电吸合，M1 又正向低速起动。

由上述分析可知：当主轴变速手柄拉出时，M1 正向低速起动，而后又制动为缓慢脉动转动，以利齿轮啮合。当主轴变速完成将主轴变速手柄推回原位时，主轴变速开关 SQ1、SQ2 压下，使 SQ1、SQ2 常闭触头断开，SQl 常开触头闭合，则低速脉动转动停止。

进给变速时的低速脉动转动与主轴变速时类似，但此时起作用的是进给变速开关 SQ3 和 SQ4。

（2）运行中变速控制。

主轴或进给变速可以在停车状态下进行，也可在运行中进行变速。下面以 M1 电动机正向高速运行中的主轴变速为例，说明运行中变速的控制过程。

M1 电动机在 KA1、KM3、KT、KM1 和 KM7、KM8 控制下高速运行。此时要进行主轴变速，欲拉出主轴变速手柄，主轴变速开关 SQ1、SQ2 不再受压，此时 SQ1（10-11）触头由接通变为断开，SQ1（4-14），SQ2（7-15）触头由断开变为接通，则 KM3、KT 线圈断电释放，KM1 断电释放，KM2 通电吸合，KM7、KM8 断电释放，KM6 通电吸合。于是 M1 定子绕组按三角形接法，串入限流电阻 *R* 进行正向低速反接制动，使 M1 转速迅速下降，当转速下降到速度继电器 KS 释放转速时，又由 KS 控制 M1 进行正向低速脉动转动，以利齿轮啮合。待推回主轴变速手柄时，SQ1、SQ2 行程开关压下，SQ1 常开触头由断开变为接通状态。此时 KM3、KT 和 KM1、KM6 通电吸合，M1 先正向低速（三角形接法）起动，后在时间继电器 KT 控制下，自动转为高速运行。

由上述可知，运行中变速是指机床拖动系统在运行中，可拉出变速手柄进行变速，而机床电气控制系统可使电动机接入电气制动，制动后又控制电动机低速脉动旋转，以利齿轮啮合。待变速完成后，推回变速手柄又能自动起动运转。

6）快速移动控制

主轴箱、工作台或主轴的快速移动，由快速手柄操纵并联动 SQ7、SQ8 行程开关，控制接触器 KM4 或 KM5，进而控制快速移动电动机 M2 正反转来实现快速移动。快速手柄有三个位置，将变速手柄板在中间位置，SQ7、SQ8 均不被压动，M2 电动机停转。若将快速手柄扳到正向位置，SQ7 压下，KM4 线圈通电吸合，M2 正转，使相应部件正向快速移动。反之，若将快速手柄扳到反向位置，则 SQ8 压下，KM5 线圈通电吸合，M2 反转，相应部件获得反向快速移动。

7）联锁保护环节分析

T68 卧式镗床电气控制电路具有完善的联锁与保护环节。

（1）主轴箱或工作台与主轴机动进给联锁。为了防止在工作台或主轴箱机动进给时出现将主轴或平旋盘刀具溜板也扳到机动进给的误操作，安装有与工作台、主轴箱进给操纵手柄有机械联动的行程开关 SQ5，在主轴箱上安装了与主轴进给手柄、平旋盘刀具溜板进给手柄有机械联动的行程开关 SQ6。

若工作台或主轴箱的操纵手柄扳在机动进给时，压下 SQ5，其常闭触头 SQ5（3-4）断开；若主轴或平旋盘刀具溜板进给操纵手柄扳在机动进给时，压下 SQ6，SQ6（3-4）断开，所以，当这两个进给操作手柄中的任一个扳在机动进给位置时，电动机 M1 和 M2 都可起动运行。但若两个进给操作手柄同时扳在机动进给位置时，SQ5、SQ6 均被压下，其常闭触头都断开，切断了控制电路电源，电动机 M1、M2 无法起动，也就避免了误操作造成事故的危险，实现了联锁保护作用。

（2）M1 电动机正反转控制、高低速控制、M2 电动机的正反转控制均设有互锁控制环节。

（3）熔断器 FU1 ~ FU4 实现短路保护；热继电器 FR 实现 M1 过载保护；电路采用按钮、接触器或继电器构成的自锁环节具有欠电压与零电压保护作用。

3. 辅助电路分析

机床设有 36 V 安全电压局部照明灯 EL，由开关 SA 手动控制。电路还设有 6.3 V 电源接通指示灯 HL。

4. 电气控制电路特点

（1）主轴与进给电动机 M1 为双速笼型异步电动机。低速时由接触器 KM6 控制，将定子绕组接成三角形；高速时由接触器 KM7、KM8 控制，将定子绕组接成双星形。高、低速转换由主轴孔盘变速机构内的行程开关 SQ 控制。低速时，可直接起动。高速时，先低速起动，而后自动转换为高速运行的二级起动控制，以减小起动电流。

（2）电动机 M1 能正反转运行、正反向点动及反接制动。在点动、制动以及变速中的脉动慢转时，在定子电路中均串入限流电阻 R，以减少起动和制动电流。

（3）主轴变速和进给变速均可在停车情况或在运行中进行。只要进行变速，M1 电动机就脉动缓慢转动，以利于齿轮啮合，使变速过程顺利进行。

（4）主轴箱、工作台与主轴由快速移动电动机 M2 拖动实现其快速移动。它们之间的机动进给有机械和电气联锁保护。

习　题

3-1　试述 C650 普通车床主轴电动机的控制特点及电路中时间继电器 KT 的作用。

3-2　C650 普通车床电气控制具有哪些保护环节？

3-3　Z3040 摇臂钻床在摇臂升降过程中，液压泵电动机 M3 和摇臂升降电动机 M2 应如何配合？并以摇臂下降为例分析电路工作过程。

3-4　Z3040 摇臂钻床电气控制电路中，行程开关 SQ1 ~ SQ4 各有何作用？

3-5　Z3040 摇臂钻床电气控制电路中设置了哪些联锁与保护环节？

3-6　T68 卧式镗床主轴与进给电动机 Ml 电气控制有何特点？

3-7　在 T68 卧式镗床电气控制电路中，行程开关 SQ、SQ1 ~ SQ8 各有何作用？安装在何处？它们分别由什么操作手柄来控制？

3-8　试述 T68 卧式镗床主轴低速冲动变速时的操作过程及电路工作情况。

3-9　试述 T68 卧式镗床电气控制特点。

项目 4　电气控制系统设计 ▶▶▶

项目描述

电气控制设计包括电气原理图设计和电气工艺设计两部分。电气原理图设计是为满足生产机械及其工艺要求而进行的电气控制设计，电气工艺设计是为电气控制装置本身的制造、使用、运行及维修的需要而进行的生产工艺设计。前者直接决定着设备的实用性、先进性、和自动化程度的高低，是电气控制设计的核心。后者决定着电气控制设备制造、使用、维修的可行性，直接影响电气原理图设计的性能目标和经济技术指标的实现。本项目将从电气控制设计的原则、内容和程序，电力拖动方案的确定和电动机的选择，电气原理图设计，以及电气控制工艺设计四个部分展开阐述，加深读者对电气控制设计的认识。

思维导图

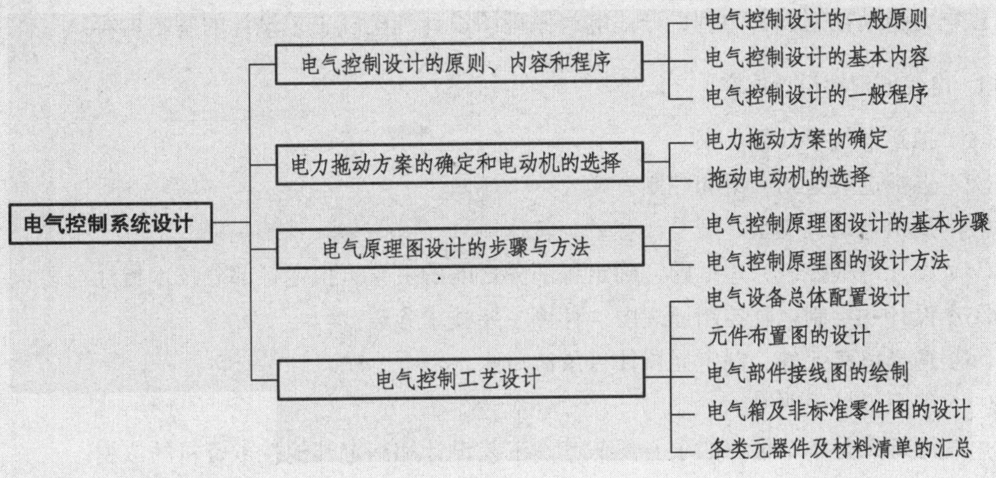

项目目标

知识目标

（1）了解并掌握电气控制系统设计的一般原则、内容和程序。

（2）掌握电气控制系统设计的步骤。

技能目标

（1）能够根据实际要求选择合适的电动机，以及相应的电力拖动方案。

（2）能够根据实际要求进行电气原理图及工艺的设计。

任务 4.1　电气控制设计的原则、内容和程序

4.1.1　电气控制设计的一般原则

在电气控制系统的设计中，应遵循以下几个原则。

（1）最大限度地满足生产机械对电气控制的要求，这些生产机械的生产工艺要求是电气控制设计的依据。因此在设计前，应深入现场进行调查，搜集资料，并与生产过程有关人员、机械部分设计人员、实际操作者密切配合，明确系统控制目的和要求，共同拟定电气控制方案，协同解决设计中出现的各种问题，使设计成果满足生产工艺要求。

（2）在满足控制要求前提下，设计方案力求简单、经济，不宜盲目追求自动化和高指标，力求控制系统操作简单、使用与维修方便。

（3）正确、合理地选用电气元件，确保控制系统安全可靠地工作。同时考虑技术进步、造型美观。

（4）为适应生产的发展和工艺的改进，在选择控制设备时，设备能力应留有适当裕量。

4.1.2　电气控制设计的基本内容

以电力拖动控制设备为例，分述电气原理图设计和电气工艺设计的基本内容。

1. 电气原理图设计内容

（1）拟定电气设计任务书。

（2）选择电气拖动方案和控制方式。

（3）确定电动机类型、型号、容量、转速。

（4）设计电气控制原理框图，确定各部分之间的关系，拟定各部分技术指标与要求。

（5）设计并绘制电气控制原理图，计算主要技术参数。

（6）选择电气元件，制定元器件目录清单。

（7）编写设计说明书。

电气原理图是整个设计的中心环节，是工艺设计和制定其他技术资料的依据。

2. 电气工艺设计内容

电气工艺设计是为了便于组织电气控制装置的制造与施工，实现电气原理图设计功能和各项技术指标，为设备的制造、调试、维护、使用提供必要的技术资料。电气工艺设计的主要内容有：

（1）根据设计出的电气原理图及选定的电气元件，设计电气设备的总体配置，绘制电气控制系统的总装配图及总接线图。总图应反映出电动机、执行电器、电器箱各组件、操作台布置、电源，以及检测元件的分布情况和各部分之间的接线关系及连接方式，以供总装、调试及日常维护使用。

（2）按照原理框图或划分的组件，对总原理图进行编号，绘制各组件原理电路图，列出各部件的元件目录表，并根据总图编号列出各组件的进出线号。

（3）根据组件原理电路图及选定的元件目录表，设计组件电气装配图（电气元件布置与安装图）、接线图、图中应反映出各电气元件的安装方式和接线方式。这些资料是组件装配和生产管理的依据。

（4）根据组件装配要求，绘制电器安装板和非标准的电器安装零件图样。这些图样是机械加工的技术资料。

（5）设计电气箱，根据组件尺寸及安装要求确定电气柜的结构与外形尺寸，设置安装支架，标明安装方式、各组件的连接方式、通风散热方式及开门方式等。

（6）绘制总原理图、总装配图及各组件原理图等资料，列出外购件清单、标准件清单、主要材料消耗定额等。这些是生产管理和成本核算必备的技术资料。

（7）编写使用维护说明书。

4.1.3 电气控制设计的一般程序

以电力拖动电气控制设计为例，电气控制设计程序通常按以下步骤进行。

（1）拟定设计任务书。

设计任务书是整个系统设计的依据，也是工程竣工验收的依据，必须认真对待。往往设计任务书下达部门只对系统的功能要求、技术指标提出一个粗略轮廓，而涉及设备应达到的各项具体技术指标和各项具体要求，则是由技术领导部门、设备使用部门及承担机电设计任务部门等几个方面共同讨论协商，最后以技术协议形式予以确定的。

在电气设计任务书中，除简要说明所设计设备的型号、用途、工艺过程、动作要求、传动参数、工作条件等外，还应说明以下主要技术指标和要求。

① 对控制精度、生产效率的要求。

② 电气传动基本特性，运动部件数量、用途，动作顺序，负载特性，调速指标，起动、制动要求等。

③ 对自动化程度的要求。

④ 稳定性及抗干扰要求。

⑤ 联锁条件及保护要求。

⑥ 电源种类、电压等级、频率及容量要求。

⑦ 设备布局、安装要求、操作台布置、照明、信号指示、报警方式等。

⑧ 目标成本与经费限额。

⑨ 验收标准及验收方式。

（2）选择拖动方案。

电力拖动方案是指根据设备加工精度、加工效率要求，生产机械的结构、运动部件的数量、运动要求、负载性质、调速要求等条件去确定电动机的类型、数量、传动方式，拟定电动机起动、调速、反向、制动等控制方案。作为电气控制原理图设计及电气元件选择的依据。

因此，在设计任务书下达后，要认真做好调查研究工作，要注意借鉴已经获得成功并经生产实践考验的类似设备或生产工艺的成功设计，列出多种方案，经分析比较后作出决定。

（3）选择电动机。

拖动方案确定后，可进一步选择电动机的类型、型式、容量、额定电压与额定转速等。

（4）选择控制方式。

拖动方案确定后，电动机已选好，采用什么方法来实现这些控制要求就是控制方式的选择。随着电气技术、电子技术、计算机技术、检测技术及自动控制理论的迅速发展，已使生产机械电力拖动控制方式发生了深刻的变革。从传统的继电接触器控制向可编程序控制、计算机控制等方面发展，各种新型的工业控制器及标准系列控制系统不断出现，可供选择的控制方式多种，系统复杂程度差异很大，可根据实际需要去选择。

（5）设计电气控制原理图，合理选用元器件，编制元器件目录清单。

（6）设计电气设备制造、安装、调试所必需的各种施工图，并以此依据编制各种材料定额清单。

（7）编写设计说明书。

任务 4.2　电力拖动方案的确定和电动机的选择

电力拖动方案的选择是电气设计的主要内容之一，也是以后各部件设计内容的基础和先决条件。一套完整的电气传动系统一般由电动机、电源装置和控制装置三部分组成，设计时应根据生产机械的负载特性、工艺要求及环境条件和工程技术条件选择电力拖动方案。

4.2.1　电力拖动方案的确定

首先根据生产机械结构和工艺要求来选用电动机的种类、数量，然后根据各运动部件的调速范围来选择调速方案。在选择电动机调速方案时，应使电动机的调速特性与负载特性相适应，以获得电动机的充分合理利用。

1. 拖动方式的选择

电力拖动方式有单独拖动与分立拖动两种。电力拖动发展的趋向是电动机逐步接近工作机构，形成多电动机的拖动方式，这样，不仅能缩短机械传动链，提高传动效率，便于自动化，而且也能使总体结构得到简化。在具体选择时，应根据工艺要求及结构具体情况决定电动机的数量。

2. 调速方案的选择

对于生产机械设备从生产工艺出发往往要求能够调速，不同的设备有不同的调速范围、调速精度等，为了满足一定的调速性能，应选用不同的调速方案，如采用机械变速、多速电动机变速、变频调速等方法来实现。随着交流调速技术的发展，其经济技术指标不断提高，采用各种形式的变频调速技术，将是机械设备调速的主流。

3. 电动机调速性质应与负载特性相适应

机械设备的各个工作机构，具有各自不同的负载特性，如机床的主运动为恒功率负载，而进给运动为恒转矩负载。在选择电动机调速方案时，要使电动机的调速性质与生产机械的负载特性相适应，以使电动机获得充分合理的使用。如双速笼型异步电动机，当定子绕组由三角形连结改成双星形连结时，转速增加一倍，功率却增加很少，适用于恒功率传动；对于低速为星形连接的双速电动机改成双星形连接后，转速和功率都增加一倍，而电动机输出的转矩保持不变，适用于恒转矩传动。

4.2.2 拖动电动机的选择

电动机的选择包括电动机种类、结构型式、电动机额定转速和额定功率。

1. 电动机选择的基本原则

（1）电动机的机械特性应满足生产机械提出的要求，要与负载的负载特性相适应。保证运行稳定且具有良好的起动、制动性能。

（2）工作过程中电动机容量能得到充分利用，使其温升尽可能达到或接近额定温升值。

（3）电动机结构型式能满足机械设计提出的安装要求，并能适应周围环境工作条件。

（4）在满足设计要求前提下，应优先采用结构简单、价格便宜、使用维护方便的三相笼型异步电动机。

2. 电动机容量的选择

电动机容量的选择方法有两种，一种是分析计算法，另一种是统计类比法。

1）分析计算法

根据生产机械负载图预选一台电动机，再用该电动机的技术数据和生产机械负载图求出电动机的负载图。最后按电动机的负载图从发热方面进行校验，并检查电动机的过载能力与起动转矩是否满足要求，如若不合格，另选一台电动机重新计算，直至合格为止。此法计算工作量大，负载图的绘制较为困难。对于比较简单、无特殊要求、生产数量不多的电力拖动系统，电动机容量往往采用统计类比法。

2）统计类比法

它是将各国同类型、先进的机床电动机容量进行统计和分析，从中找出电动机容量与机床主要参数间的关系，再根据我国实际情况得出相应的计算公式来确定电动机容量的一种实用方法。几种典型机床电动机的统计类比法公式如下（P 的单位均为 kW）：

$$\text{普通车床} P = 36.5D^{1.54} \tag{4-1}$$

$$\text{立式车床} P = 20D^{0.88} \tag{4-2}$$

式中　D——工件最大直径，m。

$$\text{摇臂钻床} P = 0.0646D^{1.19} \tag{4-3}$$

式中　D——最大钻孔直径，mm。

$$\text{卧式镗床} P = 0.004D^{1.7} \tag{4-4}$$

式中　D——镗杆直径，mm。

$$\text{龙门铣床 } P = \frac{1.16B}{1.66} \tag{4-5}$$

式中　B——工作台宽度，mm。

$$\text{外圆磨床} P = 0.1KB \tag{4-6}$$

式中　B——砂轮宽度，mm；

K——砂轮主轴采用不同轴承的系数，当砂轮主轴采用滚动轴承时，$K = 0.8 \sim 1.1$；当砂轮主轴采用滑动轴承时，$K = 1.0 \sim 1.3$。

当机床的主运动和进给运动由同一台电动机拖动时，则应按主运动电动机功率计算。若进给运动单独一台电动机拖动，并具有快速运动功能时，则电动机功率应按照快速移动所需功率来计算。快速移动所需要的功率，可由表 4-1 中所列数据选择。

表 4-1　拖动机床快速运动部件所需电动机功率

机床类型		运动部件	移动速度/（m/min）	所需电动机功率/kW
普通车床	D = 400 mm	溜板	6 ~ 9	0.6 ~ 1
	D = 600 mm	溜板	4 ~ 6	0.8 ~ 1.2
	D = 1 000 mm	溜板	3 ~ 4	3.2
摇臂转床 d = 35 ~ 75 mm		摇臂	0.5 ~ 1.5	1 ~ 2.8
升降台铣床		工作台	4 ~ 6	0.8 ~ 1.2
		升降台	1.5 ~ 2	1.2 ~ 1.5
龙门铣床		横梁	0.25 ~ 0.5	2 ~ 4
		横梁上的铣头	1 ~ 1.5	1.5 ~ 2
		立柱上的铣头	0.5 ~ 1	1.5 ~ 2

此外，还有一种类比法，通过对长期运行的同类生产机械的电动机容量调查，并对机械主要参数、工作条件进行类比，然后再确定电动机的容量。

任务 4.3　电气原理图设计的步骤与方法

电气控制原理图是电气控制设计的核心，是电气工艺设计和编制各种技术资料的依据，在总体方案确定之后，首当其冲的是进行电气控制原理图的设计。

4.3.1 电气控制原理图设计的基本步骤

（1）根据选定的拖动方案和控制方式设计系统的原理框图，拟订出各部分的主要技术要求和主要技术参数。

（2）根据各部分的要求，设计出原理框图中各个部分的具体电路。对于每一部分电路的设计都是按照主电路→控制电路→联锁与保护→总体检查，反复修改与完善的步骤来进行。

（3）绘制系统总原理图。按系统框图结构将各部分电路联成一个整体，绘成系统原理图。

（4）合理选择电气原理图中每一电气元件，编制出元器件目录清单。

对于比较简单的控制电路，如普通机械或非标设备的电气配套设计、技术改造的电气配套设计，可以省略前两步，直接进行电气原理图的设计和选用电气元件。但对于比较复杂的电气自动控制电路，如新产品开发设计、新上工程项目的配套设计，就必须按上述步骤按部就班地进行设计，有时还需对上述步骤进一步细化，分步进行。只有各个独立部分都达到技术要求，才能保证总体技术要求的实现。

4.3.2 电气控制原理图的设计方法

电气控制原理图的设计方法有分析设计法和逻辑设计法两种。

1. 分析设计法

分析设计法是根据生产工艺的要求选择适当的基本控制环节或将比较成熟的电路按各部分的联锁条件组合起来，并经补充和修改，将其综合成能满足控制要求的完整电路。当没有现成典型环节可运用时，可根据控制要求边分析边设计。由于这种设计方法是以熟练掌握各种电气控制电路的基本环节和具备一定的阅读分析电气控制电路的经验为基础，故又称为经验设计法。

分析设计法设计控制电路的步骤：

（1）设计各控制单元环节中拖动电动机的起动、正反向运转、制动、调速、停车等的主电路或执行元件的电路。

（2）设计满足各电动机的运转功能和工作状态相对应的控制电路，以及满足执行元件实现规定动作相适应的指令信号的控制电路。

（3）连接各单元环节构成满足整机生产工艺要求，实现加工过程自动或半自动和调整的控制电路。

（4）设计保护、联锁、检测、信号和照明等环节控制电路。

（5）全面检查所设计的电路。应特别注意电气控制系统在工作过程中因误操作、突然失电等异常情况下不应发生事故，或所造成的事故不应扩大，力求完善整个系统的控制电路。

这种设计方法简单，容易为初学者所掌握，在电气控制中被普遍采用。其缺点是不易获得最佳设计方案；当经验不足或考虑不周时会影响电路工作的可靠性。因此，应反复审核电路工作情况，有条件时应进行模拟试验，发现问题及时修改，直至电路动作准确无误，满足生产工艺要求为止。

2. 逻辑设计法

逻辑设计法是利用逻辑代数这一数学工具来进行电路设计。它是从工艺资料（工作循环图、液压系统图等）出发，将控制电路中的接触器、继电器线圈的通电与断电，触头的闭合与断开，以及主令元件的接通与断开等看成逻辑变量，并根据控制要求，将这些逻辑变量关系表示为逻辑函数关系式，再运用逻辑函数基本公式和运算规律对逻辑函数式进行化简，然后按化简后的逻辑函数式画出相应的电路结构图，最后再作进一步的检查和完善，以期获得最佳设计方案，使设计出的控制电路既符合工艺要求，又达到线路简单、工作可靠、经济合理的要求。

逻辑设计法设计控制电路的步骤：

（1）按工艺要求设计出工作循环图。

（2）决定执行元件与检测元件，并画出执行元件动作节拍表和检测元件状态表。

（3）根据检测元件状态表写出各程序的特征数，并确定待相区分组，设置中间记忆元件，使各待相区分组所有程序区分开。

（4）列写中间记忆元件开关逻辑函数式及其执行元件动作逻辑函数式并画出相应的电路结构图。

（5）对按逻辑函数式画出的控制电路进行检查、化简和完善。

任务 4.4　电气控制工艺设计

电气工艺设计必须在电气原理图设计完成之后进行，首先进行电气控制设备总体配置即总装配图、总接线图设计，然后再进行各部分电气装配图与接线图的设计，列出各部分的元件目录、进出线号以及主要材料清单，最后编写使用说明书。

4.4.1　电气设备总体配置设计

一台设备往往由若干台电动机来拖动，而各台电动机又由许多电气元件来控制，这些电动机与各类电气元件都有一定的装配位置，如电动机与各种执行元件（如电磁铁、电磁阀、电磁离合器、电磁吸盘等）、各种检测元件（如行程开关、传感器、温度、压力、速度继电器等）必须安装在生产机械的相应部位。各种控制电器（如各种接触器、继电器、电阻、断路器、控制变压器、放大器等）和各种保护电器（如熔断器、电流、电压保护继电器等）则安放在单独的电器箱内，而各种控制按钮、控制开关，各种指示灯、指示仪表、需经常调节的电位器等，则必须安装在控制台面板上。由于各种电气元件安装位置不同，所以在构成一个完善的自动控制系统时，必须划分组件，解决好组件之间、电器箱之间以及电气箱与被控制装置之间的连线问题。

组件的划分原则：

（1）将功能类似的元件组合在一起可构成控制面板组件、电气控制盘组件、电源组件等。

（2）尽可能减少组件之间的连线数量，将接线关系密切的电气元件置于同一组件中。

（3）强电与弱电控制器分离，以减少干扰。

（4）力求整齐美观，外形尺寸相同、重量相近的电器组合在一起。

（5）为便于检查与调试，将需经常调节、维护和易损元件组合在一起。电气控制设备的各部分及组件之间的接线方式通常有：

① 电器板、控制板、机床电器的进出线一般采用接线端子。

② 被控制设备与电气箱之间采用多孔接插件，便于拆装、搬运。

③ 印制电路板与弱电控制组件之间宜采用各种类型接插件。

总体配置设计是以电气系统的总装配图与总接线图形式来表达的，图中应以示意方式反映出各部分主要组件的位置及各部分接线关系、走线方式及使用管线要求。

总装配图、接线图是进行分部设计和协调各部分组成一个完整系统的依据。总体设计要使整个系统集中、紧凑，同时要考虑对发热厉害、噪声振动大的电气部件应离操作者较远位置，电源紧急停止控制应安放在方便而明显的位置，对于多工位加工的大型设备，应考虑多处操作等。

4.4.2　元件布置图的设计

电气元件布置图是指某些电气元件按一定的原则组合，如电气控制箱中的电器板、控制面板、放大器等。电气元件布置图的设计依据是部件原理图。同一组件中的电气元件的布置应注意：

（1）体积大和较重的电气元件安装在电器板的下方，发热元件安放在电器板的上方。

（2）强电弱电分开并加以屏蔽，以防干扰。

（3）需要经常维护、检修、调整的电气元件安装高度要适宜。

（4）电气元件的布置应考虑整齐、美观、对称。外形尺寸与结构类似的电器安放在一起，以利加工、安装和配线。

（5）电气元件之间应留有一定间距，若采用板前走线槽配线方式，应适当加大各排电器间距，以利布线和维护。

各电气元件位置确定以后，便可绘制电器布置图。布置图是根据电气元件的外形尺寸按比例绘制，并标明各元件间距尺寸。同时，还要根据本部件进出线的数量和导线规格，来选择适当接线端子板和接插件，按一定顺序标上进出线的接线号。

4.4.3　电气部件接线图的绘制

电气部件接线图是根据部件电气原理图及电气元件布置图来绘制的。它表示了成套装置的连接关系，是电气安装和查线的依据。接线图应按以下要求绘制：

（1）接线图和接线表的绘制应符合相关国家标准的规定。

（2）电气元件按外形绘制，并与布置图一致，偏差不要太大。

（3）所有电气元件及其引线应标注与电气原理图相一致的文字符号及接线号。

（4）在接线图中同一电气元件的各个部分（触头、线圈等）必须画在一起。

（5）电气接线图一律采用细实线，走线方式有板前走线与板后走线两种，一般采用板前走线。对于简单电气控制部件，电气元件数量较少，接线关系不复杂，可直接画出元件内的连线。但对于复杂部件，电气元件数量多，接线较复杂时，一般是采用走线槽，只要在各电气元件上标出接线号，不必画出各元件之间连线。

（6）接线图中应标出配线用的各种导线的型号、规格、截面积及颜色要求。

（7）部件的进出线除大截面导线外，都应经过接线端子板，不得直接进出。

4.4.4　电气箱及非标准零件图的设计

在电气控制比较简单时，电气控制板往往附在生产机械上，而在控制系统比较复杂，或生产环境或操作需要时，采用单独的电气控制箱，以利制造、使用和维护。

电气控制箱设计要考虑以下几方面的问题。

（1）根据控制面板及箱内各电气部件的尺寸来确定电气箱的总体尺寸及结构方式。

（2）结构紧凑，外形美观，与生产机械相匹配。

（3）根据控制面板及箱内电气部件的安装尺寸，设计箱内安装支架。

（4）为方便安装、调整及维修要求，设计控制箱开门方式。

（5）为利于箱内电器的通风散热，在箱体适当部位设计通风孔或通风槽。

（6）为利于电气箱的搬动，设计合适的起吊钩、起吊孔、扶手架或箱体底部带活动轮等。外形确定以后，再按上述要求进行各部分的结构设计，绘制箱体总装图及门、控制面板、底板、安装支架、装饰条等零件图，并注明加工尺寸。

非标准的电器安装零件，如开关支架、电气安装底板、控制箱的有机玻璃面板等，应根据机械零件设计要求，绘制其零件图。

4.4.5　各类元器件及材料清单的汇总

在电气控制原理设计及工艺设计结束后，应根据各种图样，对所设计的设备需要的各种零件及材料进行综合统计，列出外购件清单表、标准件清单表、主要材料消耗定额表及辅助材料消耗定额表，供有关部门备料，以备生产。这些资料也是成本核算的依据。

设计说明及使用说明是设计审定及调试、使用、维护过程中不可缺少的技术资料。设计及使用说明书应包含以下主要内容。

（1）拖动方案选择依据及本设计的主要特点。

（2）主要参数的计算过程。

（3）设计任务书中要求的各项技术指标的核算与评价。

（4）设备调试要求与调试方法。

（5）使用、维护要求及注意事项。

习 题

4-1 电气控制设计中应遵循的原则是什么？设计内容包括哪些主要方面？

4-2 采用分析设计法，设计一台机床的电气控制原理图，该机床由两台三相笼型异步电动机 M1、M2 拖动，其控制要求是：

（1）M1 容量较大，采用 Y-△减压起动，停车时采用能耗制动；

（2）M1 起动后经 20 s 后 M2 起动（M2 容量较小，可采用全压起动）；

（3）M2 停车后才允许 M1 停车；

（4）M1、M2 起动、停止均要求两地控制；

（5）应设置必要的电气保护。

4-3 画出上题机床电气安装接线图。

4-4 设计说明书及使用说明书应包含哪些主要内容？

项目 5　可编程序控制器及其工作原理 ▶▶▶

项目描述

可编程序控制器是以微处理器为核心的工业自动控制通用装置，其种类繁多，不同厂家的产品各有特点，有一定的区别，但作为工业标准设备，可编程序控制器具有一定的共性。本项目从可编程序控制器的一般特性出发，从可编程序控制器的概述、硬件组成、软件组成和工作原理及主要性能指标四个方面展开阐述，让读者对可编程序控制器有一个基本认识。

思维导图

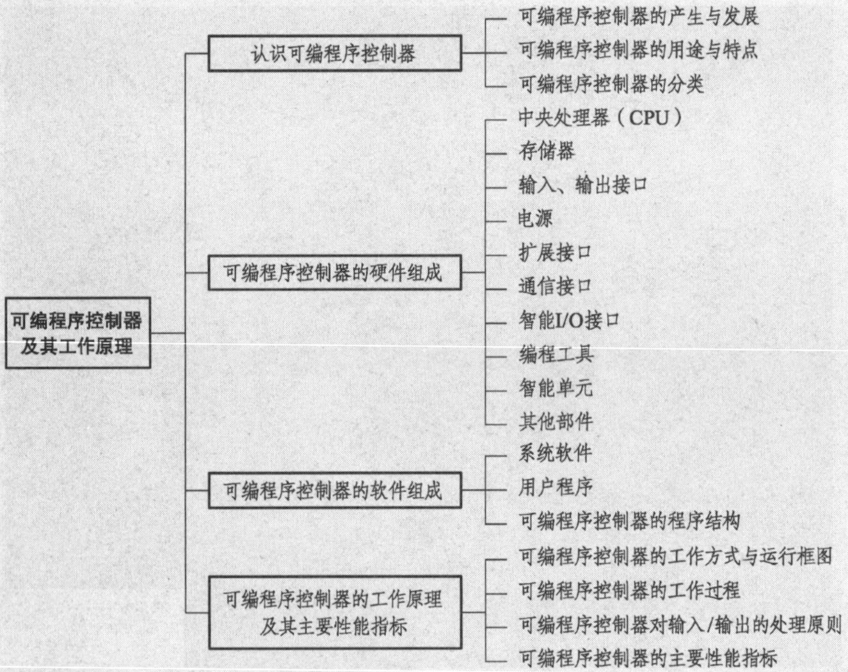

项目目标

知识目标

（1）了解可编程控制器的分类、用途、特点及应用范围。

（2）掌握可编程控制器的系统构成和工作原理。

（3）了解可编程控制器的主要性能指标。

技能目标

能够通过可编程控制器的性能指标衡量其性能。

任务 5.1　认识可编程序控制器

5.1.1　可编程序控制器的产生与发展

1. 可编程序控制器的产生

20 世纪 20 年代出现了将接触器、各种继电器、定时器、其他电器及其触头按一定逻辑关系连接的继电接触器控制系统，它结构简单、价格便宜、便于掌握，在一定范围内能满足控制要求，在工业控制中一直占有主导地位。但也存在着设备体积大、动作速度慢、功能少而固定、可靠性差、难于实现较复杂的控制等缺点。特别是由于它是靠硬连线逻辑构成的系统，接线繁杂，当生产工艺改变时，原有的接线和控制盘就要更换，缺乏通用性和灵活性。

20 世纪 60 年代，由于小型计算机的出现和大规模生产及多机群控的需要，人们曾试图用小型计算机来实现工业控制的要求，但由于价格高，输入、输出电路不匹配和编程技术复杂等原因，一直未能得到推广应用。

20 世纪 60 年代末期，美国汽车制造业竞争激烈，各生产厂家的汽车型号不断更新，它必然要求加工的生产线随之改变，整个控制系统需重新配置。为了适应生产工艺不断更新的需要，要寻找一种比继电器更可靠、功能更齐全、响应速度更快的新型工业控制器。1968 年，为了适应轿车型号不断更新的需求，并能在竞争激烈的轿车工业中占有优势，通用汽车公司提出要研发一种新式的工业操控设备来替代继电器操控设备，为此，通用汽车公司公开招标，并从用户角度提出了新一代控制器应具备的十大条件，引起了开发热潮。这十大条件中比较主要的是：编程方便，可现场修改程序；维修方便，采用插件式结构；可靠性高于继电器控制装置；体积小于继电器控制盘；数据可直接送入管理计算机；成本可与继电器控制盘竞争；扩展时原系统改变最少。这些要求实际上提出了将继电接触器的简单易懂、使用方便、价格低的优点，与计算机的功能完善、通用性、灵活性好的优点结合起来，将继电接触器控制的硬连线逻辑变为计算机的软件逻辑编程的设想，采取程序修改方式改变控制功能，这是从接线逻辑向存储逻辑进步的重要标志。

1969 年，美国数字设备公司（DEC）研制出了第一台可编程序控制器 PDP-14，并在 GM（通用汽车）公司汽车生产线上试用成功，并取得了满意的效果，可编程序控制器由此诞生。

2. 可编程序控制器的发展

可编程序控制器自问世以来，发展极其迅速。1971 年，日本开始生产可编程序控制器，1973 年，欧洲开始生产可编程序控制器。到现在，世界各国的一些著名电器厂家几乎都在生产可编程序控制器，可编程序控制器已作为一个独立的工业设备进行生产，已成为当代电控装置的主导。

由于可编程序控制器一直在发展中，直到目前为止，还未能对其下一个十分确切的定义。国际电工委员会（IEC）曾于 1982 年 11 月颁发了可编程序控制器标准草案第一稿，1985 年 1 月颁发了第二稿，1987 年 2 月颁发了第三稿。草案中对可编程序控制器的定义是：可编程序控制器是一种数字运算操作的电子系统，专为在工业环境下应用而设计。它采用了可编程序的存储器，用来在其内部存储执行逻辑运算、顺序控制、定时、计数和算术运算等操作指令，并通过数字式或模拟式的输入和输出，控制各种类型的机械或生产过程。可编程序控制器及其有关外围设备，都按易于与工业系统联成一个整体，易于扩充其功能的原则设计。

早期的可编程序控制器主要由分立元件和中小规模集成电路组成，它采用了一些计算机技术，但简化了计算机的内部电路，对工业现场环境适应性较好，指令系统简单，一般只具有逻辑运算的功能。人们把它称之为可编程序逻辑控制器（Programmable Logic Controller，PLC）。随着微电子技术和集成电路的发展，特别是微处理器和微计算机的迅速发展，在 20 世纪 70 年代中期，美国、日本、德国等国家的一些厂家在可编程序控制器中引入微机技术，微处理器及其他大规模集成电路芯片成为其核心部件，使可编程序控制器具有了自诊断功能，可靠性有了大幅度提高。国外工业界在 1980 年正式命名为可编程序控制器（Programmable Controller，PC）。但由于它与个人计算机（Personal Computer）的简称容易混淆，仍把可编程序控制器缩写为 PLC。

进入 20 世纪 80 年代，可编程序控制器都采用了微处理器（CPU）、只读存储器（ROM）、随机存储器（RAM）或单片机作为其核心，处理速度大大提高，增加了多种特殊功能，体积进一步减小。20 世纪 90 年代末，PLC 几乎完全计算机化，速度更快，功能更强，各种智能模块不断开发出来，使其不断扩展着它在各类工业控制过程中的作用。

现在，PLC 不仅能进行逻辑控制，在模拟量闭环控制、数字量的智能控制、数据采集、监控、通信联网及集散控制系统等各方面都得到了广泛的应用。如今，大、中型，甚至小型 PLC 都配有 A/D、D/A 转换及算术运算功能，有的还具有 PID 功能。这些功能使 PLC 在模拟量闭环控制、运动控制、速度控制等方面具有了硬件基础；许多 PLC 具有输出和接收高速脉冲的功能，配合相应的传感器及伺服设备，PLC 可实现数字量的智能控制；PLC 配合可编程序终端设备，可实时显示采集到的现场数据及分析结果，为系统分析、研究工作提供依据，利用 PLC 的自检信号可以实现系统监控；PLC 具有较强有力的通信功能，可以与计算机或其他智能装置进行通信及联网，从而能方便地实现集散控制。功能完备的 PLC 不仅能满足控制要求，还能满足现代化大生产管理的需要。

近年来，可编程序控制器发展更为迅速，更新换代周期缩短为 3 年左右。展望未来，可编程序控制器在规模上和功能上将向两大方向发展：一是大型可编程序控制器向高速、大容量和高性能方向发展，如有的机型扫描速度高达 0.1 ms/KB（0.1 μs/步），可处理几万个开关量 I/O 信号和多个模拟量 I/O 信号，用户程序存储器达十几兆字节；二是发展简易经济超小型可编程序控制器，以适应单机控制和小型设备自动化的需要。另外，不断增强 PLC 工业过程控制的功能，研制采用工业标准总线，使同一工业控制系统中能连接不同的控制设备，增强可编程序控制器的联网通信功能，便于分散控制与集中控制的实现，大力开发智能 I/O 模块，增强可编程序控制器的功能等都是其发展方向。

5.1.2 可编程序控制器的用途与特点

1. 可编程序控制器的用途

PLC 的初期由于其价格高于继电器控制装置，使其应用受到限制。但近几年来由于微处理器芯片及有关元件价格大大下降，使 PLC 成本下降，同时又由于 PLC 的功能大大增强，使 PLC 的应用越来越广泛，广泛应用于钢铁、水泥、石油、化工、采矿、电力、机械制造、汽车、造纸、纺织、环保等行业。PLC 的应用通常可分为五种类型。

1）顺序控制

这是 PLC 应用最广泛的领域，用以取代传统的继电器顺序控制。PLC 可应用于单机控制、多机群控、自动生产线控制等，如注塑机、印刷机械、订书机械、切纸机械、组合机床、磨床、装配生产线、电镀流水线及电梯控制等。

2）运动控制

PLC 制造商目前已提供了拖动步进电动机或伺服电动机的单轴或多轴位置控制模块。在多数情况下，PLC 把描述目标位置的数据送给模块，其输出移动一轴或数轴到目标位置。每个轴移动时，位置控制模块保持适当的速度和加速度，确保运动平滑。

相对来说，位置控制模块比计算机数值控制（CNC）装置体积更小，价格更低，速度更快，操作更方便。

3）闭环过程控制

PLC 能控制大量的物理参数，如温度、压力、速度和流量等。PID（Proportional Integral Derivative）模块的提供使 PLC 具有闭环控制功能，即一个具有 PID 控制能力的 PLC 可用于过程控制。当过程控制中某一个变量出现偏差时，PID 控制算法会计算出正确的输出，把变量保持在设定值上。

4）数据处理

在机械加工中，出现了把支持顺序控制的 PLC 和计算机数值控制（CNC）设备紧密结合的趋向。著名的日本 FANUC 公司推出的 System10、11、12 系列，已将 CNC 控制功能作为 PLC 的一部分。为了实现 PLC 和 CNC 设备之间内部数据自由传递，该公司采用了窗口软件。通过窗口软件，用户可以独自编程，由 PLC 送至 CNC 设备使用。美国 GE（通用电气）公司的 CNC 设备新机种也同样使用了具有数据处理的 PLC。东芝的 TOSNUC600 也将 CNC 和 PLC 组合在一起，预计今后几年 CNC 系统将变成以 PLC 为主体的控制和管理系统。

5）通信和联网

为了适应近几年来兴起的工厂自动化（FA）系统、柔性制造系统（FMS）及集散控制系统（DCS）等发展的需要，必须发展 PLC 之间、PLC 和上级计算机之间的通信功能。作为实时控制系统，不仅 PLC 数据通信速率要求高，而且要考虑出现停电、故障时的对策等。

2. 可编程序控制器的特点

（1）抗干扰能力强，可靠性高。继电接触器控制系统虽有较好的抗干扰能力，但使用了大量的机械触头，使设备连线复杂，由于器件的老化、脱焊、触头的抖动及触头在开闭时受电弧的损害大大降低了系统的可靠性。而 PLC 采用微电子技术，大量的开关动作由无触点的电子存储器件来完成，大部分继电器和繁杂的连线被软件程序所取代，故寿命长，可靠性大大提高。

微机虽然具有很强的功能，但抗干扰能力差，工业现场的电磁干扰，电源波动，机械振动，温度和湿度的变化，都可能使一般通用微机不能正常工作。而 PLC 在电子线路、机械结构以及软件结构上都吸取了生产控制经验，主要模块均采用了大规模与超大规模集成电路，I/O 系统设计有完善的通道保护与信号调理电路；在结构上对耐热、防潮、防尘、抗振等都有精确考虑；在硬件上采用隔离、屏蔽、滤波、接地等抗干扰措施；在软件上采用数字滤波等抗干扰和故障诊断措施。所有这些使 PLC 具有较高的抗干扰能力，目前各生产厂家生产的 PLC，平均无故障时间都大大超过了 IEC 规定的 10 万 h，有的甚至达到了几十万小时。

（2）控制系统结构简单，通用性强，应用灵活。PLC 产品均成系列化生产，品种齐全，外围模块品种也多，可由各种组件灵活组合成各种大小和不同要求的控制系统。在 PLC 构成的控制系统中，只需在 PLC 的端子上接入相应的输入、输出信号线即可，不需要诸如继电器之类的物理电子器件和大量而又繁杂的硬接线线路。当控制系统要求改变，需要变更控制系统功能时，可以用编程器在线或离线修改程序，同一个 PLC 装置用于不同的控制对象，只是输入、输出组件和应用软件不同而已。

（3）编程方便，易于使用。PLC 是面向用户的设备，PLC 的设计者充分考虑到现场工程技术人员的技能和习惯，PLC 程序的编制，采用梯形图或面向工业控制的简单指令形式。梯形图与继电器原理图相类似，直观易懂，容易掌握，不需要专门的计算机知识和语言，深受现场电气技术人员的欢迎，近年来又发展了面向对象的顺控流程图语言，也称功能图，使编程更加简单方便。

（4）功能完善，扩展能力强。PLC 中含有数量巨大的用于开关量处理的继电器类软元件，可轻松地实现大规模的开关量逻辑控制，这是一般的继电器控制所不能实现的。PLC 内部具有许多控制功能，能方便地实现 D/A、A/D 转换及 PID 运算，实现过程控制、数字控制等功能。PLC 具有通信联网功能，它不仅可以控制一台单机，一条生产线，还可以控制一个机群，许多条生产线。它不但可以进行现场控制，还可以用于远程控制。

（5）PLC 控制系统设计、安装、调试方便。PLC 中相当于继电接触器系统中的中间继电器、时间继电器、计数器等“软元件”数量巨大，硬软件齐全，且为模块化积木式结构，并已商品化，故可按性能、容量（输入、输出点数、内存大小）等选用组装。又由于用软件编程取代了硬接线实现控制功能，使安装接线工作量大大减小，设计人员只要有一台 PLC 就可进行控制系统的设计并可在实验室进行模拟调试。

（6）维修方便，维修工作量小。PLC 具有完善的自诊断、履历情报存储及监视功能。对于其内部工作状态、通信状态、异常状态和 I/O 点的状态均有显示。工作人员通过它可查出故障原因，便于迅速处理，及时排除。

（7）体积小、重量轻，易于实现机电一体化。

由于 PLC 具有上述特点，使得它得到了极为广泛的应用。

5.1.3 可编程序控制器的分类

1. 按 I/O 点数容量分类

一般来说，处理的 I/O 点数比较多，则控制关系比较复杂，用户要求的程序存储器容量比较大，要求 PLC 指令及其他功能比较多，指令执行的过程也比较快等。按 PLC 的输入输出点数可将 PLC 分为三类。

1）小型机

小型 PLC 的功能一般以开关量控制为主，其输入、输出总点数在 256 点以下，用户程序存储器容量在 4 KB 以下。现在的高性能小型机还具有一定的通信能力和少量的模拟量处理能力。这类 PLC 价格低、体积小，适合于控制单台设备、开发机电一体化产品。

典型的小型机有 SIEMENS 公司的 S7-200 系列、OMRON 公司的 CPM2 A 系列，MITSUBISH 公司的 FX 系列和 AB 公司的 SLC500 系列等整体式 PLC 等产品。

2）中型机

中型机 PLC 的输入、输出总点数在 256 ~ 2 048，用户程序存储器容量达到 2 ~ 8 KB。中型 PLC 不仅具有开关量和模拟量的控制功能，还具有更强的数字计算能力，它的通信功能和模拟量处理能力更强大。中型机的指令比小型机更丰富，适用于复杂的逻辑控制系统以及连续生产过程控制场合。

典型的中型机有 SIEMENS 公司的 S7-300 系列、OMRON 公司的 C200H 系列、AB 公司的 SLC500 系列模块式 PLC 等产品。

3）大型机

大型机 PLC 的输入、输出总点数在 2 048 以上，用户程序存储器容量达到 8 ~ 16 KB。大型 PLC 的性能已经与工业控制计算机相当，它具有计算、控制和调节的功能，还具有强大的网络结构和通信联网能力。它的监视系统采用 CRT 显示，能够表示过程的动态流程，记录各种曲线，PID 调节参数选择图；它配备多种智能板，构成一个多功能系统。这种系统还可以和其他型号的 PLC 互联，和上位机相联，组成一个集中分散的生产过程和产品质量控制系统。大型机适用于设备自动化控制、过程自动化控制和过程监控系统。

典型的大型 PLC 有 SIEMENS 公司的 S7-400 系列、OMRON 公司的 CVM1 和 CSl 系列、AB 公司的 SLC5/05 系列等产品。

上述划分没有一个严格的界限，随着 PLC 技术的飞速发展，某些小型 PLC 也具有中型机和大型机的功能，这也是 PLC 的发展趋势。

2. 按结构形式分类

按 PLC 物理结构形式的不同，可分为整体式（也称单元式）和组合式（也称模块式）两类。

1）整体式结构

整体式结构的 PLC 是将中央处理单元（CPU）、存储器、输入单元、输出单元、电源、通信端口、I/O 扩展端口等组装在一个箱体内构成主机。另外，还有独立的 I/O 扩展单元等通过扩展电缆与主机上的扩展端口相连，以构成 PLC 不同配置与主机配合使用。整体式结构的 PLC 结构紧凑，体积小，成本低，安装方便。小型机常采用这种结构。整体式 PLC 的组成如图 5-1 所示。

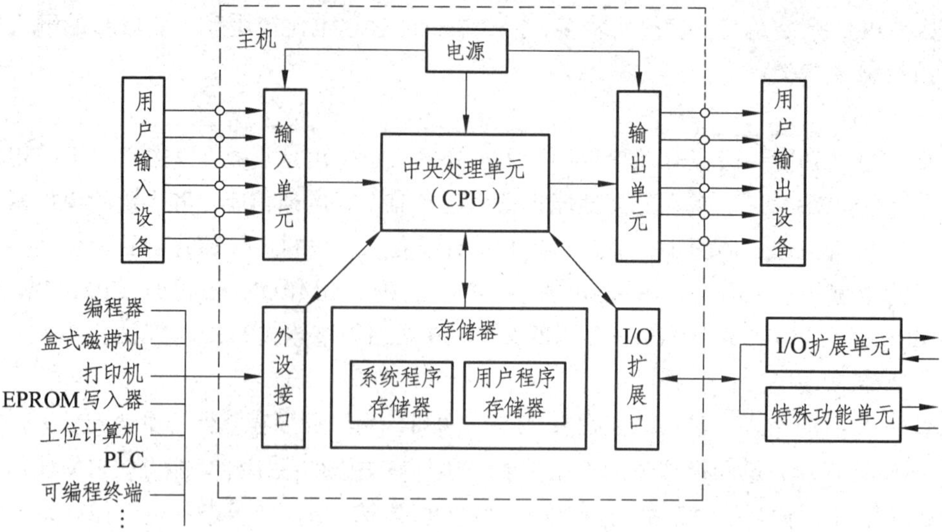

图 5-1　整体式 PLC 组成示意图

2）组合式结构

这种结构的 PLC 是将 CPU、输入单元、输出单元、电源单元、智能 I/O 单元、通信单元等分别制作成相应的电路板或模块，各模块可以插在带有总线的底板上。装有 CPU 的模块称为 CPU 模块，其他称为扩展模块。组合式的特点是配置灵活，输入接点、输出接点的数量可以自由选择，各种功能模块可以依需要灵活配置。大、中型 PLC 常用组合式结构。图 5-2 为组合式 PLC 的组成示意图。

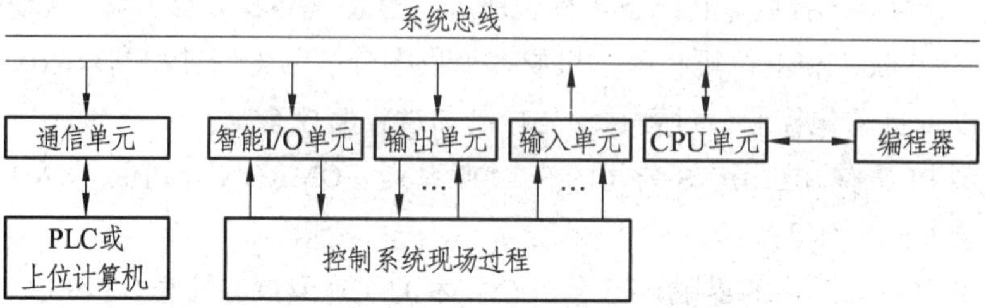

图 5-2　组合式 PLC 组成示意图

任务 5.2　可编程序控制器的硬件组成

可编程序控制器种类繁多，但其基本结构和工作原理基本相同。PLC 的基本结构由中央处理器（CPU），存储器，输入、输出接口，电源，扩展接口，通信接口，编程工具，智能 I/O 接口，智能单元等组成。

5.2.1　中央处理器（CPU）

与一般计算机一样，CPU 是 PLC 的核心，它按 PLC 中系统程序赋予的功能指挥 PLC 有条不紊地进行工作，其主要作用有：

（1）接收并存储从编程器输入的用户程序和数据。

（2）诊断 PLC 内部电路的工作故障和编程中的语法错误。

（3）用扫描的方式通入 I/O 部件接收现场的状态或数据，并存入输入映像存储器或数据存储器中。

（4）PLC 进入运行状态后，从存储器逐条读取用户指令，解释并按指令规定的任务进行数据传送、逻辑或算术运算等；根据运算结果，更新有关标志位的状态和输出映像存储器的内容，再经输出部件实现输出控制、制表打印或数据通信等功能。

不同型号的 PLC 其 CPU 芯片是不同的，有采用通用 CPU 芯片的，有采用厂家自行设计的专用 CPU 芯片的。CPU 芯片的性能关系到 PLC 处理控制信号的能力与速度，CPU 位数越高，系统处理的信息量越大，运算速度也越快。PLC 的功能将随着 CPU 芯片技术的发展而提高。

5.2.2 存储器

PLC 的存储器包括系统存储器和用户存储器两部分。

系统存储器用来存放由 PLC 生产厂家编写的系统程序，并固化在只读存储器（ROM）内，用户不能直接更改。它使 PLC 具有基本的功能，能够完成 PLC 设计者规定的各项工作。系统程序内容主要包括三部分。第一部分为系统管理程序，它主要控制 PLC 的运行，使整个 PLC 按部就班地工作。第二部分为用户指令解释程序，通过用户解释程序，将 PLC 的编程语言变为机器语言指令，再由 CPU 执行这些指令。第三部分为标准程序模块与系统调用程序。它包括许多不同功能的子程序及其调用管理程序，如完成输入、输出及特殊运算等的子程序。PLC 的具体工作都是由这部分程序来完成的，这部分程序的多少也决定了 PLC 性能的高低。

用户存储器包括用户程序存储器（程序区）和功能存储器（数据区）两部分。用户程序存储器用来存放用户针对具体控制任务用规定的 PLC 编程语言编写的各种用户程序。用户程序存储器根据所选用的存储器单元类型的不同，可以是随机存储器 RAM（有掉电保护）、可擦可编程序只读存储器（EPROM）或电擦除可编程序只读存储器（EEPROM），其内容可以由用户任意修改或增删。用户功能存储器是用来存放（记忆）用户程序中使用的 ON/OFF 状态、数值数据等，它构成 PLC 的各种内部器件，也称“软元件”。用户存储器容量的大小，关系到用户程序容量的大小和内部器件的多少，是反映 PLC 性能的重要指标之一。

5.2.3 输入、输出接口

输入、输出接口是 PLC 与外界连接的接口。输入接口用来接收和采集两种类型的输入信号，一类是由按钮、选择开关、行程开关、继电器触点、接近开关、光电开关、数字拨码开关等的开关量输入信号；另一类是由电位器、测速发电机和各种变换器等传来的模拟量输入信号。输出接口用来连接被控对象中各种执行元件，如接触器、电磁阀、指示灯、调节阀（模拟量）、调速装置（模拟量）等。

输入、输出接口有数字量（包括开关量）输入、输出和模拟量输入、输出两种形式。数字量输入、输出接口的作用是将外部控制现场的数字信号与 PLC 内部信号的电平相互转换；而模拟量输入、输出接口作用是将外部控制现场的模拟信号与 PLC 内部的数字信号相互转换。输入、输出接口一般都具有光电隔离和滤波，其作用是把 PLC 与外部电路隔离开，以提高 PLC 的抗干扰能力。

通常 PLC 的开关量输入接口按使用的电源不同有三种类型：直流 12 ~ 24 V 输入接口，交流 100 ~ 120 V 或 200 ~ 240 V 输入接口与交直流（AC/DC）12 ~ 24 V 输入接口。输入开关可以是无源触点或传感器的集电极开路的晶体管。PLC 开关量输出接口按输出开关器件种类不同常有三种形式：第一种是继电器输出型，CPU 输出时接通或断开继电器的线圈，使继电器触点闭合或断开，再去控制外部电路的通断；第二种是晶体管输出型，通过光耦合使开关晶体管截止或饱和导通以控制外部电路；第三种是双向晶闸管输出型，采用的是光触发型双向晶闸管。按照负载使用电源不同，分为直流输出接口、交流输出接口和交直流输出接口。下面简单介绍常见的开关量输入、输出接口电路。

1．开关量输入接口电路

开关量输入接口是把现场各种开关信号变成 PLC 内部处理的标准信号。

1）直流输入接口电路

直流输入接口电路如图 5-3 所示。由于各输入端口的输入电路都相同，图中只画出了一个输入端口的输入电路，图中点画线框中的部分为 PLC 内部电路。框外为用户接线，R_1、R_2 分压，R_1 起限流作用，R_2 及 C 构成滤波电路。输入电路采用光耦合实现输入信号与机内电路的耦合，COM 为公共端子。

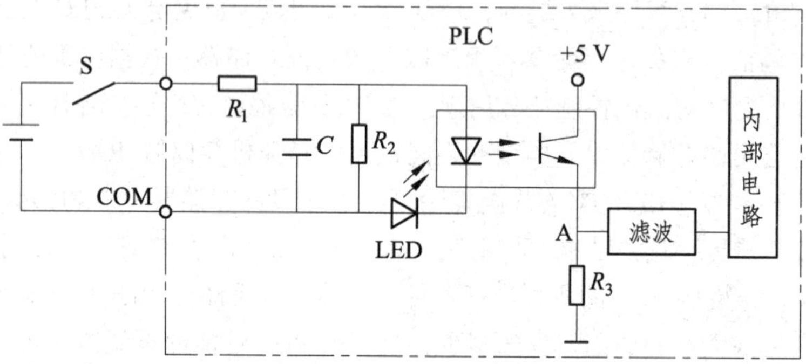

图 5-3　直流输入接口电路

当输入端的开关接通时，光耦合器导通，直流输入信号转换成 TTL（5 V）标准信号送入 PLC 的输入电路，同时 LED 信号灯亮，表示输入端接通。

2）交流输入接口电路

图 5-4 为交流输入接口电路，为减小高频信号串入，电路中设有隔直电容 C。

3）交、直流输入接口电路

图 5-5 为交、直流输入接口电路。其内部电路结构与直流输入接口电路基本相同，所不同的是外接电源除直流电源外，还可用 12 ~ 24 V 交流电源。

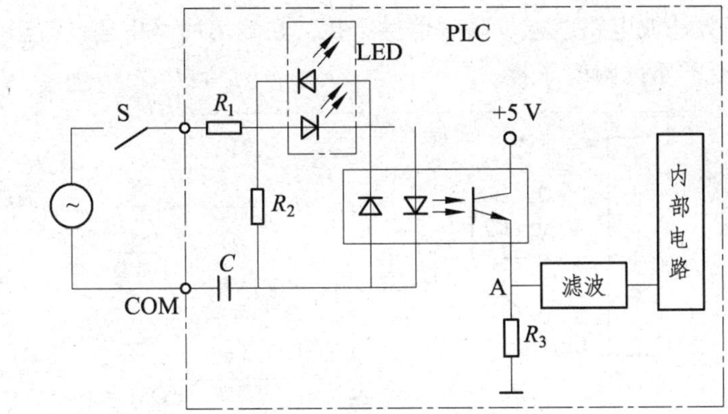

图 5-4　交流输入接口电路

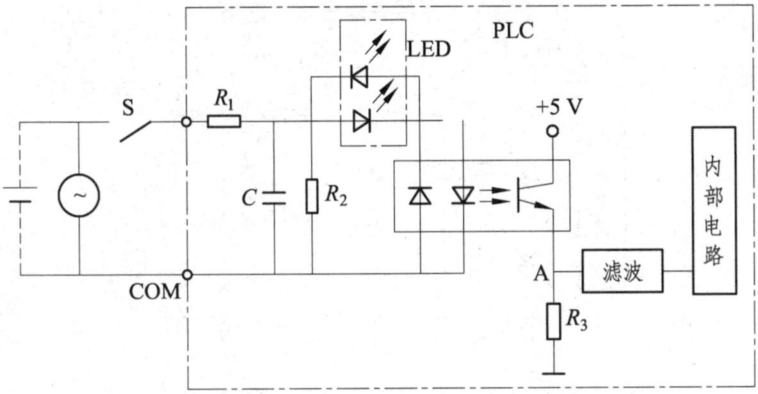

图 5-5　交、直流输入接口电路

2. 开关量输出接口电路

开关量输出接口是把 PLC 的内部信号转换成现场执行机构的各种开关信号。在开关量输出接口中，晶体管输出型的接口只能带直流负载，属于直流输出接口。晶闸管输出型的接口只能带交流负载，属于交流接口。继电器输出型的接口可带直流负载也可带交流负载，属于交直流输出接口。

1）晶体管输出接口电路（直流输出接口）

图 5-6 为晶体管输出接口电路，图中点画线中的电路是 PLC 的内部电路，框外是 PLC 输出点的驱动负载电路。图中只画出一个输出端的输出电路，各个输出端所对应的输出电路均相同。在图中，晶体管 V 为输出开关器件，光耦合器为隔离器件。稳压管 VS 和熔断器分别用于输出端的过电压保护和短路保护。

PLC 由用户程序决定。当需要某一输出端产生输出时，由 CPU 控制，将输出信号经光耦合器输出，使晶体管导通，相应的负载接通，同时输出指示灯亮，指示该电路输出端有输出，负载所需直流电源由用户提供。

2）晶闸管输出接口电路（交流输出接口）

图 5-7 为晶闸管输出接口电路，图中只画出了一个输出端的输出电路。图中双向晶闸管为输出开关器件，由它组成的固态继电器（ACSSR）具有光电隔离作用，作为隔离元件。电阻

R_2与电容 C 组成高频滤波电路，减少高频信号干扰。在输出回路中还设有阻容过电压保护和浪涌吸收器，可承受严重的瞬时干扰。

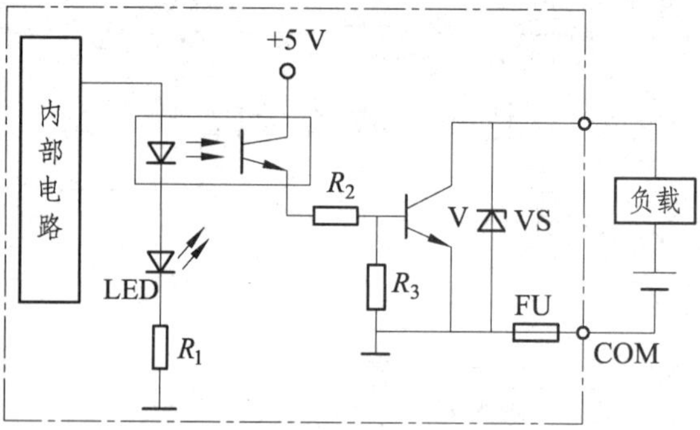

图 5-6　晶体管输出接口电路

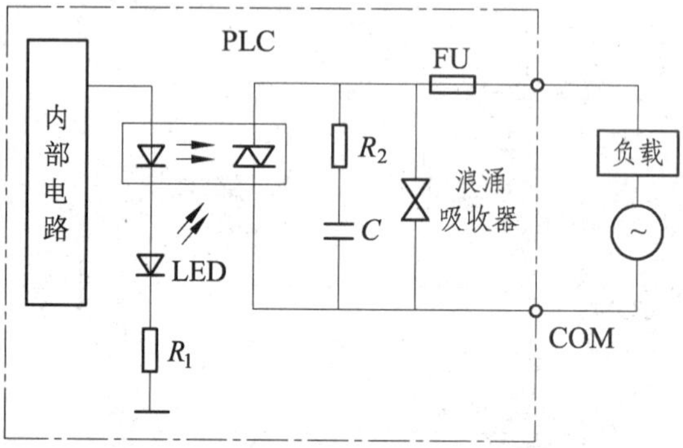

图 5-7　晶闸管输出接口电路

当需要某一输出端产生输出时，由 CPU 控制，将输出信号经光耦合器使输出回路中的双向晶闸管导通，相应的负载接通，同时输出指示灯亮，指示该路输出端有输出。负载所需交流电源由用户提供。

3）继电器输出接口电路（交、直流输出接口）

图 5-8 为继电器输出接口电路，在图中继电器既是输出开关器件，又是隔离器件，电阻 R_1 和指示灯 LED 组成输出状态显示器；电阻 R_2 和电容 C 组成 RC 灭弧电路。当需要某一输出端产生输出时，由 CPU 控制，将输出信号输出，接通输出继电器线圈，输出继电器的触点闭合使外部负载电路接通，同时输出指示灯亮，指示该路输出端有输出。负载所需交直流电源由用户提供。

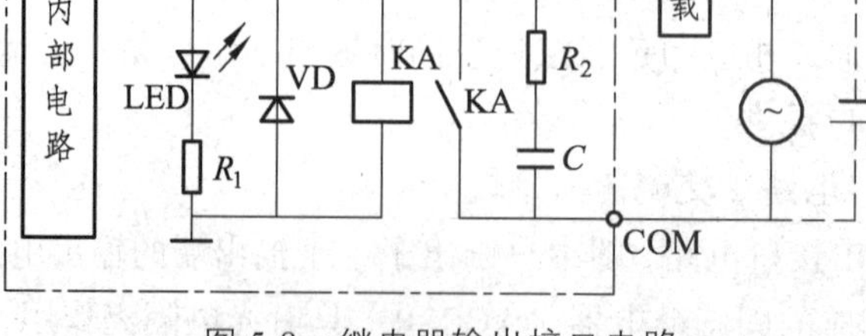

图 5-8　继电器输出接口电路

5.2.4 电源

PLC 一般使用 220 V 单相交流电源，电源部件将交流电转换成中央处理器、存储器等电路工作所需的直流电，保证 PLC 的正常工作。对于小型整体式可编程序控制器内部有一个开关稳压电源，此电源一方面可为 CPU、I/O 单元及扩展单元提供直流 5 V 工作电源，另一方面可为外部输入元件提供直流 24 V 电源。

电源部件的位置有多种，对于整体式结构的 PLC，电源通常封装在机箱内部；对于组合式 PLC，有的采用单独电源模块，有的将电源与 CPU 封装到一个模块中。

5.2.5 扩展接口

扩展接口用于将扩展单元与基本单元相连，使 PLC 的配置更加灵活，以满足不同控制系统的需求。

5.2.6 通信接口

为了实现“人-机”或“机-机”之间的对话，PLC 配有多种通信接口。PLC 通过这些通信接口可以与监视器、打印机及其他的 PLC 或计算机相连。

当 PLC 与打印机相连时，可将过程信息、系统参数等输出打印；当与监视器（CRT）相连时，可将过程图像显示出来；当与其他 PLC 相连时，可以组成多机系统或联成网络，实现更大规模的控制；当与计算机相连时，可以组成多级控制系统，实现控制与管理相结合的综合控制。

5.2.7 智能 I/O 接口

为了满足更加复杂控制功能的需要，PLC 配有多种智能 I/O 接口，如满足位置调节需要的位置闭环控制模块，对高速脉冲进行计数和处理的高速计数模块等。这类智能模块都有其自身的处理器系统。

5.2.8 编程工具

编程工具是供用户进行程序的编制、编辑、调试和监视用的设备。最常用的是编程器。编程器有简易型和智能型两类。简易型的编程器只能联机编程，且往往是先将梯形图转化为机器语言助记符（指令表）后才能输入。它一般是由简易键盘和发光二极管或其他显示器件组成。智能型编程器又称图形编程器，它可以联机，也可以脱机编程，具有 LCD 或 CRT 图形显示功能，可以直接输入梯形图和通过屏幕对话。

也可以采用微机辅助编程，许多 PLC 厂家为自己的产品设计了计算机辅助编程软件，运用这些软件可以编辑、修改用户程序，监控系统的运行，打印文件，采集和分析数据，在屏幕上显示系统运行状态，对工业现场和系统进行仿真等。若要直接与可编程序控制器通信，还要配有相应的通信电缆。

5.2.9　智能单元

各型 PLC 都有一些智能单元，它们一般都有自己的 CPU，具有自己的系统软件，能独立完成一项专门的工作。智能单元通过总线与主机相联，通过通信方式接受主机的管理。常用的智能单元有 A/D 单元、D/A 单元、高速计数单元、定位单元等。

5.2.10　其他部件

PLC 还可配有盒式磁带机、EPROM 写入器、存储器卡等其他外围设备。

任务 5.3　可编程序控制器的软件组成

可编程序控制器的软件由系统软件和用户程序两大部分组成。系统软件由 PLC 制造商固化在机内，用以控制可编程序控制器本身的运作；用户程序则是由使用者编制并输入的，用来控制外部对象的运作。

5.3.1　系统软件

系统软件主要包括三部分。一部分为系统管理程序，它控制 PLC 的运行，使整个 PLC 按部就班地工作。第二部分为用户指令解释程序，通过用户指令解释程序，将 PLC 的编程语言变为机器语言指令，再由 CPU 执行这些指令。第三部分为标准程序模块与系统调用程序，包括许多不同功能的子程序及其调用管理程序。

1．系统管理程序

系统管理程序是系统软件中最重要的部分，用以控制可编程序控制器的运作。其作用有三，一是进行运行管理，控制 PLC 何时输入、何时输出、何时计算、何时自检、何时通信等时间上的分配管理；二是存储空间管理，即生成用户环境，规定各种参数、程序的存放地址，将用户使用的数据参数、存储地址化为实际的数据格式及物理存放地址，将有限的资源变为用户很方便的、直接使用的元件。例如，它可将有限个数的 CTC 扩展为上百个用户时钟和计数器，通过这部分程序，用户看到的就不是实际机器存储地址和 CTC 地址了，而是按照用户数据结构排列的元件空间和程序存储空间；三是系统自检程序，包括系统出错检验、用户程序语法检验、句法检验、警戒时钟运行等。在系统管理程序的控制下，整个 PLC 能正确、有效地工作。

2．用户指令解释程序

用户指令解释程序是联系高级程序语言和机器码的桥梁。我们知道，任何计算机最终都是执行机器语言指令的，但用机器语言编程却是非常复杂的事情。可编程序控制器可用梯形图语言编程，把使用者直观易懂的梯形图变成机器易懂的机器语言，这就是解释程序的任务。

解释程序将梯形图逐条解释，翻译成相应的机器语言指令，再由 CPU 执行这些指令。

3. 标准程序模块及系统调用程序

标准程序模块及系统调用程序由许多独立的程序块组成，各程序块有不同的功能，有些完成输入、输出处理，有些完成特殊运算等。可编程序控制器的各种具体工作都是由这部分程序来完成的，这部分程序的多少决定了可编程序控制器性能的强弱。

整个系统软件是一个整体，其质量如何很大程度上影响可编程序控制器的性能。往往通过改进系统软件就可在不增加任何设备的条件下大大改善 PLC 的性能，例如，S7-200 系列 PLC 在推出后，西门子公司不断将其系统软件进行完善，使其功能越来越强。

5.3.2　用户程序

用户程序即应用程序，是可编程序控制器的使用者针对具体控制对象编制的应用程序。根据不同控制要求编制不同的程序，相当于改变可编程序控制器的用途，也相当于继电接触器控制设备的硬接线线路进行重设计和重接线，这就是“可编程序”。程序既可由编程器很方便地送入 PLC 内部的存储器中，也能通过它方便地读出、检查与修改。

参与 PLC 应用程序编制的是其内部代表编程器件的存储器，俗称“软继电器”，或称编程“软元件”。PLC 中设有大量的编程“软元件”，这些“软元件”依编程功能分为输入继电器、输出继电器、定时器、计数器等。由于“软继电器”实质为存储单元，取用它们的常开、常闭触点实质上为读取存储单元的状态，所以可以认为一个继电器带有无数多个常开、常闭触点。

PLC 为用户提供了完整的编程语言，以适应编制用户程序的需要。PLC 提供的编程语言通常有三种：梯形图（LAD）、指令表（STL）和顺序功能流程图（SFC）。下面以 S7-200 系列 PLC 为例来介绍这三种编程语言。

1. 梯形图（LAD）编程

梯形图（LAD）编程语言是从继电器控制系统原理图的基础上演变而来的。它的许多图形符号与继电器控制系统电路图有对应关系，见表 5-1。

表 5-1　符号对照表

项目	物理继电器	PLC 继电器
线圈	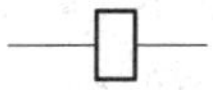	
常开触点		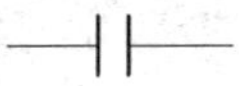
常闭触点	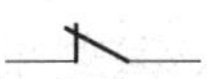	

PLC 的梯形图与继电器控制系统电路图的基础思想是一致的，只是 PLC 在编程中使用的继电器、定时器、计数器等的功能都是由软件实现的。图 5-9 是典型的梯形图示意图。左右两

垂直的线称作母线（右母线可省略）。在左右两母线之间是触点的逻辑连接和线圈的输出，这些触点和线圈，都是 PLC 的一定的存储单元，即“软元件”。

PLC 梯形图的一个关键概念是“能流”，是一种假想的“能量流”。图 5-9 中，把左边的母线假设为电源“相线”，而把右边的母线（虚线所示）假想为电源“零线”。如果有“能流”从左至右流向线圈，则线圈被激励；如没有“能流”，则线圈未被激励。

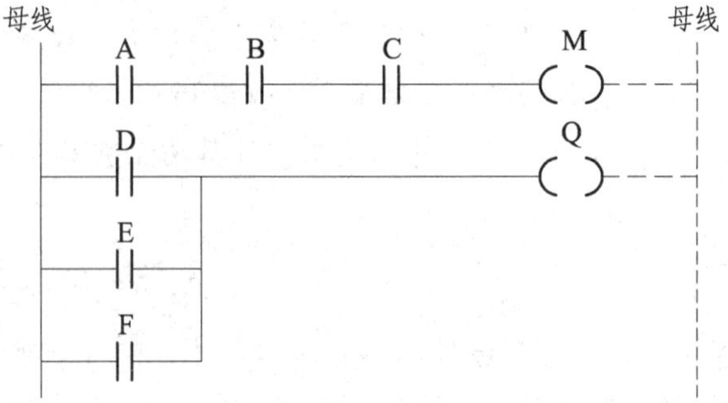

图 5-9　典型梯形图示意图

“能流”可以通过激励（ON）的常开接点和未被激励（OFF）的常闭接点自左向右流，也可以通过并联接点中的一个接点流向右边。“能流”在任何时候都不会通过接点自右向左流。图 5-9 中，当 A、B、C 接点都接通后，线圈 M 才能接通（被激励），只要一个接点没有接通，线圈就不会接通；而 D、E、F 接点中任何一个接通，线圈 Q 就被激励。

要强调的是，引入“能流”概念，仅仅是为了和继电器接触器控制系统相比较，告诉人们如何来理解梯形图各输出点的动作，实际上并不存在这种“能流”。

梯形图语言简单明了，易于理解，往往是编程语言的首选。

2. 指令表（STL）编程

指令表（STL）编程语言类似于计算机中的助记符语言，它是可编程序控制器的基础编程语言。指令表编程是指用一系列的指令表达程序的控制要求。一条典型指令往往由两部分组成：一部分是几个容易记忆的字符来代表可编程序控制器的某种操作功能，称为助记符；另一部分为操作数或称为操作数的地址。指令还与梯形图有一定的对应关系。不同厂家 PLC 的指令不尽相同。

可编程序控制器 S7-200 系列 PLC 的基本指令包括“与”“或”“非”以及定时器、计数器等。图 5-10 是指令表编程举例，图 5-10（a）是梯形图，图 5-10（b）为相应的指令表程序。图中 LD 指令为常开触点与左侧母线相连接，A 指令为常开触点与其他程序段相串联，O 指令为常开触点与其他程序段相并联，LDN 指令为常闭触点与左侧母线相连接，AN 指令为常闭触点与其他程序段相串联，“=”指令为将运算结果输出到某个继电器，I0.0、I0.1、I0.2、I0.3、I0.4 中 I 为输入继电器，后面数字为编号，Q0.1、Q0.2 中 Q 为输出继电器，后面数字为编号，M0.1 中 M 为内部标志位，也称位存储区，类似于继电器接触器系统中的中间继电器。

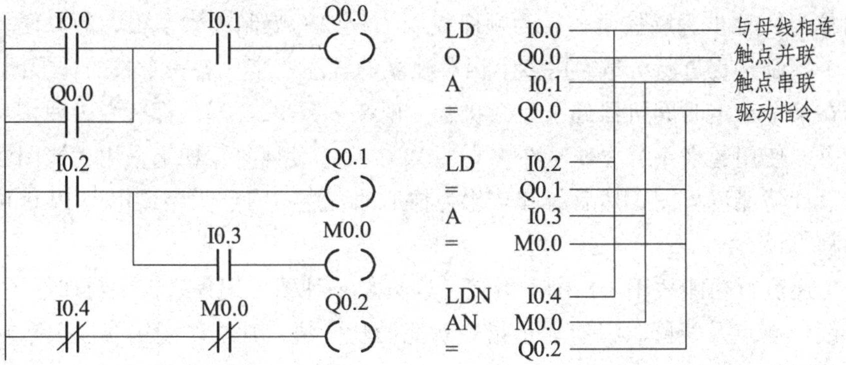

（a）梯形图　（b）指令表

图 5-10　指令表编程举例

3. 状态流程图（功能图）编程

状态流程图（SFC）编程是一种较新的编程方法，它是用“功能图”来表达一个顺序控制过程，是一种图形化的编程方法。图中用功能框表示整个控制过程中一个个“状态”，或称“功能”或称“步”，用线段表示功能块间的关系及功能块之间状态转换的条件。图 5-11 为钻孔顺序的状态流程图，框中的数字代表顺序步，每一步对应一个控制任务，每个顺序步所执行的功能和步进条件写在功能块的右边。这种方法在后续内容中将详细讲述，此处就不再赘述。

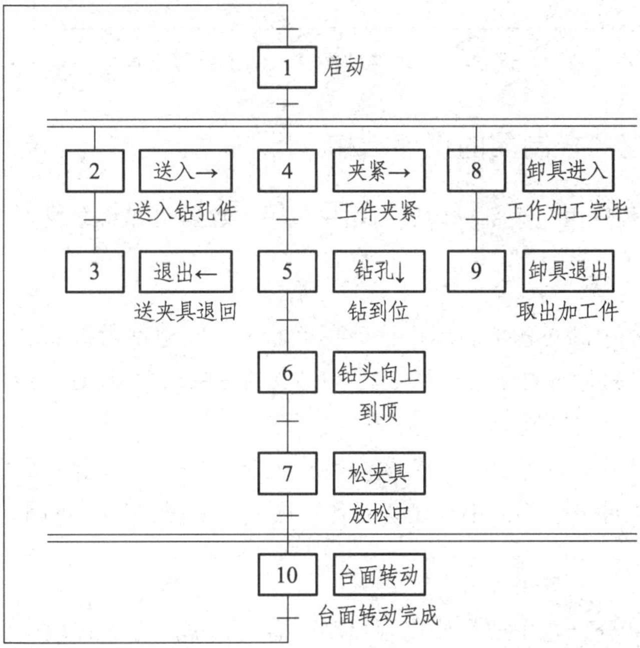

图 5-11　钻孔顺序的状态流程图

国际电工委员会（IEC）于 1988 年公布了控制系统功能图准备标准（IEC 848）。我国在 1986 年颁布了功能表图的国家标准（GB 6988.6—1986）。目前国际电工委员会正在实施并发展这种语言的编程标准。

状态流程图作为一种步进顺控语言，为顺序控制类程序的编制提供了很大的方便。用这种语言可以对一个控制过程进行分解，用多个相对独立的程序段来代替一个长的梯形图程序，还能使用户看到在某个给定时间机器处于什么状态。现在多数 PLC 产品都有专为使用功能图编程所设计的指令，使用起来十分方便。在中小型 PLC 程序设计时，如果采用功能图法，首先根据控制要求设计功能流程图，然后将其转化为梯形图程序。有些大型或中型 PLC 可直接用功能图进行编程。

此外，国际上还流行功能块图（FBD）编程，这也是一种图形编程语言。与梯形图相比，功能块图没有母线、触点及线圈，只有表示指令功能的功能块，功能块间用线段表示功能块间的联系，整个图形则用来表示一定的控制功能。图 5-12 为功能块图编程示例。

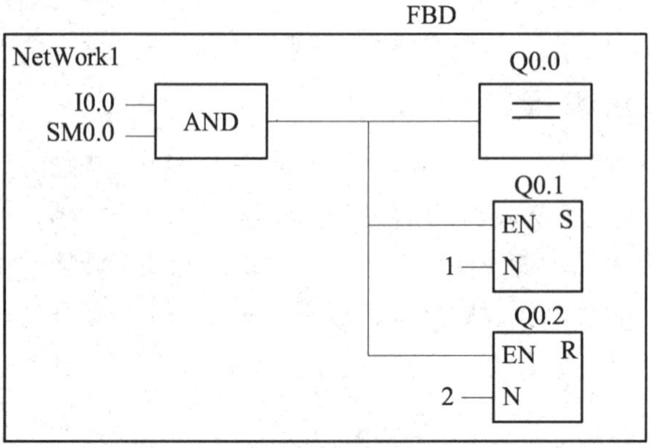

图 5-12　功能块图（FBD）编程示例

5.3.3　可编程序控制器的程序结构

广义上的 PLC 程序由三个部分构成：用户程序、数据块和参数块。

1. 用户程序

用户程序是程序中的必备项。用户程序在存储器空间中称为组织块，它处于最高层次，可以管理其他块，它是用各种语言（如 STL、LAD 或 FBD 等）编写的用户程序。不同机型的 CPU，其程序空间容量也不同。

用户程序的结构比较简单，一个完整的用户控制程序应当包含一个主程序、若干子程序和若干中断程序三大部分，不同编程设备对各程序块的安排方法也不同。

2. 数据块

数据块为可选部分，它主要存放控制程序所需的数据，在数据块中允许以下数据类型：布尔型，表示编程元件的状态；十进位、二进位制或十六进制数；字母、数字和字符型。

3. 参数块

参数块也是可选部分，它存放的是 CPU 组态数据，如果在编程软件或其他编程工具上未进行 CPU 组态，则系统默认值进行自动配置。

任务 5.4　可编程序控制器的工作原理及主要性能指标

5.4.1　可编程序控制器的工作方式与运行框图

众所周知，继电器接触器控制系统是一种“硬件逻辑系统”。图 5-13 所示为继电器接触器控制与 PLC 控制方式的比较。在图 5-13（a）中，三条支路是同时并行工作的，当按下起动按钮 SB2，中间继电器 KA 线圈通电并自锁，KA 的另一对常开触头闭合，使接触器 KM1、KM2 线圈同时通电吸合动作。所以继电接触器控制系统采用的是并行工作方式。

可编程序控制器是一种工业控制计算机，其工作原理是建立在计算机工作原理基础上的，也就是通过执行反映用户控制要求的用户程序来实现的。CPU 以分时操作方式来处理各项任务，计算机在每一瞬间只能做一件事，所以程序的执行是按程序顺序依次完成相应各软电器的动作，成为时间的串行工作。由于运算速度较高，各软电器的动作几乎是同时完成的，但实际的输入-输出的响应是滞后的。在图 5-13（b）中，框表示 PLC，框中的梯形图表示 PLC 中装有的控制程序。将图 5-13（a）与（b）比较，可知它们的功能是相同的。PLC 输入接口上接有按钮 SB1、SB2 和电源，输出接口上接有接触器 KM1、KM2。当 SB1 没有被按下，SB2 被按下时，PLC 的继电器 I0.0、I0.1 接通，PLC 内部继电器 M10.0 工作，并使 PLC 内的继电器 Q0.0 及 Q0.1 工作。但是，M10.0 和 Q0.0、Q0.1 的接通工作不是同时的。以 I0.1 接通为计时起点，M10.0 接通要晚 3 条指令执行的时间，而 Q0.1 接通则要晚 7 条指令执行的时间。

所以，PLC 的工作方式是一个不断循环的顺序扫描工作方式，每一次扫描所用的时间称为扫描周期或工作周期。CPU 从第一条指令开始，按顺序逐条地执行用户程序直到用户程序结束，然后返回第一条指令开始新的一轮扫描。PLC 就是这样周而复始地重复上述循环扫描工作的。

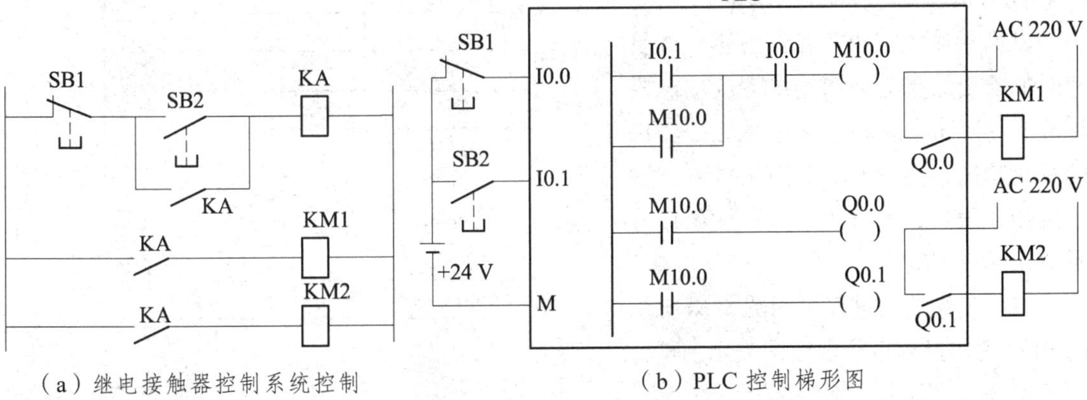

图 5-13　继电接触器控制与 PLC 控制方式的比较

执行用户程序时，需要各种现场信息，将这些现场信息接到 PLC 的输入端，如图 5-13 中的按钮 SB1 及 SB2。PLC 采集现场信息即采集输入信号有两种方式，一种是集中采样输入方式，一种是立即输入方式。

1. 集中采样输入方式

一般在扫描周期的开始或结束将所有输入信号（输入元件的通/断状态）采集并存放到输入映像寄存器（PII）中。执行用户程序所需输入状态均在输入映像寄存器中取用，而不直接到输入端或输入模块上去取用。

2. 立即输入方式

随程序的执行，需要哪一个输入信号就直接从输入端或输出端模块取出这个输入状态，如“立即输入指令”就是这种。此时输入映像寄存器的内容不变，到下一次集中采样输入时才变化。

同样，PLC 对外部的输出控制也有集中输出和立即输出两种方式。集中输出方式在执行用户程序时不是得到一个输出结果就向外输出一个，而是把执行用户程序所得的所有输出结果，先后全部存放到输出映像寄存器（PIQ）中，执行完用户程序后所有输出结果一次性向输出端或输出模块输出，使输出部件动作。立即输出方式是执行用户程序时将该输入结果立即向输出端或输出模块输出，如“立即输出指令”就是这种，此时输出映像寄存器的内容也更新。

PLC 对输入输出信号的传送还有其他方式，如有的 PLC 采用输入、输出刷新指令，在需要的地方设置这类指令，可对此时的全部或部分输入点读入一次，以刷新输入映像寄存器内容，或将此时的输出结果立即向输出端或输出模块输出。又如有的 PLC 上有输入、输出的禁止功能，实际上是关闭了输入、输出的传送服务，此时的输入、输出信号不读入，也不输出。

PLC 工作的全过程可用图 5-14 所示的 PLC 工作过程运行框图来表示。整个过程可分为三部分。

第一部分是上电处理。机器上电后对 PLC 系统进行一次初始化，包括硬件初始化、I/O 模块配置检查、停电保持范围设定及其他初始化处理等。

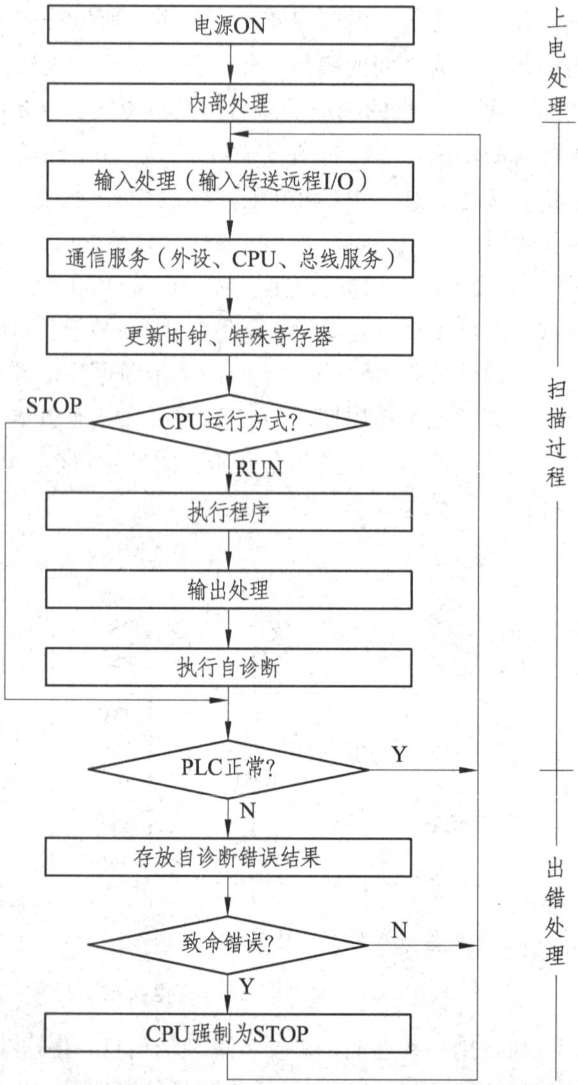

图 5-14　PLC 工作过程

第二部分是扫描过程。PLC 上电处理完成以后进入扫描工作过程。先完成输入处理，其次完成与其他外设的通信处理，再次进行时钟、特殊寄存器更新。当 CPU 处于 STOP 方式时，转入执行自诊断检查。当 CPU 处于 RUN 方式时，还要完成用户程序的执行和输出处理，再转入执行自诊断检查。

第三部分是出错处理。PLC 每扫描一次，执行一次自诊断检查，确定 PLC 自身的动作是否正常，如 CPU、电源电压、程序存储器、I/O、通信等是否正常或出错。如检查出异常时，CPU 面板上的 LED 及异常继电器会接通，在特殊寄存器中会存入出错代码。当出现致命错误时，CPU 被强制为 STOP 方式，所有的扫描停止。

PLC 运行正常时，扫描周期长短与 CPU 的运算速度、I/O 点的情况、用户应用程序的长短及编程情况等均有关。通常用 PLC 执行 1K 指令所需时间来说明其扫描速度（一般为 1～10 ms/KB）。值得注意的是，不同指令其执行时间是不同的，从零点几微秒到上百微秒不等，故选用不同指令所用的扫描时间将会不同。若用于高速系统要缩短扫描周期时，可从软硬件两方面兼顾考虑。

5.4.2　可编程序控制器的工作过程

如上文所述，PLC 是按图 5-14 所示的运行框图进行工作的。当 PLC 处于正常运行时，它将不断重复图中的扫描过程，不断循环扫描地工作下去。分析上述扫描过程，如果对远程 I/O 特殊模块和其他通信服务暂不考虑，这样扫描过程就只剩下“输入采样”“程序执行”“输出刷新”三个阶段了。下面就对这三个阶段进行详细的分析，并形象地用图 5-15 表示 PLC 扫描工作过程（此处 I/O 采用集中输入、集中输出方式）。

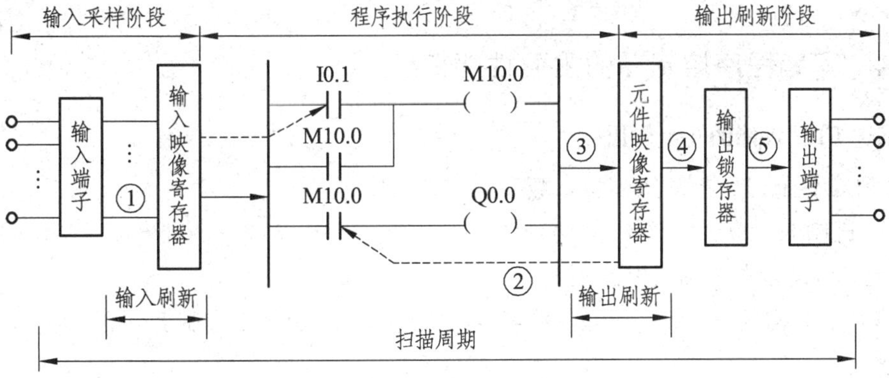

图 5-15　PLC 扫描工作过程

1. 输入采样阶段

PLC 在输入采样阶段，首先扫描所有输入端子，并将各输入状态存入内存中各对应的输入映像寄存器中。此时，输入映像寄存器被刷新。接着进入程序执行阶段，在程序执行阶段和输出刷新阶段，输入映像寄存器与外界隔离，无论输入信号如何变化，其内容保持不变，直到下一个扫描周期的输入采样阶段，才重新写入输入端的新内容。

2. 程序执行阶段

根据 PLC 梯形图程序扫描原则，PLC 按先左后右、先上后下的步序逐点扫描。但遇到程序跳转指令，则根据跳转条件是否满足来决定程序的跳转地址。当指令中涉及输入、输出状态时，PLC 就从输入映像寄存器中“读入”上一阶段采入的对应输入端子的状态，从元件映像寄存器“读入”对应元件（“软继电器”）的当前状态。然后进行相应的运算，运算结果再存入元件映像寄存器中。对元件映像寄存器来说，每一个元件（“软继电器”）的状态会随着程序执行过程而变化。

3. 输出刷新阶段

在所有指令执行完毕后，元件映像寄存器中所有输出继电器的状态（接通/断开）在输出刷新阶段转存到输出锁存器中，通过一定方式输出，驱动外部负载。

5.4.3　可编程序控制器对输入/输出的处理原则

根据上述可编程序控制器的工作特点，可归纳出 PLC 在输入/输出处理方面的一般原则。

（1）输出映像寄存器的数据取决于输入端子板上各输入点在上一刷新期间的接通和断开状态。

（2）程序执行结果取决于用户所编程序和输入/输出映像寄存器的内容及其他各元件映像寄存器的内容。

（3）输出映像寄存器的数据取决于输出指令的执行结果。

（4）输出锁存器的数据，由上一次输出刷新期间输出映像寄存器中的数据决定。

（5）输出端子的接通和断开状态，由输出锁存器决定。

5.4.4　可编程序控制器的主要性能指标

1. 描述 PLC 性能的几个术语

描述 PLC 性能时，经常用到位、数字、字节及字等术语。

位指二进制的一位，仅有 1、0 两种取值。一个位对应 PLC 一个继电器，某位的状态为 1 或 0，分别对应继电器线圈通电或断电。

4 位二进制数构成一个数字，这个数字可以是 0000 ~ 1001（十进制），也可以是 0000 ~ 1111（十六进制）。

两个数字或 8 位二进制数构成一个字节。

两个字节构成一个字。在 PLC 术语中，字称为通道。一个字含 16 位，或者说一个通道含 16 个继电器。

2. PLC 的主要性能指标

1）存储容量

系统程序存放在系统程序存储器中。这里说的存储容量指的是用户程序存储器的容量，用户程序存储器容量决定了 PLC 可以容纳的用户程序的长短，一般以字为单位来计算。每 1 024 个字节（B）为 1 KB。中、小型 PLC 的存储容量一般在 8 KB 以下，大型 PLC 的存储容量可达到 256 KB ~ 2 MB。也有的 PLC 用存放用户程序的指令条数来表示容量。

2）输入/输出点数

I/O 点数即 PLC 面板上连接输入、输出信号用的端子的个数，常称为“点数”，用输入点数与输出点数的和来表示。I/O 点数越多，外部可接入的器件和输出的器件就越多，控制规模就越大。因此，I/O 点数是衡量 PLC 性能的重要指标之一。国际上流行将 PLC 的点数作为 PLC 规模分类的标准，I/O 总点数在 256 以下为小型 PLC，64 点及以下的为微型 PLC，总点数在 256 ~ 2 048 的为中型 PLC，总点数在 2 048 以上的为大型机等。

3）扫描速度

扫描速度是指 PLC 执行程序的速度，是衡量 PLC 性能的重要指标，一般以执行 1KB 所用的时间来衡量扫描速度。PLC 用户手册一般给出执行各条程序所用的时间，可以通过比较各种 PLC 执行相同操作所用的时间，来衡量扫描速度的快慢。

4）编程指令的种类和数量

这也是衡量 PLC 能力强弱的主要指标。编程指令种类及条数越多，其功能就越强，即处理能力和控制能力也就越强。

5）扩展能力

PLC 的扩展能力反映在以下两个方面。大部分 PLC 用 I/O 扩展单元进行 I/O 点数的扩展，有的 PLC 可以使用各种功能模块进行功能的扩展。

6）智能单元的数量

PLC 不仅能够完成开关量的逻辑控制，而且利用智能单元可以完成模拟量控制、位置和速度控制以及通信联网等功能。智能单元种类的多少和功能的强弱是衡量 PLC 产品水平的一个重要指标。各个生产厂家都非常重视智能单元的开发，近年来智能单元的种类日益增多，功能也越来越强。

习　题

5-1　PLC 具有什么特点？为什么 PLC 具有高可靠性？

5-2　整体式 PLC、组合式 PLC 由哪几部分组成？各有何特点？

5-3　PLC 的硬件由哪几部分组成？各有何作用？

5-4　PLC 的软件由哪几部分组成？各有何作用？

5-5　PLC 主要的编程语言有哪几种？各有什么特点？

5-6　PLC 开关量输出接口按输出开关器件的种类不同，有哪几种型式？各有什么特点？

5-7　PLC 采用什么样的工作方式？有何特点？

5-8　什么是 PLC 的扫描周期？其扫描过程分为哪几个阶段，各阶段完成什么任务？

5-9　PLC 的主要性能指标有哪些？各指标的意义是什么？

5-10　PLC 控制与电器控制相比较，有何不同？

项目 6　电控系统的 PLC 选择 ▶▶▶

项目描述

随着 PLC 的推广普及，PLC 产品的种类和型号越来越多，功能也日趋完善。目前从国外引进的及国内厂商组装或者自行开发的 PLC 产品已有几十个系列，上百种型号。不同 PLC 的结构、形式、性能、容量、指令系统、编程方法和价格等各有不同，适用的场合也各有侧重。因此，合理地选择 PLC 产品，对于提高 PLC 控制系统的技术经济指标起着重要作用。在此，本项目先对 PLC 控制系统设计的基本原则和步骤进行介绍，再在此基础上，从 PLC 机型、容量、I/O 模块、电源及其他外设五个方面讲述 PLC 的选择。

思维导图

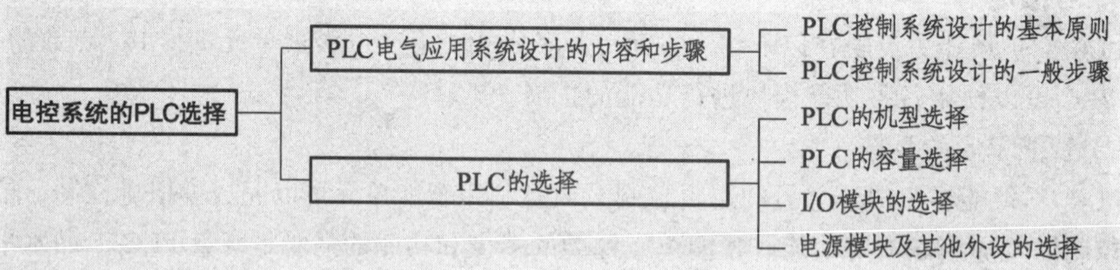

项目目标

知识目标

（1）了解并掌握 PLC 控制系统设计的基本原则和一般步骤。

（2）了解 PLC 选择时的注意事项，以及 PLC 应用中的使用技巧与注意事项。

（3）掌握 PLC 的机型选择、容量选择、I/O 模块选择和电源模块选择的方法。

技能目标

（1）能够根据工艺过程和控制要求正确选用 PLC。

（2）能够根据工艺过程和控制要求正确设计控制系统、编写程序并调试。

任务 6.1　PLC 电气应用系统设计的内容和步骤

6.1.1　PLC 控制系统设计的基本原则

任何一种电气控制系统都是为了实现生产设备或生产过程的控制要求和工艺需要，从而提高产品质量和生产效率。因此，在设计 PLC 应用系统时，应遵循以下基本原则。

（1）充分发挥 PLC 功能，最大限度地满足被控对象的控制要求。

（2）在满足控制要求的前提下，力求使控制系统简单、经济、使用及维修方便。

（3）保证控制系统安全可靠。

（4）应考虑生产的发展和工艺的改进，在选择 PLC 的型号、I/O 点数和存储器容量等内容时，应留有适当的余量，以利于系统的调整和扩充。

6.1.2　PLC 控制系统设计的一般步骤

设计 PLC 应用系统时，首先是进行 PLC 应用系统的功能设计，即根据被控对象的功能和工艺要求，明确系统必须要做的工作和必备的条件。然后是进行 PLC 应用系统的功能分析，即通过分析系统功能，提出 PLC 控制系统的结构形式，控制信号的种类、数量，系统的规模、布局。最后根据系统分析的结果，具体的确定 PLC 的机型和系统的具体配置。

PLC 控制系统设计可以按以下步骤进行。

1. 熟悉被控对象，制定控制方案

分析被控对象的工艺过程及工作特点，了解被控对象机、电、液之间的配合，确定被控对象对 PLC 控制系统的控制要求。

2. 确定 I/O 设备

根据系统的控制要求，确定用户所需的输入（如按钮、位置开关、转换开关等）和输出设备（如接触器、电磁阀、信号指示灯等），据此确定 PLC 的 I/O 点数。

3. 选择 PLC

包括 PLC 的机型、容量、I/O 模块、电源的选择。

4. 分配 PLC 的 I/O 地址

根据生产设备现场需要，确定控制按钮、选择开关、接触器、电磁阀、信号指示灯等各种输入输出设备的型号、规格、数量；根据所选的 PLC 的型号，列出输入输出设备与 PLC 输入输出端子的对照表，以便绘制 PLC 外部 I/O 接线图和编制程序。

5. 设计软件及硬件

进行 PLC 程序设计，进行控制柜（台）等硬件的设计及现场施工。由于程序与硬件设计可同时进行，PLC 控制系统的设计周期可大大缩短，而对于继电器系统必须先设计出全部的电气控制线路后才能进行施工设计。

其中，PLC 程序设计的一般步骤如下：

（1）对于较复杂系统，需要绘制系统的功能图；对于简单的控制系统也可省去这一步。

（2）设计梯形图程序。

（3）根据梯形图编写指令表程序。

（4）对程序进行模拟调试及修改，直到满足控制要求为止。调试过程中，可采用分段调试的方法，并利用编程器的监控功能。

其中，硬件设计及现场施工的步骤如下：

① 设计控制柜及操作面板电器布置图及安装接线图。

② 控制系统各部分的电气互连图。

③ 根据图样进行现场接线，并检查。

（5）联机调试。

联机调试是指将模拟调试通过的程序进行在线统调。开始时，先带上输出设备（接触器线圈、信号指示灯等），不带负载进行调试。利用编程器的监控功能，采用分段调试的方法进行。各部分都调试正常后，再带上实际负载运行。如不符合要求，则对硬件和程序做调整。通常只需修改部分程序即可。

全部调试完毕后，交付试运行。经过一段时间运行，如果工作正常、程序不需要修改应将程序固化到 EPROM 中，以防程序丢失。

（6）整理技术文件：包括设计说明书、电气安装图、电气元件明细表及使用说明书等。

任务 6.2　PLC 的选择

随着 PLC 技术的发展，PLC 产品的种类也越来越多，而且功能也日趋完善。近年来，从美国、日本、德国等引进的 PLC 产品和国内厂家组装自行开发的产品，已有几十个、上百种型号。PLC 的品种繁多，其结构形式、性能、容量、指令系统、编程方式、价格等各有不同，适用的场合也各有侧重。因此，合理选择 PLC，对于提高 PLC 控制系统技术经济指标有着重要意义。

下面从 PLC 的机型选择、容量选择、I/O 模块选择、电源模块选择等方面分别加以介绍。

6.2.1　PLC 的机型选择

机型选择的基本原则是在满足功能要求及保证可靠、维护方便的前提下，力争最佳的性能价格比。

1. 合理的结构形式

整体式 PLC 的每一个 I/O 点的平均价格比模块式的便宜，且体积相对较小，所以一般用于系统工艺过程较为固定的小型控制系统中；而模块式 PLC 的功能扩展灵活方便，I/O 点数量、输入点数与输出点数的比例、I/O 模块的种类等方面，选择余地较大。维修时只要更换模块，判断故障的范围也很方便。因此，模块式 PLC 一般适用于较复杂系统和环境差（维修量大）的场合。

2. 安装方式的选择

根据 PLC 安装方式，系统分为集中式、远程 I/O 式和多台 PLC 联网的分布式。集中式不需要设置驱动远程 I/O 硬件，系统反应快、成本低。大型系统经常采用远程 I/O 式，因为它们的装置分布范围很广，远程 I/O 可以分散安装在 I/O 装置附近，I/O 连线比集中式的短，但需要增设驱动器和远程 I/O 电源。多台联网的分布式适用于多台设备分别独立控制，又要相互联系的场合，可以选用小型 PLC，但必须要附加通信模块。

3. 相当的功能要求

一般小型（低档）PLC 具有逻辑运算、定时、计数等功能，对于只需要开关量控制的设备都可满足。

对于以开关量制为主，带少量模拟量控制的系统，可选用能带 A/D 和 D/A 单元、具有加减算术运算、数据传送功能的增强型低档 PLC。

对于控制较复杂，要求实现 PID 运算、闭环控制、通信联网等功能，可视控制规模大小及复杂程度，选用中档或高档 PLC。但是中、高档 PLC 价格较贵，一般大型机主要用于大规模过程控制和集散控制系统等场合。

4. 响应速度的要求

PLC 的扫描工作方式引起的延迟可达 2～3 个扫描周期。对于大多数应用场合来说，PLC 的响应速度都可以满足要求，不是主要问题。然而对于某些个别场合，则要求考虑 PLC 速度。为了减少 PLC 的 I/O 响应的延迟时间，可以选用扫描速度高的 PLC，或选用具有高速 I/O 处理功能指令的 PLC，或选用具有快速响应模块和中断输入模块的 PLC 等。

5. 系统可靠性的要求

对于一般系统 PLC 的可靠性均能满足。对可靠性要求很高的系统，应考虑是否采用冗余控制系统或热备用系统。

6. 机型统一

一个企业应尽量做到 PLC 的机型统一，主要考虑以下三个方面的问题。

（1）同一机型的 PLC，其模块可互为备用，便于备品备件的采购和管理。

（2）同一机型的 PLC，其编程方法相同，有利于技术力量的培训和技术水平的提高。

（3）同一机型的 PLC，其外围设备通用，资源可共享，易于联网通信，配上位计算机后易于成一个多级分布式控制系统。

6.2.2 PLC 的容量选择

PLC 的容量包括 I/O 点数和用户存储容量两个方面。

1. I/O 点数

PLC 的 I/O 点的价格还比较高，因此应该合理选用 PLC 的 I/O 点的数量，在满足控制要求的前提下力争使用 I/O 点最少，但必须留有一定的备用量。

通常 I/O 点数是根据被控对象的输入、输出信号的实际需要再加上 10%～15%的备用量来确定。

2. 用户存储容量

用户存储容量是指 PLC 用于存储用户程序的存储器容量。需要的用户存储容量的大小由用户程序的长短决定。

一般可按下式估算，再按实际需要留适当的余量（20%～30%）来选择。

存储容量=开关量 I/O 点总数 × 10 + 模拟量通道数 × 100

绝大部分 PLC 均能满足上式要求。应当要注意的是：当控制系统较复杂、数据处理量较大时，可能会出现存储容量不够的问题，这时应特殊对待。

6.2.3 I/O 模块的选择

一般 I/O 模块的价格占 PLC 价格的一半以上。不同的 I/O 模块，其电路及功能也不同，直接影响 PLC 的应用范围和价格。

下面仅介绍有关开关量 I/O 模块的选择。

1. 开关量输入模块的选择

PLC 的输入模块是用来检测接收现场输入设备的信号，并将输入的信号转换为 PLC 内部接收的低电压信号。

1）输入信号的类型及电压等级的选择

常用的开关量输入模块的信号类型有三种：直流输入、交流输入和交流/直流输入。选择时一般根据现场输入信号及周围环境来考虑。

交流输入模块接触可靠，适合于有油污、粉尘的恶劣环境下使用；直流输入模块的延迟时间较短，还可以直接与接近开关、光电开关等电子输入设备连接。

PLC 的开关量输入模块按输入信号的电压大小分类有：直流 5 V、24 V、48 V、60 V 等；交流 110 V、220 V 等。选择时应根据现场输入设备与输入模块之间的距离来考虑。

一般 5 V、12 V、24 V 用于传输距离较近场合。例如，5 V 的输入模块最远不得超过 10 m 距离，较远的应选用电压等级较高的模块。

2）输入接线方式选择

按输入电路接线方式的不同，开关量输入模块可分为汇点式输入和分组式输入两种，如图 6-1 所示。

汇点式输入模块的所有输入点只共用一个公共端；而分组式输入模块是将输入点分成若干组，每一组（几个输入点）共用一个公共端 COM，各组之间是分隔的。分组式输入的每点平均价格较高。如果输入信号之间不需要分开，应选用汇点式。

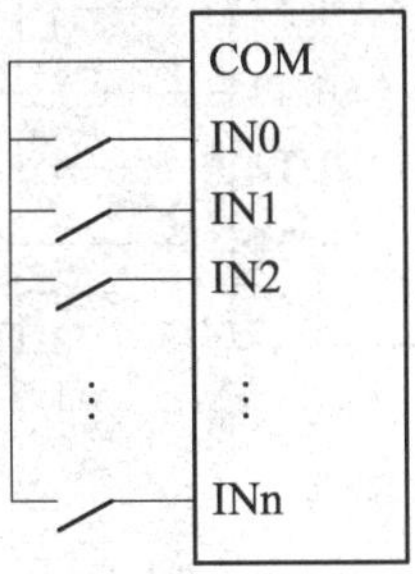

（a）汇点式输入

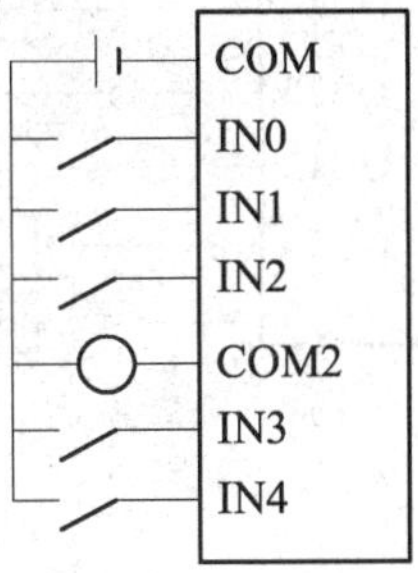

（b）分组式输入

图 6-1　输入的接线方式

3）注意同时接通的输入点数量

对于选用高密度的输入模块（如 32 点、48 点等），应考虑该模块同时接通的点数一般不要超过输入点数的 60%。

2. 开关量输出模块的选择

输出模块是将 PLC 内部低电压信号转换为外部输出设备所需的驱动信号。选择时主要应考虑负载电压的种类和大小、系统对延迟时间的要求、负载状态变化是否频繁等。

（1）输出方式的选择。

开关量输出模块有三种输出方式：继电器输出、晶闸管输出和晶体管输出。

继电器输出的价格便宜，既可以用于驱动交流负载，又可用于直流负载，而且适用的电压大小范围较宽、导通压降小，同时承受瞬时过电压和过电流的能力较强。但它属于有触点元件，其动作速度较慢、寿命短，可靠性较差，因此只能适用于不频繁通断的场合。如果用于驱动感性负载时，其触点动作频率不超过 1 Hz。

对于频繁通断的负载，应该选用双向晶闸管输出或晶体管输出，它们属于无触点元件。但双向晶闸管输出只能用于交流负载，而晶体管输出只能用于直流负载。

（2）输出接线方式的选择。

按 PLC 的输出接线方式的不同，一般有分组式输出和分隔式输出两种，如图 6-2 所示。

分组式输出是几个输出点为一组，共用一个公共端，各组之间是分隔的，可分别使用不同的电源。而分隔式输出的每一个输出点有一个公共端，各输出点之间相互隔离，每个输出点可使用不同的电源。主要应根据系统负载的电源种类的多少而定。一般整体式 PLC 既有分组式输出，也有分隔式输出。

（3）输出电流的选择。

输出模块的输出电流（驱动能力）必须大于负载的额定电流。用户应根据实际负载电流的大小选择模块的输出电流。如果实际负载电流较大，输出模块无法直接驱动，可增加中间放大环节。

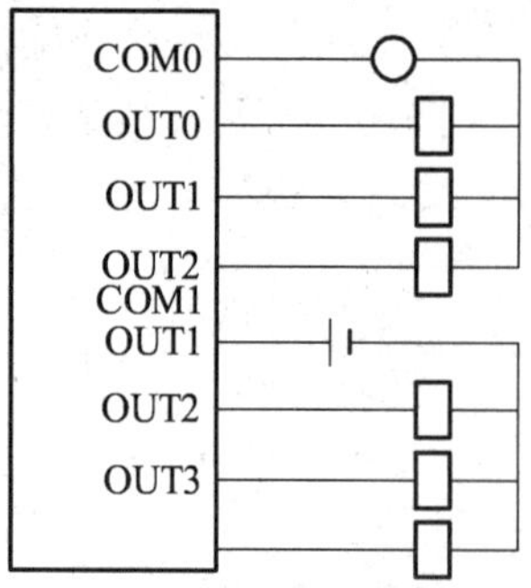

（a）分组式输出

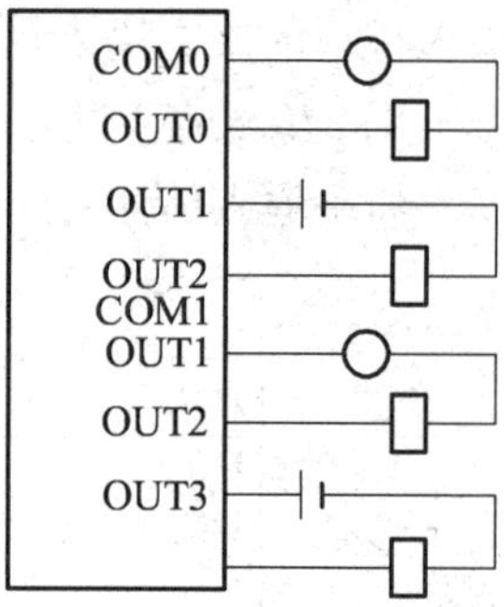

（b）分隔式输出

图 6-2　输出的接线方式

（4）注意同时接通的输出点数量。

选择输出模块时，还应考虑能同时接通的输出点数量。同时接通输出的累计电流值必须小于公共端所允许通过的电流值。如一个 220 V/2 A 的 8 点输出模块，每个输出点可以通过 2 A 的电流，但输出公共端允许通过的电流不是 16 A（8×2），通常要比此值小得多。一般来说，同时接通的点数不要超出同一公共端输出点数的 60%。

（5）输出的最大负载电流与负载类型、环境温度等因素有关。

6.2.4　电源模块及其他外设的选择

1. 电源模块的选择

电源模块的选择较为简单，只需考虑电源的额定输出电流。电源模块的额定电流必须大于 CPU 模块、I/O 模块及其他模块的总消耗电流。电源模块的选择仅仅对于模块式结构的 PLC 而言，对于整体式 PLC 不存在电源的选择。

2. 编程器的选择

对于小型控制系统或不需要在线编程的 PLC 系统，一般选用价格便宜的简易编程器。对于由中、高档 PLC 构成的复杂系统或需要在线编程的 PLC 系统，可以选配功能强、编程方便的智能编程器，但智能编程器价格较贵。如果有现成的个人计算机，可以选用 PLC 的编程软件包，在个人计算机上实现编程器的功能。

3. 写入器的选择

为了防止因干扰、锂电池电压变化等原因破坏 RAM 中的用户和程序，可选用 EPROM 写入器，通过它将用户程序固化在 EPROM 中。现在有些 PLC 或其编程器本身就具有 EPROM 写入器的功能。

习　题

6-1　简要说明 PLC 系统的设计过程。与传统的继电器系统设计过程相比，有何特点？

6-2　选择 PLC 机型的主要依据是什么？

6-3　PLC 应用控制系统的硬件和软件的设计原则和内容是什么？

6-4　开关量交流输入单元与直流输入单元各有什么特点？它们分别适用于什么场合？

6-5　PLC 输入/输出有哪几种接线方式？为什么？

6-6　若 PLC 的输入端或输出端接有感性元件，应采取什么措施来保证 PLC 可靠运行？

6-7　PLC 系统安装时应注意哪些问题？

项目 7　西门子 S7-1200 的认识 ▶▶▶

项目描述

S7-1200 是 SIMATIC S7-1200 的简称，是一款紧凑型、模块化的 PLC，可完成简单逻辑控制、高级逻辑控制、HMI 和网络通信等任务的控制器。本项目将从 S7-1200 的硬件组成、软件组成和基本指令三个方面对 S7-1200 进行介绍，使读者对西门子 S7-1200 PLC 有一个基本认识。

思维导图

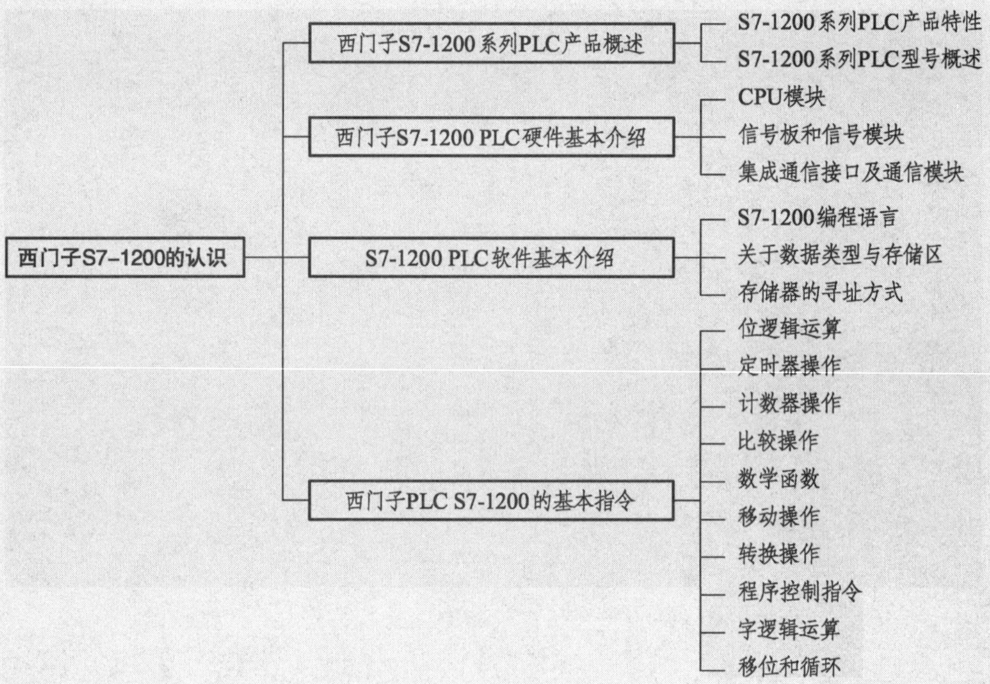

项目目标

知识目标

（1）了解并掌握 S7-1200 系列可编程序控制器的系统构成和工作原理。

（2）掌握西门子 S7-1200 的基本指令。

技能目标

（1）能够应用博图软件编写 S7-1200 程序。

（2）能够应用西门子 S7-1200 的各基本指令。

任务 7.1 西门子 S7-1200 系列 PLC 产品概述

7.1.1 S7-1200 系列 PLC 产品特性

SIMATIC S7-1200 是西门子公司新推出的一款 PLC，主要面向简单而高精度的自动化任务。它集成了 PROFINET 接口，采用模块化设计并具备强大的工艺功能，适用于多种场合，满足不同的自动化需求。SIMATIC S7-1200 系列的 PLC 可广泛应用于物料输送机械、输送控制、金属加工机械、包装机械、纺织机械、水处理厂、石油/天然气泵站、电梯和自动升降机设备、配电站、能源管理控制、锅炉控制、机组控制、泵控制、安全系统、火警系统、室内温度控制、暖通空调、灯光控制、安全/通路管理、农业灌溉系统和太阳能跟踪系统等独立离散自动化系统领域。

西门子公司的可编程控制器有逻辑模块 LOGO、SIMATIC S7-200、SIMATIC S7-200 SMART、SIMATIC S7-1200、SIMATIC S7-1500、SIMATIC S7-300 和 SIMATIC S7-400。SIMATIC S7-1200 PLC 在西门子控制器产品家族中的定位如图 7-1 所示。

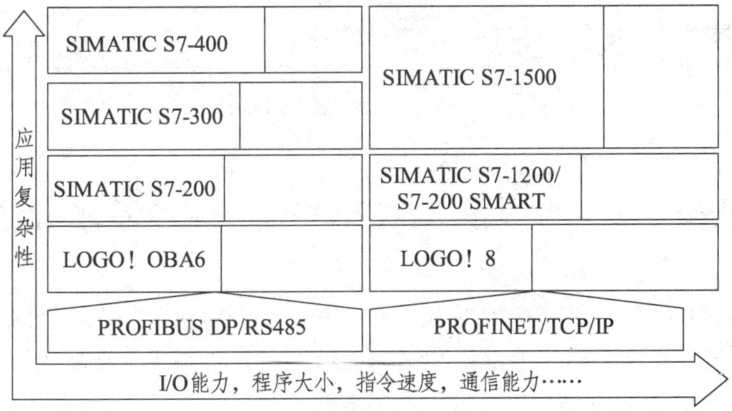

图 7-1 S7-1200 PLC 在西门子产品家族中的定位

SIMATIC S7-1200 控制器的可扩展设计源于它的模块化设计理念。扩展能力最高的 CPU 可连接多达 8 个信号模块，以支持更多的数字量和模拟量输入/输出信号连接。集成的 PROFINET 接口可以用于编程、HMI 通信和 PLC 间的通信。此外，它还通过开放的以太网协议支持与第三方设备的通信。该接口带一个具有自动交叉网线功能的 RJ-45 连接器，提供 10/100 Mb/s 的数据传输速率，支持下列协议：TCP/IP Native、ISO-on-TCP 和 S7 通信。SIMATIC S7-1200 CPU 最多可以添加 3 个通信模块。RS-485 和 RS-232 通信模块为点到点的串行通信提供连接。对通信的组态和编程采用了扩展指令或库功能、USS 驱动协议、MODBUSRTU 主站和从站协议。

7.1.2 S7-1200 系列 PLC 型号概述

SIMATIC S7-1200 CPU 有五种不同型号，分别为 CPU1211C、CPU1212C、CPU1214C、

CPU 1215C 和 CPU 1217C。其中的每一种模块都可以进行扩展，以完全满足系统需要。可在 CPU 的前端面加入一个信号板，轻松扩展数字或模拟量 I/O，同时不影响控制器的实际大小。除了 CPU 1211C 外，还可将信号模板连接至 CPU 右侧，进一步扩展数字量或模拟量 I/O 容量。CPU 1212C 可连接 2 个信号模块，CPU 1214C、CPU 1215C 和 CPU 1217C 可连接 8 个信号模块。在控制器的左侧均可连接多达 3 个通信模块，便于实现端到端的串行通信。

S7-1200 系列提供了各种模块和插入式板，用于通过附加 I/O 或扩展其他通信协议来增强 CPU 的功能，如图 7-2 所示。S7-1200 所有的模块都具有内置的安装夹，能方便地安装在一个标准的 35 mm DIN 导轨上。S7-1200 的硬件可以竖直安装或水平安装。所有的 S7-1200 硬件都配备了可拆卸的端子板，不用重新接线，就能迅速地更换组件。

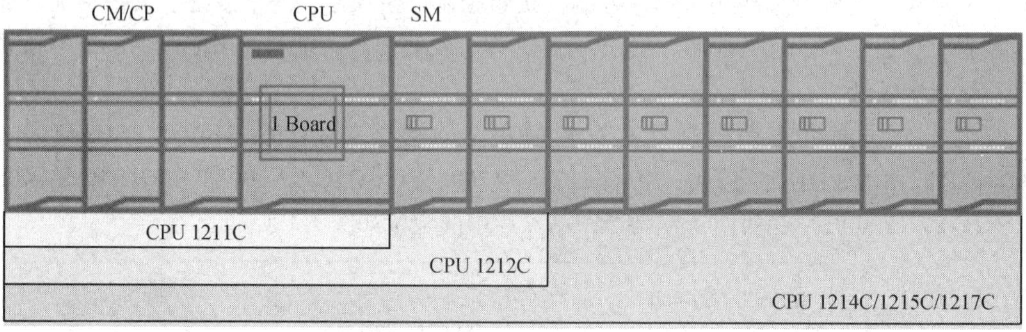

图 7-2　S7-1200 系列的 CPU 扩展

任务 7.2　西门子 S7-1200 PLC 硬件基本介绍

西门子 S7-1200 PLC 主要由 CPU 模块、信号板、信号模块、集成通信接口和通信模块组成，各种模块安装在标准 DIN 导轨上。S7-1200 PLC 的硬件组成具有高度的灵活性，用户可以根据自身需求确定 PLC 的结构，系统扩展很方便。

7.2.1　CPU 模块

S7-1200 PLC 的 CPU 模块如图 7-3 所示。它将微处理器、电源、数字量输入输出电路、模拟量输入输出电路、PROFINET 以太网接口、高速运动控制功能组合到一个设计紧凑的外壳中。每块 CPU 内可以安装一块信号板，安装以后不会改变 CPU 的外形和体积。

CPU 模块不断地采集输入信号，执行用户程序，刷新系统的输出，并负责系统程序的调度、管理、运行和 PLC 的自诊断。与之前的西门子 S7-200 系列 CPU 模块相比，S7-1200 最大的区别在于它配置了以太网接口，可以采用一根标准网线与安装有 STEP 7 Basic 或 TIA Portal 软件的 PC 进行通信。其集成的 PROFINET 接口除用于计算机通信外，还可与 HMI（人机界面）、其他 PLC 或其他设备通信。此外，它还通过开放的以太网协议支持与第三方设备的通信。下面将从 CPU 模块的外部结构、CPU 模块的外部接线电路、CPU 模块的技术特性、CPU 模块的共性、CPU 模块的技术规范和 CPU 模块集成的工艺功能的六个方面对 CPU 模块进行介绍。

图 7-3　S7-1200 PLC 的 CPU 模块

1．CPU 模块的外部结构

S7-1200 系列 CPU 模块的外部结构如图 7-4 所示。

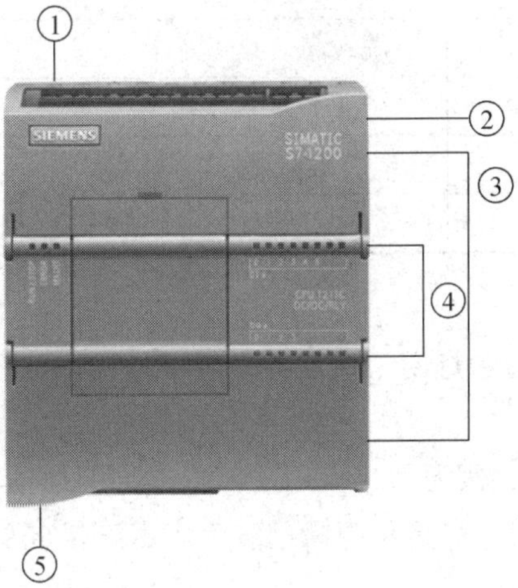

图 7-4　S7-1200 系列的 CPU 外部结构

其中，①～⑤说明如下：

① 电源接口。

② 存储卡插槽（上部保护盖下面）。

③ 可拆卸用户接线连接器（保护盖下面）。

④ 板载 I/O 和 CPU 的运行模式的状态 LED。

⑤ PROFINET 连接器（CPU 的底部）。

1）存储卡

S7-1200 使用的存储卡为 SD 卡，有如下四种功能。

（1）作为 CPU 的预装载存储区，用户项目文件仅存储在卡中，CPU 中没有项目文件，离开存储卡将无法运行。

（2）在有编码器的情况下，作为向多个 S7-1200 系列 PLC 传送项目文件的介质。

（3）S7-1200 CPU 仅支持由西门子制造商预先格式化过的存储卡。

（4）如果使用 Windows 格式化程序对存储卡进行格式化，CPU 将无法使用该存储卡。

（5）目前 S7-1200 还无法配合存储卡实现配方和数据归档的高级功能。

2）状态指示灯

CPU 有三类状态指示灯，分别是 STOP/RUN 指示灯、ERROR 指示灯和 MAINT 指示灯，用于显示当前 CPU 模块的运行状态，其显示见表 7-1。

表 7-1　CPU 指示灯的显示

说明	STOP/RUN 指示灯	ERROR 指示灯	MAINT 指示灯
断电	灭	灭	灭
启动、自检或固件更新	闪烁（黄色和绿色交替）	—	灭
停止模式	亮（黄色）	—	—
运行模式	亮（绿色）	—	—
取出存储卡	亮（黄色）	—	闪烁
出错	亮（黄色或绿色）	闪烁	—
请求维护	亮（黄色或绿色）	—	亮
硬件出现故障	亮（黄色）	亮	灭
LED 测试或 CPU 硬件出现故障	闪烁	闪烁	闪烁

3）板载 I/O 状态指示灯

CPU 模块上的 I/O 状态指示灯用来指示各个数字量输入或输出的信号状态。

4）PROFIBUS 连接

CPU 模块上提供一个以太网通信接口用于实现以太网通信，还提供两个指示灯来显示以太网通信状态。当“Link”指示灯显示为绿色时，表示连接成功；当“Rx/Tx”指示灯显示为黄色时，表示传输活动。

2. CPU 模块的外部接线电路

S7-1200 系列各型号的 CPU 模块的外部接线电路相差不大，下面以 CPU1212CAC/DC/RLY 的外部接线电路为例讲述 CPU 模块的外部接线电路，其电路图如图 7-5 所示。

3. CPU 模块的技术特性

S7-1200 现有 5 种型号的 CPU 模块，其特性见表 7-2。

4. CPU 模块的共性

（1）集成的 24 V 传感器/负载电源可供传感器和编码器使用，也可以用作输入回路的电源。

（2）2 点集成的模拟量输入（0 ~ 10 V），输入电阻 100 kΩ，10 位分辨率。

（3）2 点脉冲输出（PTO）或脉宽调制（PWM）输出，最高频率 100 kHz。

（4）每条位运算、字运算和浮点数数字运算指令的执行时间分别为 0.1 μs、12 μs 和 18 μs。

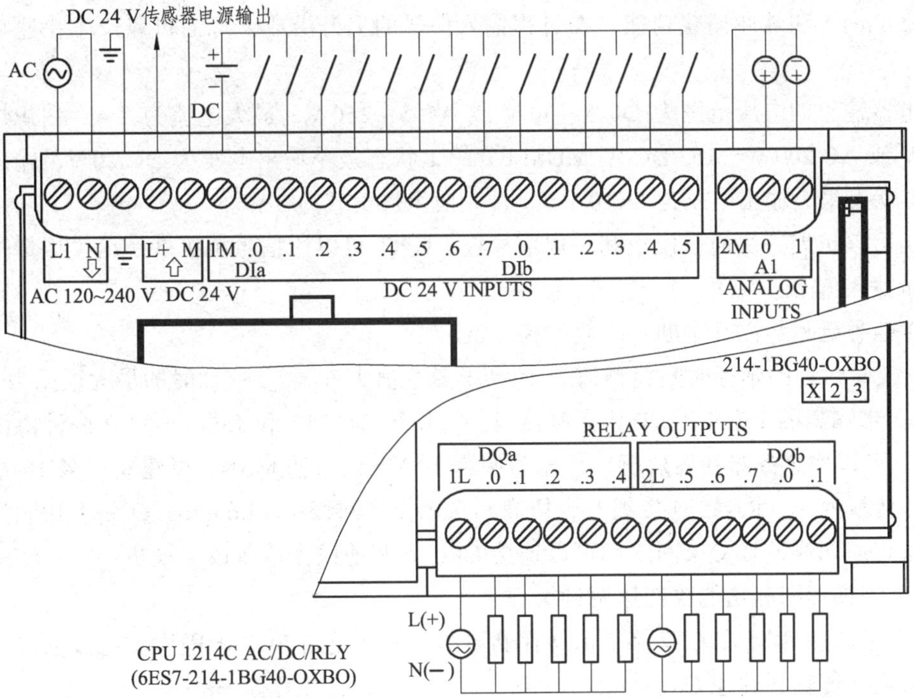

图 7-5　CPU 1214C AC/DC/RLY 的外部接线电路图

表 7-2　S7-1200 CPU 技术特性

特性	CPU 1211C	CPU 1212C	CPU 1214C	CPU 1215C	CPU 1217C
本机数字量 I/O 点数	6 入/4 出	8 入/6 出	14 入/10 出	14 入/10 出	14 入/10 出
脉冲捕获输入点数	6	8	14	14	14
扩展模块个数	—	2	8	8	8
上升沿/下降沿中断点数	6/6	8/8	12/12	12/12	12/12
工作存储器/KB	30	30	75	100	125
高速计数器点数/最高频率	3 点/100 kHz	3 点/100 kHz	3 点/100 kHz	3 点/100 kHz	4 点/1 MHz
高速计数器输出点数/最高频率	最多 4 路，CPU 本体 100 kHz，通过信号板可输出 200 kHz（CPU 1217C 最多支持 1 MHz）				
操作员监控功能	无	有	有	有	有
传感器电源输出电流/mA	300	300	400	400	400
外形尺寸/（mm × mm × mm）	90 × 100 × 75	90 × 100 × 75	110 × 100 × 75	130 × 100 × 75	150 × 100 × 75

（5）最多可以设置 2 048 B 有掉电保持功能的数据区（包括位存储区、功能块的局部变量和全局数据块中的变量）。通过可选的 SIMATIC 存储卡，可以方便地将程序传输到其他 CPU。存储卡还可以用来存储各种文件或更新 PLC 系统的固件。

（6）过程影像输入、输出各 1 024 B。

数字量输入电路的电压额定值为 DC 24 V，输入电流为 4 mA。1 状态允许的最小电压/电流为 DC 15 V/2.5 mA，0 状态允许的最大电压/电流为 DC 5 V/1 mA。可组态输入延迟时间

（0.2 ~ 12.8 ms）和脉冲捕获功能。在过程输入信号的上升沿或下降沿可以产生快速响应的中断输入。

继电器输出的电压范围为 DC 5 ~ 30 V 或 AC 5 ~ 250 V，最大电流为 2 A，白炽灯负载为 DC 30 W 或 AC 200 W。DC/DC 型 MOSFET 的 1 状态最小输出电压为 DC 20 V，输出电流为 0.5 A。0 状态最大输出电压为 DC 0.1 V，最大白炽灯负载为 5 W。

（7）可以扩展三块通信模板和一块信号板，CPU 可以用信号板扩展一路模拟量输出或高速数字量输入/输出。

（8）信号延迟与循环中断，分辨率为 1 ms。

（9）实时时钟的延存时间典型值为 10 天，最小值为 6 天，25 °C 时的最大误差为 60 s/月。

（10）带隔离的 PROFINET 以太网接口，可使用 TCP/IP 和 ISO-on-TCP 两种协议。支持 S7 通信，可以作服务器和客户机，传输速率为 10 Mb/s、100 Mb/s，可建立最多 16 个连接。自动检测传输速率，RJ-45 连接线有自协商和自动交叉网线（Auto Cross Over）功能。后者是指用一条直通网线或者交叉网线都可以连接 CPU 和其他以太设备或交换机。

（11）用梯形图和功能块图这两种编程语言。

（12）可选的 SIMATIC 存储卡扩展存储器的容量和更新 PLC 的固件。还可以用存储卡来方便地将程序传输到其他 CPU。

（13）参数自整定的 PID 控制器。

（14）仿真器（小开关板）为数字量输入点提供输入信号来测试用户程序。

5. CPU 模块的技术规范

S7-1200 的 5 种 CPU 有着不同电源电压和输入、输出电压的版本，见表 7-3。PLC 存储区见表 7-4 所示。

表 7-3　S7-1200 CPU 的版本

版本	电源电压	DI 输入电压	DO 输出电压	DO 输出电流
DC/DC/DC	DC 24 V	DC 24 V	DC 24 V	0.5 A，MOSFET
DC/DC/Relay	DC 24 V	DC 24 V	DC 5 ~ 30 V，AC5 ~ 250 V	2 A，DC 30 W/AC 200 W
AC/DC/Relay	AC 85 ~ 264 V	DC 24 V	DC 5 ~ 30 V，AC 5 ~ 250 V	2 A，DC 30W/AC 200 W

表 7-4　S7-1200 CPU 的存储区

存储区	说明	强制	保持性
I 过程映像输入； I_：P[1]（物理输入）	在扫描周期开始时从物理输入复制	无	无
	立即读取 CPU、SB 和 SM 上的物理输入点	支持	无
Q 过程映像输出； Q_：P[1]（物理输出）	在扫描周期开始时复制到物理输出	无	无
	立即写入 CPU、SB 和 SM 上的物理输出点	支持	无
M 位存储器	控制和数据存储器	无	支持（可选）
L 临时存储器	存储块的临时数据，这些数据仅在该块的本地范围内有效	无	无
DB 数据块	数据存储器，同时也是 FB 的参数存储器	无	是（可选）

6. CPU 模块集成的工艺功能

S7-1200 集成了高速计数与频率测量、高速脉冲输出、PWM 控制、运动控制和 PID 控制的功能。

1）高速计数器

S7-1200 的 CPU 最多有 6 个高速计数器，用于对来自增量式编码器和其他设备的频率信号计数，或对过程事件进行高速计数。3 点集成的高速计数器的最高频率为 100 kHz（单相）或 80 kHz（互差 90°的 AB 相信号）。其余各点的最高频率为 30 kHz（单相）或 20 kHz（互差 90°的 AB 相信号）。

2）高速脉冲输出

S7-1200 集成了两个 100 kHz 的高速脉冲输出，组态为 PTO 时，它们提供最高频率为 100 kHz 的 50%占空比的高速脉冲输出，可以对步进电动机或伺服驱动器进行开环速度控制和定位控制，通过两个高速计数器对高速脉冲输出进行内部反馈。

组态为 PWM 输出时，将生成一个具有可变占空比、周期固定的输出信号，经滤波后，得到与占空比成正比的模拟量，可以用来控制电动机速度和阀门位置等。

3）PLCopen 运动功能块

S7-1200 支持使用步进电动机和伺服驱动器进行开环速度控制和位置控制。通过一个轴工艺对象和 STEP 7 Basic 中通用的 PLCopen 运动功能块，就可以实现对该功能的组态。除了返回原点和点动功能以外，还支持绝对位置控制、相对位置控制和速度控制。

STEP 7 Basic 中的驱动调试控制面板简化了步进电动机和伺服驱动器的起动及调试过程。它为单个运动轴提供了自动和手动控制，以及在线诊断信息。

4）用于闭环控制的 PID 功能

S7-1200 支持多达 16 个用于闭环过程控制的 PID 控制回路（S7-200 只支持 8 个回路）。这些控制回路可以通过一个 PID 控制器工艺对象和 STEP 7 Basic 中的编辑器轻松地进行组态。除此之外，S7-1200 还支持 PID 参数自调整功能，可以自动计算增益、积分时间和微分时间的最佳调节值。

STEP 7 Basic 中的 PID 调试控制面板简化了控制回路的调节过程，可以快速精确地调节 PID 控制回路。它除了提供自动调节和手动控制方式之外，还提供用于调节过程的趋势图。

7.2.2 信号板和信号模块

S7-1200 信号模块连接到 CPU 的右侧，以扩展器数字量或模拟量 I/O 的点数，并且每一个正面都可以增加一块信号板，以扩展数字量或模拟量 I/O。CPU 1212C 只能连接两个信号模块，CPU 1214C、CPU 1215C 和 CPU 1217C 可以连接 8 个信号模块。

1. 信号板

信号板可以用于只需要少量附加 I/O 的情况。所有的 S7-1200 CPU 模块都可以安装一块信号板，并且不会增加安装的空间。在某些情况下使用信号板，可以提高控制系统的性能价格比。只需要添加一块信号板，就可以根据需要增加 CPU 的数字量或模拟量 I/O 点。安装时将信号板直接插入 S7-1200 CPU 正面的槽内即可。常见的信号板有两种。

（1）SB1223 数字量输入/输出信号板（见图 7-6）。

它的两点 DC24 V 输入有上升沿、下降沿中断和脉冲捕获功能。输入参数与 CPU 集成的输入点基本相同。用作高速计数器的时钟输入时，最高输入频率为 30 kHz。

（2）SB1232 模拟量输出信号板（见图 7-7）。

其输出分辨率为 12 位的−10～+10 V 电压，负载阻抗大于等于 1 000 Ω，或输出分辨率为 11 位的 0～20 mA 电流信号，负载阻抗小于等于 600 Ω，不需要附加的放大器。25 °C 满量程的最大误差为±0.5%，0～55 °C 满量程的最大误差为±1.0%。它有超上限/超下限、电压模式对地短路和电流模式断线的故障诊断功能。

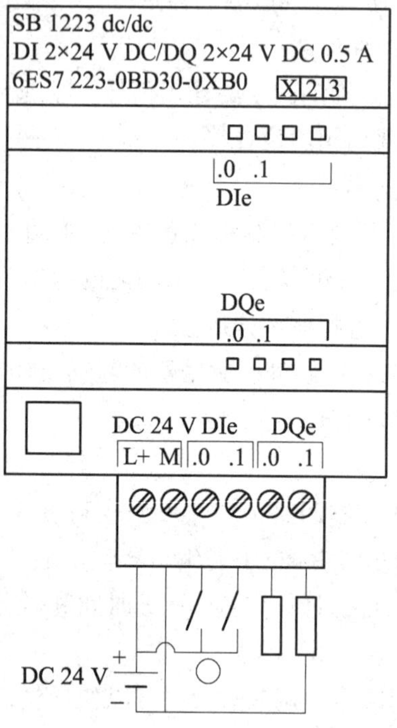

图 7-6　SB1223 数字量输入/输出信号板

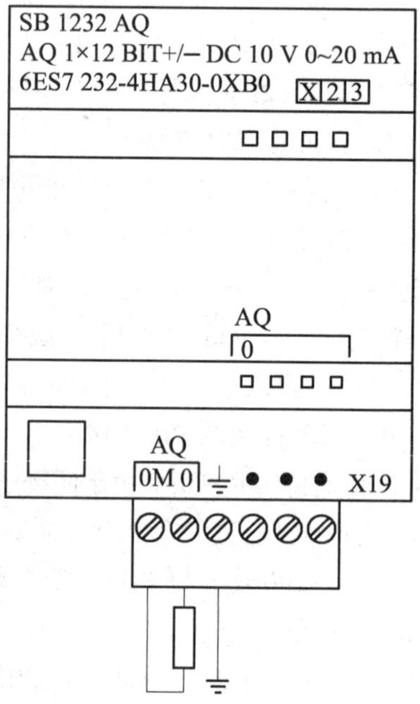

图 7-7　SB1232 模拟量输出信号板

2. 信号模块

S7-1200 系列 PLC 提供了各种信号模块，用于扩展其 CPU 能力，信号模块分为数字量输入模块、数字量输出模块、数字量输入/输出模块，以及模拟量输入模块、模拟量输出模块、模拟量输入/输出模块。

1）数字量模块

用户可以选用 8 点、16 点和 32 点的数字量输入/输出模块，来满足不同的具体需求，见表 7-5。

表 7-5　数字量输入/输出模块

型号	各组输入点数	各组输出点数
SM1221 8 × DC 24 V 输入	4，4	
SM1221 16 × DC 24 V 输入	4，4，4，4	
SM1222 8 × 继电器输出，2 A		3，5
SM1222 8 × 继电器双态输出，2 A		4，4，2，6
SM1222 8 × DC 24 V 输出，0.5 A		4，4
SM1222 16 × DC 24 V 输出，0.5 A		4，4，4，4
SM1223 8 × DC 24 V 输入/8 × 继电器输出，2 A	4，4	4，4
SM1223 16 × DC 24 V 输入/16 × 继电器输出，2 A	8，8	4，4，4，4
SM1223 8×DC 24 V 输入/8×DC 24 V 输出，0.5 A	4，4	4，4
SM1223 16×DC 24 V 输入/16×DC 24 V 输出，0.5 A	8，8	8，8

2）模拟量模块

S7-1200 有 5 种模拟量模块，分别是模拟量输入模块、热电阻模拟量输入模块、热电偶模拟量输入模块、模拟量输出模块和模拟量输入/输出模块。模拟量模块为各路模拟量输入和输出提供 I/O 状态指示灯，当其显示绿色时，表示该通道已组态且处于激活状态；当其显示红色时，表示该通道模拟量处于错误状态。此外，还有指示模块状态的诊断指示灯。当其显示绿色时，表示该模块处于运行状态；当其显示红色时，表示该模块有故障或处于非运行状态。

（1）4 通道模拟量输入模块 SM1231 AI4 × 13 b：此模块的模拟量输入可选±10 V、±5 V 和±2.5 V 电压，或 0 ~ 20 mA 电流。分辨率为 12 位加上符号位，电压输入的输入电阻大于或等于 9 MΩ，电流输入的输入电阻为 250 Ω，模块有中断和诊断功能，可监视电源电压和断线故障。所有通道的最大循环时间为 625 μs。

额定范围的电压转换后对应的数字为−27 648 ~ 27 468。25 °C 或 0 ~ 55 °C 满量程的最大误差为±0.1%或±0.2%。可按弱、中和强 3 个级别对模拟量信号做平滑（滤波）处理，也可以选择不做平滑处理。模拟量模块的电源电压均为 DC 24 V。

（2）2 通道模拟量输出模块 SM1232 AQ2 × 14 b：此模块的输入电压为−10 ~ +10 V 时，分辨率为 14 位，最小负载阻抗为 10 000 Ω。输出电流为 0 ~ 20 mA 时，分辨率为 13 位，最大负载阻抗为 600 Ω，有中断和诊断功能，可监视电源电压、短路和断线故障。数字−27 648 ~ +27 468 被转换为−10 ~ +10 V 的电压，数字 0 ~ 27 648 被转换为 0 ~ 20 mA 的电流。

电压输出负载为电阻时转换时间为 300 μs，负载为 1 μF 电容时，转换时间为 750 μs。电流输出负载为 1 mH 电感时，转换时间为 600 μs，负载为 10 mH 电感时，转换时间为 2 ms。

3）4 通道模拟量输入/2 通道模拟量输出模块 SM1234 的模拟量输入和模拟量输出通道的性能指标分别与 SM1231 AI4 × 13 b 和 SM1232 AQ2 × 14 b 的相同，相当于这两种模块的组合。

7.2.3 集成通信接口及通信模块

1. 集成的 PROFINET 接口

实时工业以太网时现场总线发展的趋势，PROFINET 是基于工业以太网的现场总线（IEC61158 现场总线标准的类型 10），是开放式的工业以太网标准，它使工业以太网的应用扩展到了控制网络最底层的现场设备。

通过 TCP/IP 标准，S7-1200 提供的集成 PROFINET 接口可用于与编程软件 STEP 7 Basic 通信，与 SIMATICHMI 精简系列面板通信，或与其他 PLC 通信。此外，它还通过开放的以太网协议 TCP/IP 和 ISO-on-TCP 支持与第三方通信。该接口的 RJ-45 连接器具有自动交叉网线功能，数据传输速率为 10 Mb/s、100 Mb/s，支持最多 16 个以太网连接。该接口能实现快速、简单、灵活的工业通信。

S7-1200 可以通过成熟的 S7 通信协议连接到多个 S7 控制器和 HMI 设备。将来还可以通过 PROFINET 接口将分布式现场设备连接到 S7-1200，或将 S7-1200 作为一个 PROFINETIO 设备，连接到作为 PROFINETIO 主控器的 PLC。它将为 S7-1200 系统提供从现场级到控制级的统一通信，以满足当前工业自动化的通信需求。

STEP 7 Basic 中的网络视图使用户能够轻松地对网络进行可视化组态。

SIMATIC S7-1200 通信接口由一个抗干扰的 RJ-45 连接器组成。该连接器具有自动交叉网线（Auto-Cross-Over）功能，支持最多 23 个以太网连接，数据传输速率达 10/100 Mb/s。为了使布线最少并提供最大的组网灵活性，可以将紧凑型交换机模块 CSM 1277 和 SIMATIC S7-1200 一起使用，以便轻松组建成一个统一或混合的网络（具有线形、树形或星形的拓扑结构）。CSM 1277 是一个 4 端口的紧凑型交换机，用户可以通过它将 SIMATIC S7-1200 连接到最多 3 个附加设备，其应用如图 7-8 所示。除此之外，如果将 SIMATIC S7-1200 和 SIMATICNET 工业无线局域网组件一起使用，还可以构建一个全新的网络。

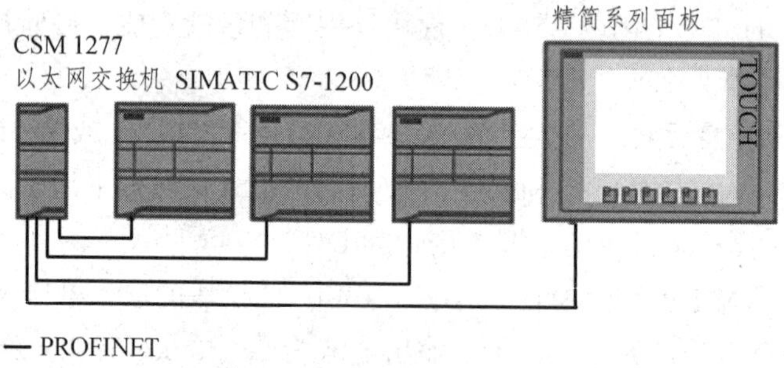

图 7-8 S7-1200 与面板、PLC 的通信

2. 通信模块

S7-1200 最多可以增加 3 个通信模块，它们安装在 CPU 模块的左边。RS-485 和 RS-232 通信模块为点到点（P2P）的串行通信提供连接。STEP 7 Basic 工程组态系列提供了扩展指令或库功能、USS 驱动协议、ModbusRUT 主站协议和 ModbusRUT 从站协议，用于串行通信的组态和编程。此外，还有 PROFINET（控制器/I/O 设备）模块和 PROFINET 主站/从站模块。

任务 7.3　西门子 S7-1200 PLC 软件基本介绍

7.3.1　S7-1200 编程语言

可编程控制器的编程语言是编制 PLC 应用软件的工具，它是以 PLC 的输入口、输出口、机内元件进行逻辑组合以及数量关系实现系统的控制要求，并存储在机内的存储器中。国际电工委员会（IEC）在 PLC 标准中推荐了梯形图（LAD）、指令表（IL）、顺序功能图（SFC）、功能块图（FBD）和结构文本[在 S7-1200 中这种语言被称为结构化控制语言（SCL）]五种编程语言。对于一款具体的 PLC，生产厂家可在这五种表达方式中提供其中的几种编程语言供用户选择。也就是说，并不是所有的 PLC 都支持全部的五种编程语言。其中，S7-1200 使用梯形图（LAD）、功能块图（FBD）和结构化控制语言（SCL）这三种编程语言。

1. 梯形图（LAD）

梯形图（LAD）是使用得最多的 PLC 图形编程语言。梯形图是由触点、线圈和用方框表示的指令框组成。触点代表逻辑输入条件，如外部的开关、按钮和内部条件等。线圈通常代表逻辑运算的结果，常用它控制外部的负载和内部的标志位等。指令框用来表示定时器、计数器或者数学运算等指令。使用编程软件可以直接生成和编辑梯形图，并将它下载到 PLC。

2. 功能块图（FBD）

功能块图是一种类似于数字逻辑电路的编程语言，该编程语言用类似与门、或门的方框来表示逻辑运算关系，方框的左侧为逻辑运算的输入变量，右侧为输出变量，信号自左向右流动，就像电路图一样，它们被“导线”连接在一起。

3. 结构化控制语言（SCL）

为了增强 PLC 的数学运算、数据处理、图表显示、报表打印等功能，许多大、中型 PLC 都配备了 PASCAL、BASIC、C 语言等高级编程语言，这种编程方式称为结构文本。它能实现复杂的数学运算，而且非常简洁和紧凑。

7.3.2　数据类型与存储区

1. 数制与数据类型

1）数制

（1）二进制数。

二进制数的 1 位（bit）只能取 0 和 1 这两个不同的值，可以用来表示开关量（或称数字量）的两种不同的状态，如触点的断开和接通、线圈的断电和通电等。如果该位为 1，则表示梯形图中对应的位编程元件（例如，位存储器 M 和过程映像输出位 Q）的线圈“通电”，其常开触点接通，常闭触点断开。

如果该位为 0，则对应的编程元件的线圈和触点的状态与上述的情况相反。在编程软件中，位编程元件的 1 状态和 0 状态用 TRUE 和 FALSE 来表示。

（2）多位二进制数。

计算机和 PLC 用多位二进制数来表示数字，二进制数遵循逢二进一的运算规则，从右往左的第 n 位（最低位为第 0 位）的权值为 2^n。二进制常数以 2#（其中 2 表示二进制，#号为分隔符）开始，用下式计算 2#1100 对应的十进制数：

$$1\times2^3+1\times2^2+0\times2^1+0\times2^0=8+4=12$$

表 7-6 给出了不同进制数的表示方法。

表 7-6　不同进制数的表示方法

十进制数	十六进制数	二进制数	BCD 码	十进制数	十六进制数	二进制数	BCD 码
0	0	00000	00000000	9	9	01001	00001001
1	1	00001	00000001	10	A	01010	00010000
2	2	00010	00000010	11	B	01011	00010001
3	3	00011	00000011	12	C	01100	00010010
4	4	00100	00000100	13	D	01101	00010011
5	5	00101	00000101	14	E	01110	00010100
6	6	00110	00000110	15	F	01111	00010101
7	7	00111	00000111	16	10	10000	00010110
8	8	01000	00001000	17	11	10001	00010111

（3）十六进制。

多位二进制数的书写和阅读很不方便，为了解决这一问题，可以用十六进制数来取代二进制数，每个十六进制数对应于 4 位二进制数。十六进制数的 16 个数字是 0 ~ 9 和 A ~ F（对应于十进制数 10 ~ 15）。B#16#、w#16#和 DW#16#分别用来表示十六进制字节、字和双字常数，例如：W#16#13 AF。在数字后面加“H”也可以表示十六进制数，例如，16#13 AF 可以表示为 13 AFH。

2）数据类型

STEP7 的基本数据类型主要有布尔型（BOOL）、整数型（INT）、实数型（REAL）、时间型（Time）和 BCD 码。

（1）布尔型（BOOL）。

布尔型数据为无符号数，只表示存储器中各位的状态是 0（FALSE）还是 1（TRUE）。其长度可以是一位（b）、一个字节（B，8 位）、一个字（Word，16 位）或一个双字（DoubleWord，32 位）。

（2）整数型（Integer）。

整数型数据为有符号数，在存储器中用二进制补码表示，最高位为符号位，0 表示正数，1 表示负数，其余各位为数值位。

整数型数据分为 8 位无符号短整数 USINT、16 位无符号整数 UINT、32 位无符号双整数 UDINT、8 位有符号短整数 SINT、16 位有符号整数 INT 和 32 位有符号双整数 DINT 六种。

（3）实数型（Real）。

实数型数据为有符号的浮点数。实数型常数只能用十进制格式赋值，如 123.45、78.0 等。

（4）时间型（Time）。

时间型数据类型为 32 位数据，其格式为 T#天（day）小时（hour）分钟（minutes）秒（second）毫秒（ms）。时间数据类型以表示毫秒时间的有符号双精度整数形式存储。

（5）BCD 码。

BCD 码为用四位二进制数表示的有符号的十进制数。最左侧一组四位数表示符号，最高位为 0 表示正数、为 1 表示负数，其余各位为数值位。BCD 码分为 16 位和 32 位两种。

表 7-7 给出了常用的数据类型及不同字长可以表示的数据范围。

表 7-7　数据类型、长度及范围

数据类型	长度/b	范围	常量输入举例
BOOL	1	0-1	TRUE，FALSE，0，1
Byte	8	16#00 ~ 16#FF	16#12，16#AB
Word	16	16#0000 ~ 16#FFFF	16#000116#ABCD
DWord	32	16#00000000 ~ 16#FFFFFFFF	16#02468 ACE
Char	8	16#00 ~ 16#FF	“A”“t”
SInt	8	−128 ~ 127	123，−123
Int	16	−32768 ~ 32767	123，−123
DInt	32	−2147483648 ~ 2147483647	123，−123
USInt	8	0 ~ 255	123
UInt	16	0 ~ 65535	123
UDInt	32	0 ~ 4294967295	123
Real	32	$\pm1.175495\times10^{-38} \sim \pm3.402823\times10^{+38}$	123.456
LReal	64	$\pm1.175495\times10^{-308} \sim \pm3.402823\times10^{+308}$	123.123456789
Time	32	T#−24d_20h_31m_23s_648ms ~ T#24d_20h_31m_23s_647ms， 存储形式：−2147483648 ~ 2147483647ms	T#5_m_30s
BCD16	16	−999 ~ 999	−123，123
BCD32	32	−9999999 ~ 9999999	−1234567，1234567

2. **存储区**

根据物理性质的不同，S7-1200 CPU 模块的内部存储器可分为随机存储器（RAM）、只读存储器（ROM）和闪存/可擦除存储器（Flash EPROM）。

（1）随机存储器（Random Access Memory，RAM），它的特点是访问速度快，价格低，可读可写，但是断电后数据无法保存。

（2）只读存储器（Read Only Memory，ROM），它的特点是内部的数据只能读，不能写，断电后可以保持。一般用来存放 PLC 的操作系统。

（3）闪存/可擦除存储器（Flash EPROM），它的特点是数据可读可写，访问速度慢，非易失性，断电后可保存。一般用来存放用户程序和数据，SIMATC 的存储卡就属于这一类。

根据逻辑功能的不同，S7-1200 的存储区可分为用户存储器和系统存储器。

1）用户存储器

用户存储器包括装载存储器（Load Memory）、工作存储器（Work Memory）和保持存储器（Retentive Memory）。

（1）装载存储器：用来存放用户的程序、数据和配置信息等，它是一种非易失型的存储介质，物理性质上属于闪存/可擦除存储器，功能相当于计算机上的硬盘，装载存储器可以是存储卡或者是 CPU 内部的存储芯片。当向 CPU 下载程序时，程序就是存放在装载存储器中。对于 1200 系列 CPU 而言，1211C、1212C 的内部装载存储器的大小为 1 MB；1214C、1215C、1217C 的内部装载存储区为 4 MB，各个系列的 CPU 都支持用存储卡扩展装载存储器。

（2）工作存储器：是一种易失型的存储介质，在断电的情况下数据会丢失，物理性质上属于随机存储器，功能相当于计算机的内存。CPU 在执行用户程序时，会把需要的数据从装载存储器拷贝到工作存储器。工作存储器的访问速度比装载存储器快得多，能满足 CPU 高速运算的需求。CPU 1211C 的工作存储区为 50 KB（固件版本号为 2.0 的为 25 KB；3.0 的为 30 KB）；CPU 1212C 的工作存储区为 75 KB；CPU 1214C 的工作存储区为 100 KB；CPU 1215C 的工作存储区为 125 KB；CPU 1217C 的工作存取区大小为 150 KB，这里需要注意模块的版本号，低版本的存储区会小一些。另外，工作存储器的大小是固定的，无法扩展。

（3）保持存储器：是一种非易失性存储介质，可以在断电时将某些工作存储区的数据保存到这里，当电源恢复时，CPU 会把保存的数据还原到原来的地址。1200 系列 CPU 均有 10 Kb 的保持存储区。

2）系统存储器

系统存储器（System Memory）包括输入过程映像存储器、输出过程映像存储器、位存储器、临时数据存储器、数据块存储器。

（1）输入过程映像存储器（I）：是 CPU 用于接收外部输入信号的，如按钮、开关、行程开关等。CPU 会在扫描开始时从输入模块上读取外部输入信号的状态，放入输入过程映像区，当程序执行时，从输入过程映像区读取对应的状态进行运算。

（2）输出过程映像存储器（Q）：是将程序执行的运算结果输出，驱动外部负载的，如指示灯、接触器、继电器、电磁阀等。但是需要注意，它不是直接输出驱动外部负载的，而是需要先把运算结果放入输出过程映像区，CPU 在下一个扫描周期开始时，将过程映像区的内容复制到物理输出点，然后才驱动外部负载动作的。

（3）位存储器（M）：既不能接收外部输入信号，也不能驱动外部负载，它是属于内部的软元件。用户程序读取和写入 M 存储器中所存储的数据，任何代码块都可以访问 M 存储器，也就是说所有的 OB、FC、FB 块都可以访问 M 存储器中的数据，这些数据可以全局性的使用。

位存储器（M）常用来存储运算时的中间运算结果，或者用于触摸屏中组态按钮开关的情况。

（4）临时存储器（L）：用于存储代码块被处理时使用的临时数据，我们只要去调用代码块，CPU 就会将临时存储器自动分配给代码块，当代码块执行完成后，CPU 会重新分配临时存储器用于其他要执行的代码块。

其实临时存储器（L）类似于位存储器 M，区别在于 M 存储器是全局的，L 存储器是局部的。也就是说在 OB、FC、FB 块的接口区生成的临时变量只能在生成它的代码块中使用，不能与其他代码块共享。需要注意的是，临时存储器只能通过符号地址寻址。

（5）数据块存储器（DB）：用于存储各代码块使用的各种类型的数据，数据块的访问可以按位、字节、字、双字的方式进行寻址，在访问数据块中的数据时，应该指明数据块的名称，如 DB0.DBB0。

在 S7-1200 PLC 中新建的 DB 块默认是采用优化块的访问方式进行访问的，通常都是使用符号的方式访问 DB 块中的数据，如果需要使用绝对地址访问，需要在属性设置中去掉优化访问块的选项。

7.3.3 存储区的寻址方式

STEP 7 的寻址方式有立即数寻址、直接寻址和间接寻址三大类。立即数寻址的数据在指令中以常数形式出现；直接寻址是指在指令中直接给出要访问的存储器或寄存器的名称和地址编号，直接存取数据；间接寻址是指使用地址指针间接给出要访问的存储器或寄存器的地址。下面介绍直接寻址的 4 种形式。

1. 位寻址

位寻址是对存储器中的某一位进行读写访问，如图 7-9 所示。其格式为

地址标识符字节地址.位地址

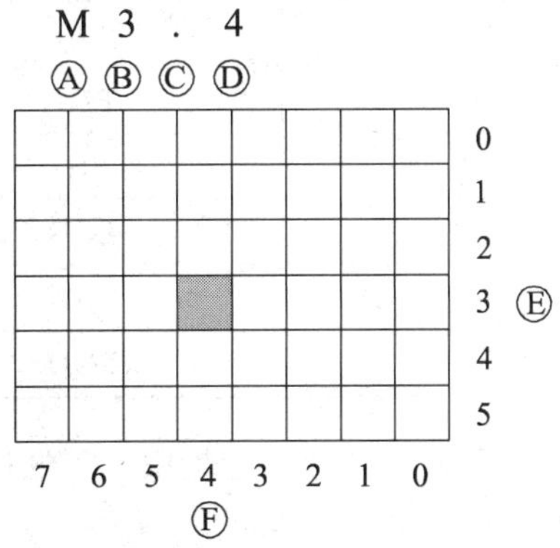

图 7-9 位寻址示意

其中，A 存储区标识符 M；B 字节地址：字节 3；C 分隔符（“字节.位”）；D 位在字节中的位置（位 4，共 8 位）；E 存储区的字节；F 选定字节的位。

2. 字节寻址、字寻址、双字寻址

对数据存储区可以以 1 个字节或 2 个字节或 4 个字节为单位进行一次读写访问。其格式为

地址标识符+数据长度类型+字节起始地址

其中，数据长度类型包括字节、字和双字，分别用“B”（Byte）、“W”（Word）和“D”（Double Word）表示。表 7-8 为 STEP 7 存储区的直接寻址方式。

表 7-8　存储区的直接寻址方式

存储区	可访问的地址单元	地址标识符	举例
输入过程映像区	位	I	I0.0
	字节	IB	IB1
	字	IW	IW2
	双字	ID	ID0
输出过程映像区	位	Q	Q8.5
	字节	QB	QB5
	字	QW	QW6
	双字	QD	QD10
位存储区	位	M	M10.3
	字节	MB	MB30
	字	MW	MW32
	双字	MD	MD34
数据块	位	DBX	DBX3.4
	字节	DBB	DBB3
	字	DBW	DBW6
	双字	DBD	DBD8
外设输入/输出区	字节	PIB	IB50
	字	PIW	IW60
	双字	PID	ID86
外设输入/输出区	字节	PQB	QB99
	字	PQW	QW106
	双字	PQD	QD168

当数据长度为多字节时，各字节按字节起始地址由高到低排序。图 7-10 标识 MB2、MW2 和 MD2 三种寻址方式所对应访问的存储器空间。

MB2 表示位存储器区中的第 2 字节，对应的 8 位位地址由高到低是 M2.7 ~ M2.0。

MW2 表示位存储器区中的第 2 和 3 两个字节，MB2 为高字节，MB3 为低字节，对应的 16 位的位地址由高到低是 M2.7 ~ M3.0。

MD2 表示位存储器区中的第 2、3、4、5 四个字节，MB2 为最高字节，MB5 为最低字节，

对应的 32 位位地址由高到低是 M2.7 ~ M5.0。

最高位最低位

<table>
<tr><td>7</td><td>6</td><td>5</td><td>4</td><td>3</td><td>2</td><td>1</td><td>0</td><td>7</td><td>6</td><td>5</td><td>4</td><td>3</td><td>2</td><td>1</td><td>0</td><td>7</td><td>6</td><td>5</td><td>4</td><td>3</td><td>2</td><td>1</td><td>0</td><td>7</td><td>6</td><td>5</td><td>4</td><td>3</td><td>2</td><td>1</td><td>0</td></tr>
<tr><td colspan="8">2</td><td colspan="8">3</td><td colspan="8">4</td><td colspan="8">5</td></tr>
<tr><td colspan="32">MD2</td></tr>
<tr><td colspan="16">MW2</td><td colspan="16">MW4</td></tr>
<tr><td colspan="8">MB2</td><td colspan="8">MB3</td><td colspan="8">MB4</td><td colspan="8">MB5</td></tr>
</table>

图 7-10　MB2、MW2 和 MD2 三种寻址方式所对应访问的存储器空间

任务 7.4　西门子 S7-1200 PLC 的基本指令

S7-1200 的指令使用了西门子指令系统，使用这些指令是完成自动化任务的基本能力。由于 S7-1200 系列 PLC 提供的指令比较多，书中无法一一介绍，故而本书只对 S7-1200 系列 PLC 的基本指令做介绍，其余的扩展指令请查阅西门子 S7-1200 手册。

S7-1200 系列 PLC 的基本指令包括位逻辑运算、定时器/计数器操作、比较操作、数学函数、移动操作、转换操作、程序控制指令、字逻辑运算、移位和循环等。对于 S7-1200 系列 PLC 而言，基本指令已经能满足一般的程序设计要求。

7.4.1　位逻辑运算

位逻辑运算指令是 PLC 编程中最基本、使用最频繁的指令，按不同的功能和用途具有不同的形式，总的来说可以分为下述几大类：标准位逻辑指令、置位/复位指令、立即位逻辑指令、其他位逻辑指令。

1. 标准位逻辑指令

标准位逻辑指令包括常开触点、常闭触点和输出线圈指令。常开触点（见表 7-9）在指定的位为 1 状态（ON）时闭合，为 0 状态（OFF）时断开；常闭触点（见表 7-9）在指定的位为 1 状态时断开，为 0 状态时闭合。

线圈输出指令（见表 7-9）将线圈的状态写入指定的地址，线圈通电时写入 1，断电时写入 0。如果是 0 区的地址，CPU 将输出的值传送给对应的过程映像输出。在 RUN 模式，CPU 不停地扫描输入信号，根据用户程序的逻辑处理输入状态，通过向过程映像输出写入新的输出状态值来做出响应。在写输出阶段，CPU 将存储在过程映像输出区中的新的输出状态传送给对应的输出电路。反相输出线圈（见表 7-9）中间有“/”符号，如果有能流流过反相输出线圈则线圈的输出位为 0 状态，其常开触点断开；反之，线圈的输出位为 1 状态，其常开触点闭合。

表 7-9 标准位逻辑指令表

指令	说明	指令	说明
“IN” —| |—	常开触点	“OUT” —( )—	输出线圈
“IN” —|/|—	常闭触点	“OUT” —(/)—	取反输出线圈

标准位逻辑指令的应用如图 7-11 和图 7-12 所示。

程序段 1：当输入点 I0.0 的状态为 1 时，线圈 M0.0 通电，其常开触点 M0.0 闭合自锁，即使 I0.0 状态为 0 时，M0.0 仍保持通电。当 I0.1 触点断开（状态为 1）时，M0.0 线圈断电，电路停止工作。

程序段 2：当输入点 I0.2 的状态为 0 时，反相输出线圈 M0.1 输出位为 1 状态，其常开触点 M0.1 闭合，此时，若接通 I0.4（状态为 1），线圈 Q0.0 通电；当输入点 I0.2 的状态为 1 时，有能流流过反相输出线圈 M0.1，此时，M0.1 线圈输出为 0 状态，其常开触点 M0.1 断开，线圈 Q0.0 断电。

图 7-11 程序段 1

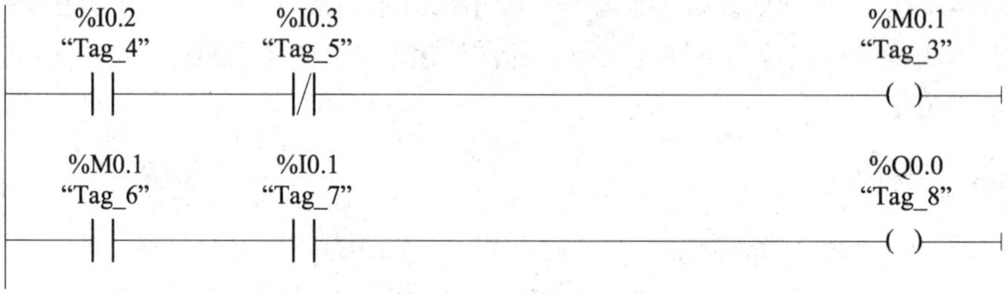

图 7-12 程序段 2

2. 置位/复位指令

置位/复位指令包括置位指令、复位指令、置位/复位域指令、置位优先 RS 触发器指令和复位优先 RS 触发器指令，见表 7-10。

表 7-10 置位/复位指令

指令	说明	指令	说明
“OUT” —(S)—	置位输出	“OUT” —(R)—	复位输出

续表

指令	说明	指令	说明
"OUT" —(SET_BF)— "n"	置位域指令： SET_BF 激活时，为从寻址变量 OUT 处开始的"n"位置 1。 SET_BF 未激活时，OUT 不变	"OUT" —(RESET_BF)] "n"	复位域指令： RESET_BF 激活时，将从寻址变量 OUT 处开始的"n"位置 0。 RESET_BF 未激活时，OUT 不变
"INOUT" SR S Q R1	置位/复位触发器： SR 是复位优先触发，其中复位优先	"INOUT" RS R Q S1	复位/置位触发器： RS 是置位优先触发，其中置位优先

1）置位/复位指令

置位指令（见表 7-10）将指定的地址位置位（变为 1 状态并保持）。复位指令（见表 7-10）将指定的地址位复位（变为 0 状态并保持）。置位指令与复位指令最主要的特点是有记忆和保持功能。如果图 7-13 中 I0.0 的常开触点闭合，Q0.0 变为 1 状态并保持该状态，即使 I0.0 的常开触点断开，Q0.0 也仍然保持 1 状态；同理，图 7-14 中 I0.1 的常开触点闭合，Q0.0 变为 0 状态并保持该状态，即使 I0.1 的常开触点断开，Q0.0 也仍然保持 0 状态。

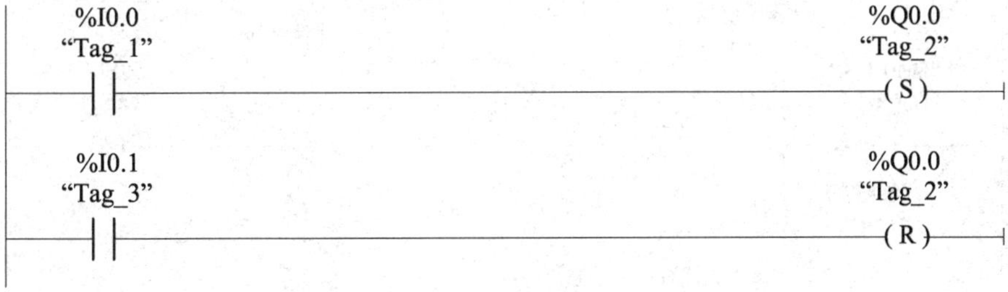

图 7-13　置位/复位指令的应用程序

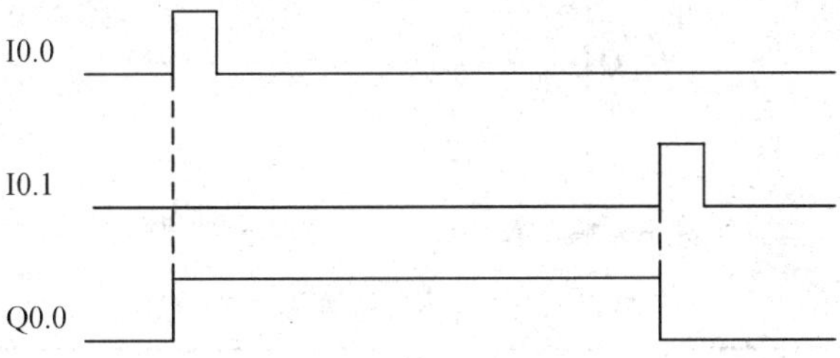

图 7-14　置位/复位指令应用图解

2）置位/复位域指令

SET_BF（SetBitField，置位域）指令（见表 7-10）将指定的地址开始的连续的若干个位地址置位（变为 1 状态并保持）。在图 7-15 的 I0.6 的上升沿（从 0 状态变为 1 状态），从 M5.0 开始的 4 个连续的位被置位为 1 并保持 1 状态。

RESET_BF（ResetBitField，复位域）指令（见表 7-10）将指定的地址开始的连续的若干个位地址复位（变为 0 状态并保持）。在图 7-15 的 M4.4 的下降沿（从 1 状态变为 0 状态），从 M5.4 开始的 3 个连续的位被复位为 0 并保持 0 状态。

图 7-15　置位/复位域指令的应用

3）置位优先 RS 触发器指令和复位优先 RS 触发器指令

在图 7-16 中的 SR 是复位优先触发器，其输入/输出关系见表 7-11，两种触发器的区别仅在于表的最下面一行。在置位（S）和复位（R1）信号同时为 1 时，图 7-16 方框上面的 M7.2 被复位为 0，可选的输出 Q 反映了 M7.2 的状态。

RS 是置位优先触发器，见表 7-11。在置位（S1）和复位（R）信号同时为 1 时，方框上的 M7.6 为 1，可选的输出 Q 反映了 M7.6 的状态。

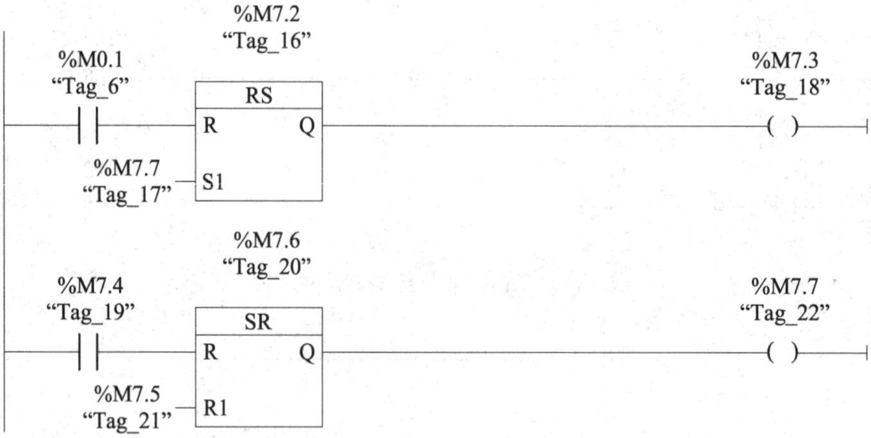

图 7-16　置位优先 RS 触发器指令和复位优先 RS 触发器指令的应用

表 7-11　RS 与 SR 触发器的功能

复位优先触发器（SR）			置位优先触发器（RS）		
S	R1	输出位	S1	R	输出位
0	0	保持前一状态	0	0	保持前一状态
0	1	0	0	1	0
1	0	1	1	0	1
1	1	0	1	1	1

3. 立即位逻辑指令

立即位逻辑指令包括立即常开或立即常闭触点指令、立即输出线圈指令、立即置位指令、立即复位指令，指令中都带有 I 标识，表示其为 I 区的变量，通过在其后加“：P”，可以指定立即读取物理输入。立即读取是指直接从物理输入读取位数据值，而不是从过程映像 I 区中读取。需要注意的是，立即读取不会更新过程映像区。立即位逻辑指令的使用与位逻辑指令类似，本书对此就不再赘述。

4. 其他位逻辑指令

其他位逻辑指令包括取反指令、上升沿指令和下降沿指令，见表 7-12。

表 7-12　其他位逻辑指令

指令	说明	指令	说明
“IN” —|P|— “M_BIT”	扫描操作数的信号上升沿	“IN” —|N|— “M_BIT”	扫描操作数的信号下降沿
“OUT” —(P)— “M_BIT”	在信号上升沿置位操作数	“OUT” —(N)— “M_BIT”	在信号下降沿置位操作数
P_TRIG CLK　Q “M_BIT”	扫描 RLO（逻辑运算结果）的信号上升沿	N_TRIG CLK　Q “M_BIT”	扫描 RLO 的信号下降沿
“R_TRIG_DB” R_TRIG EN　ENO CLK　Q	在信号上升沿置位变量	“F_TRIG_DB_1” F_TRIG EN　ENO CLK　Q	在信号下降沿置位变量
—|NOT|—	取反指令		

1）取反指令

取反指令（NOT 触点，见表 7-12）用来转换能流输入的逻辑状态。如果没有能流流入 NOT 触点，则有能流流出；如果有能流流入 NOT 触点，则没有能流流出。

该指令应用如图 7-17 所示，当 I0.2 触点接通时，有能流流入 NOT 触点，但无能流流出，线圈 Q0.3 输出为 0 状态，线圈断电；当 I0.2 触点断开时，无能流流入 NOT 触点，但有能流流出，线圈 Q0.3 输出为 1 状态，线圈得电。

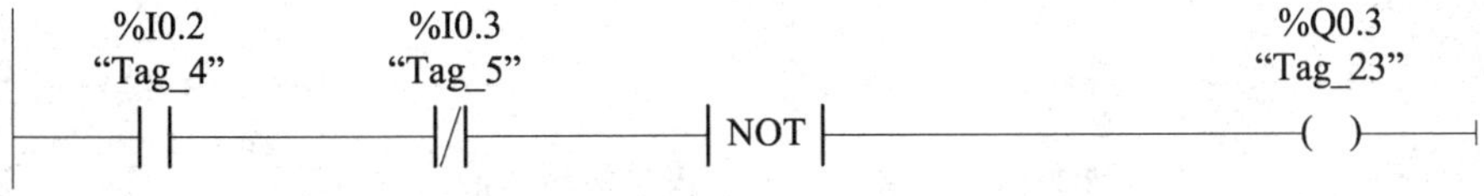

图 7-17　取反指令的应用

2）上升沿指令与下降沿指令

在西门子 S7-1200 PLC 中，一共有四种上升/下降沿指令（见表 7-12），分别是扫描操作数信号边沿指令、在信号边沿置位操作数的指令、扫描 RLO 的信号边沿指令以及检测信号边沿指令。

（1）扫描操作数信号边沿指令。

在图 7-15 中间有 P 的触点是上升沿检测触点，如果输入信号 I0.6 由 0 状态变为 1 状态（即输入信号 10.6 的上升沿），则该触点接通一个扫描周期。P 触点下面的 M4.3 为边沿存储位，用来存储上一次扫描循环时 I0.6 的状态。通过比较输入信号的当前状态和下一次循环的状态，来检测信号的边沿。需要注意的是，边沿检测触点不能放在电路结束处，边沿存储位的地址只能在程序中使用一次，它的状态不能在其他地方被改写，只能使用 M、全局 DB 和静态局部变量（Static）来作为边沿存储位，不能使用临时局部数据或 I/O 变量来作为边沿存储位。

中间有 N 的触点是下降沿检测触点，如果图 7-15 中的输入信号 M4.4 由 1 状态变为 0 状态（即 M4.4 的下降沿），RESET_BF 的线圈“通电”一个扫描循环周期。N 触点下面的 M4.5 为边沿存储位。

（2）在信号边沿置位操作数的指令。

在信号边沿置位操作数的指令也称为边沿检测线圈指令（见表 7-12）。中间有 P 的线圈（见图 7-18）是上升沿检测线圈，仅在流进该线圈的能流的上升沿（线圈由断电变为通电），M6.1 输出为 1 状态，其中，M6.2 为边沿存储位。

中间有 N 的线圈是下降沿检测线圈（见图 7-18），仅在流进该线圈的能流的下降沿（线圈由通电变为断电），M6.3 输出为 1 状态，其中，M6.4 为边沿存储位。

边沿检测线圈不会影响逻辑运算结果（RLO），它对能流是畅通无阻的，其输入端的逻辑运算结果被立即送给线圈的输出端。边沿检测线圈可以放置在程序段的中间或程序段的最右边。当 I0.7 的常开触点闭合时，能流经 P 线圈和 N 线圈流过 M6.5 的线圈。在 I0.7 的上升沿，M6.1 的常开触点闭合一个扫描周期，使 M6.6 置位。在 I0.7 的下降沿，M6.3 的常开触点闭合一个扫描周期，使 M6.6 复位。

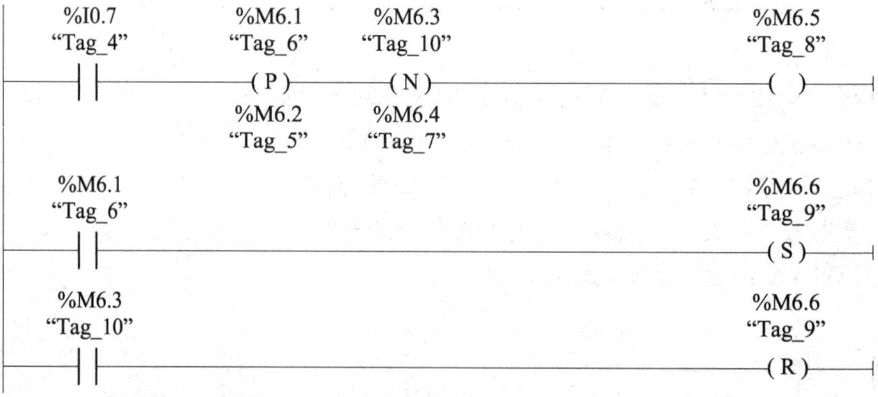

图 7-18　信号边沿置位操作数指令的应用

（3）扫描 RLO 的信号边沿指令。

P_TRIG 是扫描 RLO 信号的上升沿指令，N_TRIG 是扫描 RLO 信号的下降沿指令。在流进 P_TRIG 指令的 CLK 输入端（见图 7-19）的能流的上升沿（能流刚出现），Q 端输出脉冲宽度为一个扫描周期的能流，使 M8.1 置位，其中，方框下面的 M8.0 是脉冲存储器位。

在流进 N_TRIG 指令的 CLK 输入端的能流的下降沿（能流刚消失），Q 端输出脉冲宽度为一个扫描周期的能流，使 Q0.6 复位，其中，指令方框下面的 M8.2 是脉冲存储器位。P_TRIG 指令与 NTRIG 指令不能放在电路的开始处和结束处。在设计程序时应考虑输入和存储位的初始状态，是允许还是应避免首次扫描的边沿检测。

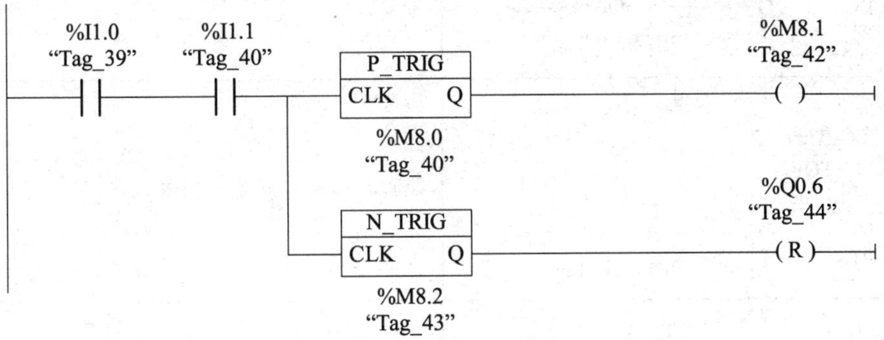

图 7-19　P_TRIG 和 N_TRIG 指令的应用

（4）检测信号边沿指令。

检测信号边沿指令分为检测信号上升沿指令（R-TRIG）和检测信号下降沿指令（F_TRIG），该指令实际是一个 FB 块，使用时必须跟随分配背景 DB。

R-TRIG 分配的背景数据块用于存储 CLK 输入的前一状态。在 CLK 输入状态（FBD）或 CLK 能流输入（LAD）中检测到正跳变（断到通）时，Q 输出能流或逻辑状态为 1。

F_TRIG 分配的背景数据块用于存储 CLK 输入的前一状态。在 CLK 输入状态（FBD）或 CLK 能流输入（LAD）中检测到负跳变（通到断）时，Q 输出能流或逻辑状态为 1。

7.4.2　定时器操作

S7-1200 的定时器为 IEC 定时器，其没有定时器号（即没有 T0、T37 这种带定时器号的定时器）。用户程序中可以使用的定时器数量仅仅受 CPU 的存储器容量限制，使用定时器时，需要使用定时器相关的背景数据块，或者数据类型为 IEC_TIMER（或 TP_TIME、TON_TIME、TOF_TIME、TONR_TIME）的 DB 块变量，上述不同的变量代表着不同的定时器。

S-1200 CPU 包含 4 种定时器（见表 7-13）：脉冲定时器（TP）、接通延时定时器（TON）、断开延时定时器（TOF）和时间累加器定时器（TONR），此外还有复位和加载定时器持续时间的指令，定时器引脚汇总见表 7-14。

表 7-13　定时器操作指令

指令	说明
IEC_Timer_0 TP Time IN　Q PT　ET TP_DB —(TP)— 或 “PRESET_Tag”	脉冲定时器（TP）
IEC_Timer_1 TON Time IN　Q PT　ET TON_DB —(TON)— 或 “PRESET_Tag”	接通延时定时器（TON）
关断延时 IEC_Timer_2 TOF Time IN　Q PT　ET TOF_DB —(TOF)— 或 “PRESET_Tag”	断开延时定时器（TOF）
时间累加器 IEC_Timer_3 TONR Time IN　Q R　ET PT TONR_DB —(TOBR)— 或 “PRESET_Tag”	时间累加器定时器（TONR）
TON_DB —(RT)—	复位定时器：能流为“1”时，使得指定定时器的 ET 立即停止计时，并回到 0
TON_DB —(PT)— “PRESET_Tag”	加载持续时间定时器：能流为“1”时，使得指定定时器的新设定值立即生效

表 7-14　定时器引脚汇总

输入的变量			
名称	说明	数据类型	备注
IN	输入位	BOOL	TP、TON、TONR：0 = 禁用定时器，1 = 启用定时器；TOF：0 = 启用定时器，1 = 禁用定时器
PT	设定的时间输入	TIME	
R	复位	BOOL	仅出现在 TONR 指令
输出的变量			
名称	说明	数据类型	备注
Q	输出位	BOOL	
ET	已计时的时间	TIME	

1. **脉冲定时器**（TP）

脉冲定时器（TP）类似于数字电路中上升沿触发的单稳态电路。在 IN 输入信号的上升沿，Q 输出变为 1 状态，开始输出脉冲；达到 PT 预置的时间时，Q 输出变为 0 状态（见图 7-20）。IN 输入的脉冲宽度可以小于 Q 端输出的脉冲宽度。在脉冲输出期间，即使 IN 输入又出现上升沿（见图 7-20），也不会影响脉冲的输出。

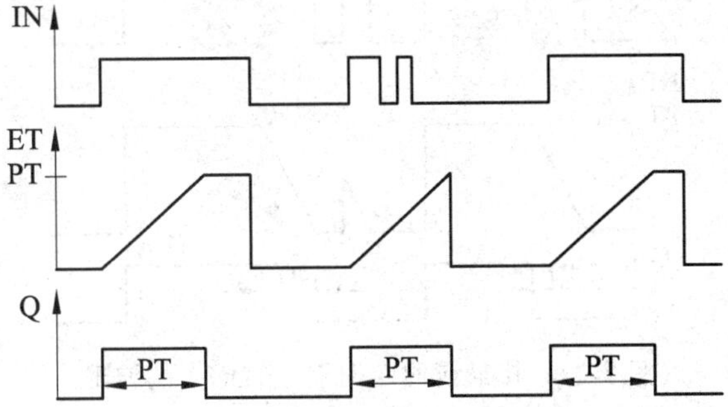

图 7-20　脉冲定时器的波形

用程序状态功能可以观察已耗时间的变化情况，定时开始后，计时时间（ET）从 0 ms 开始不断增大，达到 PT 预置的时间时，如果 IN 为 1 状态，则计时时间值保持不变；如果 IN 为 0 状态，则计时时间变为 0s（见图 7-20）。

定时器指令可以放在程序段的中间或结束处。IEC 定时器没有编号，在使用对定时器复位的 RT 指令时，可以用背景数据块的编号或符号名来指定需要复位的定时器。如果没有必要，不用对定时器使用 RT 指令。

脉冲定时器的应用如图 7-21 所示。

图 7-21 中的 I0.0 接通时，定时器 DB1 输入变为 1 状态，Q 输出也变为 1 状态，开始输出脉冲，Q0.0 线圈通电，达到 PT 预置的时间 10 s 时，Q 输出变为 0 状态，线圈 Q0.0 断电。

当 I0.1 为 1 时，定时器复位线圈（RT）通电，定时器被复位；如果此时定时器 IN 输入为 0 状态，将使消耗时间清零，Q 输出也变为 0 状态；如果此时正在定时，且 IN 输入为 1 状态，将使消耗时间清零，但是 Q 输出保持 1 状态。复位信号 I0.1 变为 0 状态时，如果 IN 输入为 1 状态，将重新开始定时。

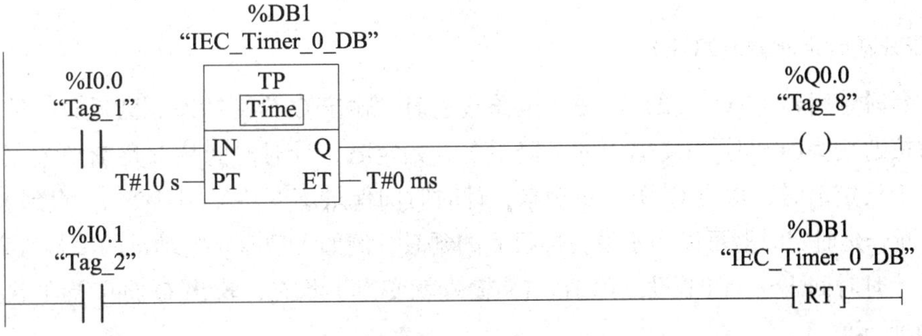

图 7-21　脉冲定时器的应用

2. **接通延时定时器（TON）**

接通延时定时器（TON）的使能输入端（IN）的输入电路由断开变为接通时开始定时，定时时间大于等于预置时间（PT）指定的设定值时，输出 0 变为 1 状态，计时时间值（ET）保持不变，如图 7-22 所示。

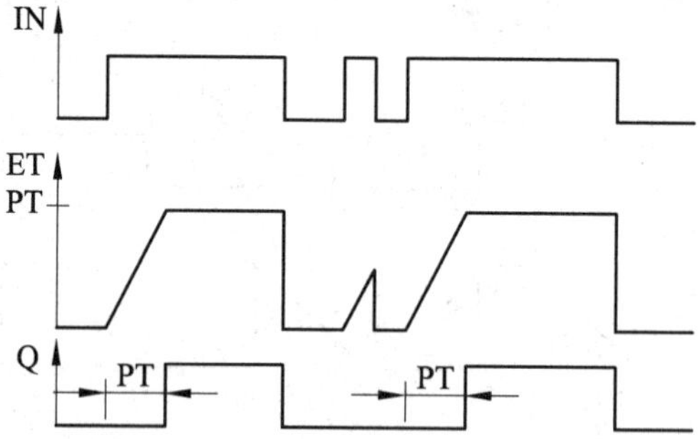

图 7-22　接通延时定时器（TON）的波形

IN 输入端的电路断开时，定时器被复位，已耗时间被清零，输出 Q 变为 0 状态。CPU 第一次扫描时，定时器输出 Q 被清零。如果输入 IN 在未达到 PT 设定的时间时变为 0 状态（见图 7-22），输出 Q 保持 0 状态不变。

接通延时定时器（TON）的应用电路如图 7-23 所示，当 I0.0 接通时，定时器 DB1 输入变为 1 状态，定时器开始计时，当达到 PT 预置的时间 3 s 时，Q 输出变为 1 状态，其常开触点闭合，线圈 Q0.0 通电。

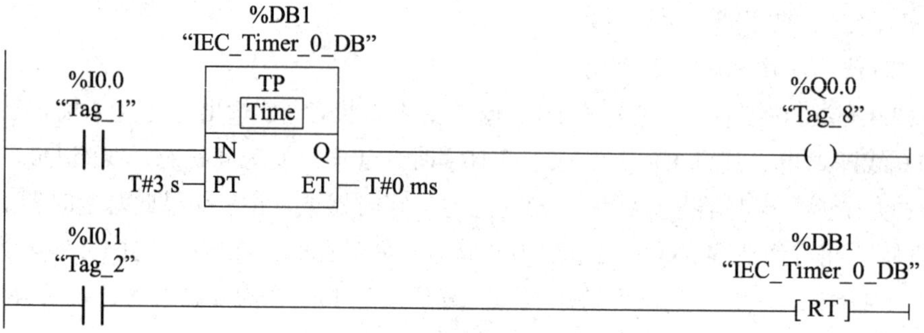

图 7-23　通电延时 3 s 的定时电路

3. **断开延时定时器（TOF）**

断开延时定时器（TOF）的 IN 输入电路接通时，输出 Q 为 1 状态，已耗时间被清零。输入电路由接通变为断开时（IN 输入的下降沿）开始定时，计时时间从 0 逐渐增大。当计时时间大于等于设定值时，输出 Q 变为 0 状态，计时时间保持不变（见图 7-24），直到 IN 输入电路接通。断开延时定时器可以用于设备停机后的延时，例如大型变频电动机的冷却风扇的延时。

如果计时时间未达到 PT 设定的值，IN 输入就变为 1 状态，输出 Q 将保持 1 状态不变，如图 7-24 所示。

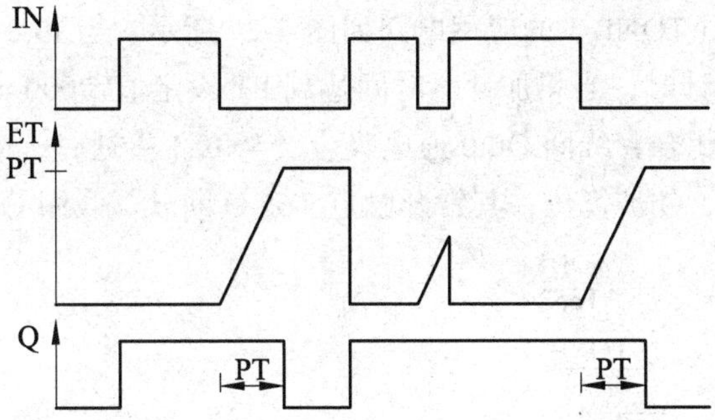

图 7-24　断开延时定时器（TOF）的波形

断开延时定时器（TOF）的应用电路如图 7-25 所示，I0.0 接通时，定时器 T37 输出端 Q 变为 1 状态，其常开触点闭合，线圈 Q0.0 通电；当 I0.0 由接通变为断开时，IN 输入状态由 1 变为 0，计时时间 ET 从 0 逐渐增大，直到计时时间大于等于设定值 3 s 时，输出 Q 变为 0 状态，其常开触点断开，线圈 Q0.0 断电。

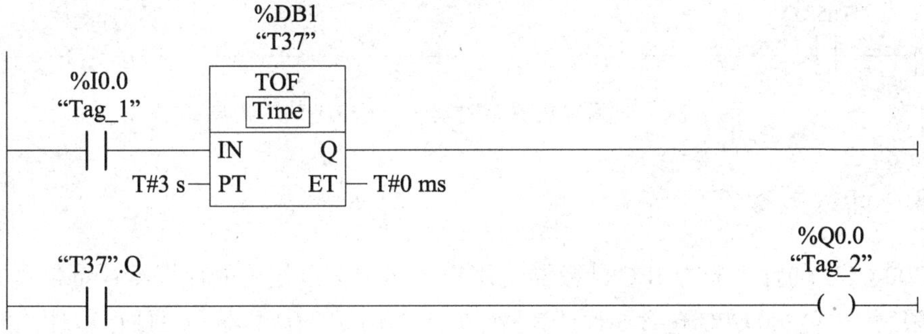

图 7-25　断电延时型应用电路

4. 时间累加器定时器（TONR）

时间累加器定时器（TONR）的 IN 端接通时，TNOR 开始计时，当 IN 断开时，TNOR 停止计时，但当前计时时间不清零，下次 IN 再接通时计时时间累加，当累加计时时间达到 PT 设定值后，输出 Q 变为 1 状态，此时无论 IN 是否接通都不再影响 Q 的输出状态。直到 R 收到一个上升沿信号时，TONR 累计时间清零，Q 被复位，如图 7-26 所示。

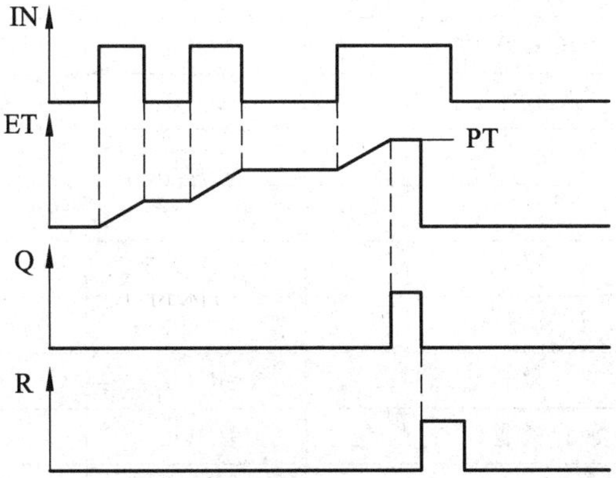

图 7-26　时间累加器定时器（TONR）的波形

时间累加器定时器（TONR）的应用电路如图 7-27 所示，当 I0.0 接通时，定时器 T65 的 IN 端接通，TNOR 开始计时，当累加计时时间达到 PT 设定值 5 000 ms 时，输出 Q 变为 1 状态，其常开触点 T65.Q 闭合，线圈 Q0.0 通电吸合。当 I0.1 接通时，R 的状态由 0 变为 1，定时器 T65 累计时间清零，Q 被复位，其常开触点 T65.Q 断开，线圈 Q0.0 断电。

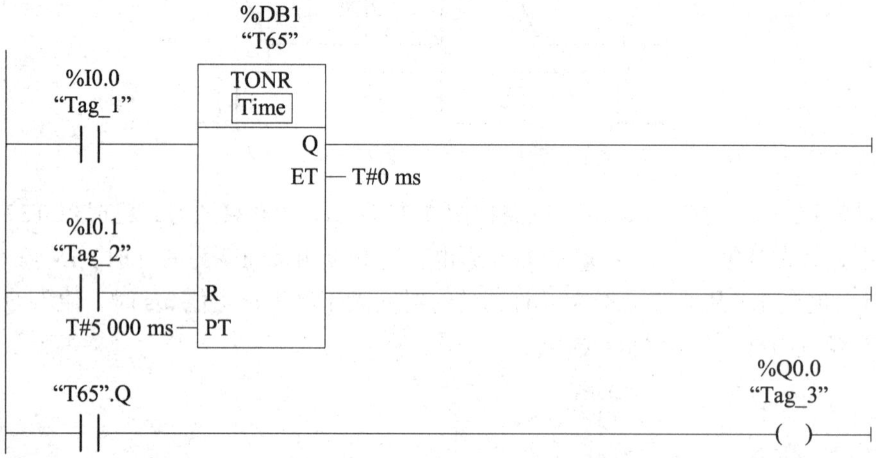

图 7-27　时间累加器定时器（TONR）的应用电路

7.4.3　计数器操作

S7-1200 CPU 的计算器为 IEC 计数器，用户程序中可以使用的计算器数量仅受 CPU 的存储器容量限制。S7-1200 CPU 包含 3 种计算器（见表 7-16）：加计数器（CTU）、减计数器（CTD）、加减计数器（CTUD），对于每种计数器，计数值可以是任何整数数据类型，并且需要使用每种整数对应的数据类型的 DB 结构或背景数据块来存储计数器数据。计数器引脚汇总见表 7-15。

表 7-15　计数器引脚汇总

输入的变量			
名称	说明	数据类型	备注
CU/CD	输入脉冲	BOOL	可以不在引脚处加入沿指令
R	CV 清 0	BOOL	仅出现在 CTU、CTUD
LD	CV 设置为 PV	BOOL	仅出现在 CTD、CTUD
PV	预设值	整数	仅出现在 CTD、CTUD
输出的变量			
名称	说明	数据类型	备注
Q	计数器状态	BOOL	仅出现在 CTU、CTD
QD	减计数器状态	BOOL	仅出现在 CTUD
QU	加计数器状态	BOOL	仅出现在 CTUD
CV	当前计数器的值	整数	

表 7-16　计数器指令

指令	说明	指令	说明
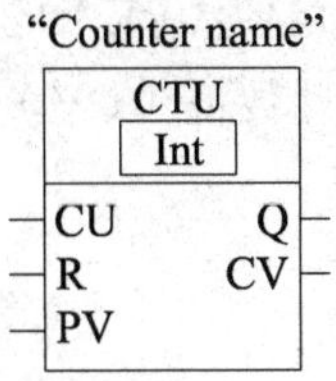	加计数	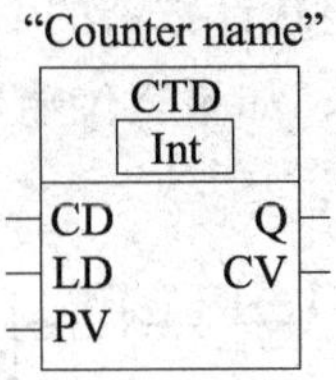	减计数
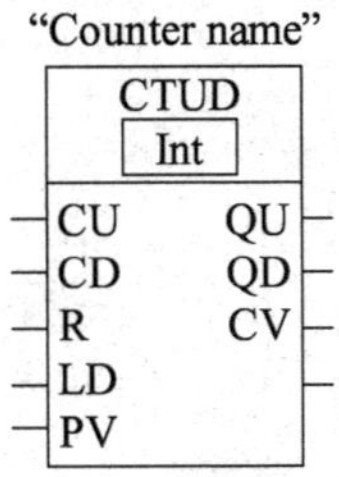	加减计算		

1. **加计数器**（CTU）

当 CU 端的状态从 0 变为 1 时，加计数器会使当前计数值（CV）加 1。如果计数值（CV）的值大于或等于预设值（PV）时，计数器输出 Q 变为 1 状态；如果复位端 R 的状态从 0 变为 1，则当前计数值重置为 0，此过程如图 7-28 所示。

2. **减计数器**（CTD）

当 CD 端的状态从 0 变为 1 时，减计数器（CTD）会使当前计数值（CV）减 1。如果 CV 的值等于或小于 0 时，减计数器输出 Q 为 1；如果减计数器的装载输入 LOAD（表 7-16 中减计数器的 LD 端）的状态从 0 变为 1 时，预设值 PV 将作为新的 CV（当前计数值）装载到计数器，此过程如图 7-29 所示。

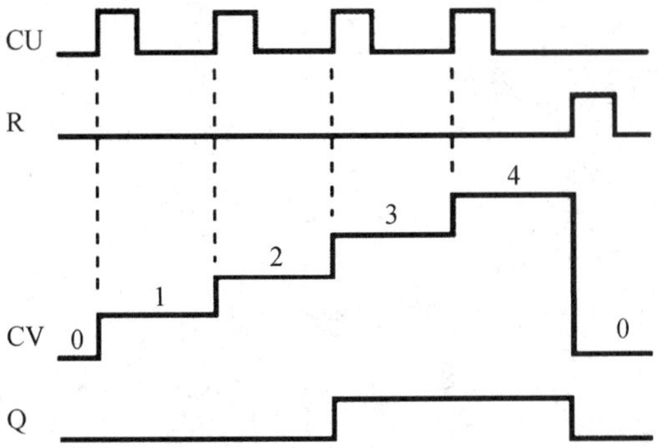

图 7-28　加计数器（CTU）的时序图

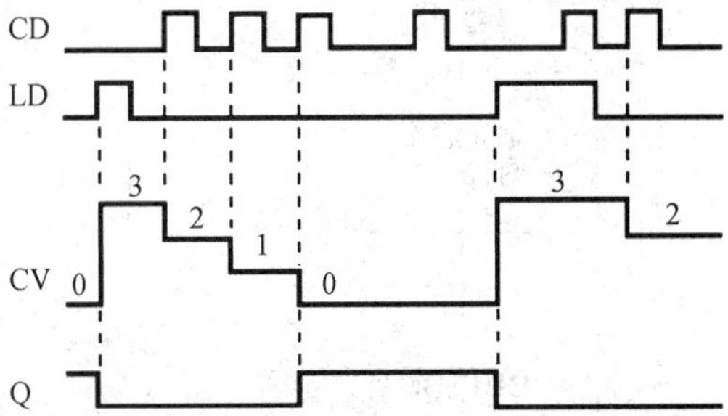

图 7-29　减计数器（CTD）的时序图

3. **加减计数器**（CTUD）

当加计数（CU）输入或减计数（CD）的输入状态从 0 变为 1 时，加计数器（CTUD）将会使当前计数值（CV）加 1 或减 1。

如果当前计数值（CV）的值大于等于预设值（PV）的值时，加减计数器的输出 QU 为 1；如果当前计数值（CV）的值小于或等于零时，加减计数器输出 QD 为 1；如果加减计数器的装载输入 LOAD（表 7-16 中减计数器的 LD 端）的状态从 0 变为 1，则预设值（PV）的值将作为新的 CV 装载到计数器；如果复位输入 R 的状态从 0 变为 1，则当前计数值（CV）重置为 0，此过程如图 7-30 所示。

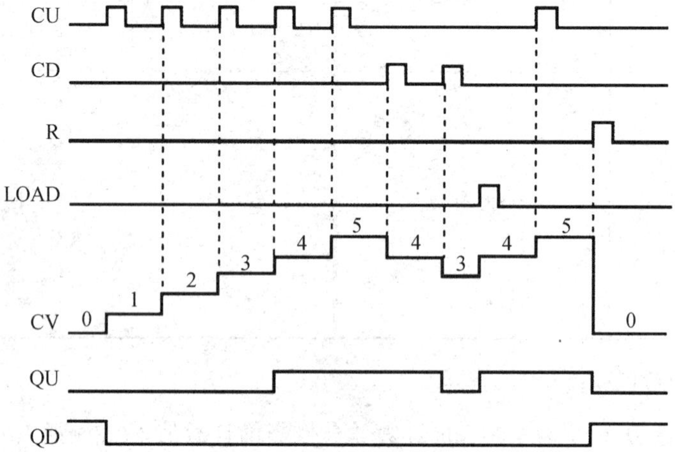

图 7-30　加减计数器（CTUD）的时序图

加减计数器的应用电路如图 7-31 所示，其过程如图 7-32 所示。

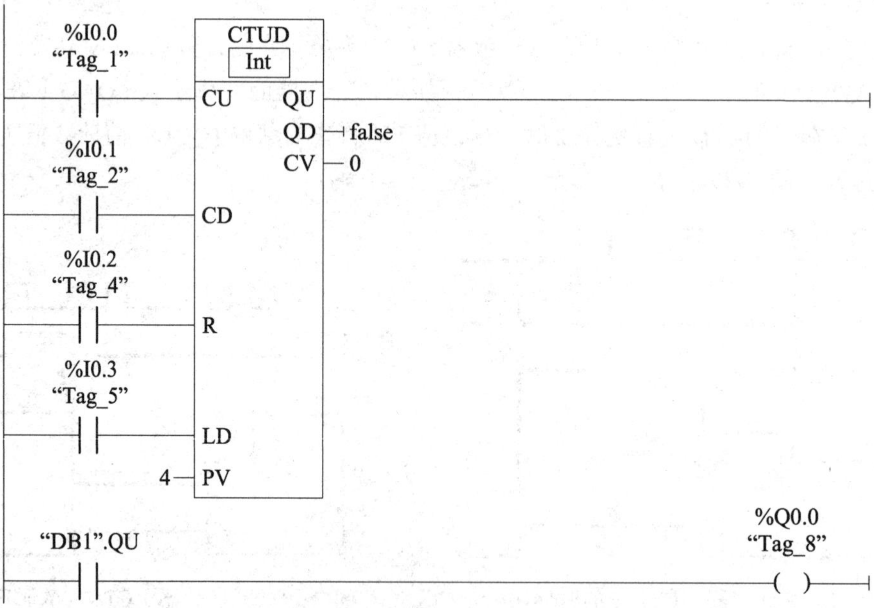

图 7-31　加减计数器的应用电路图

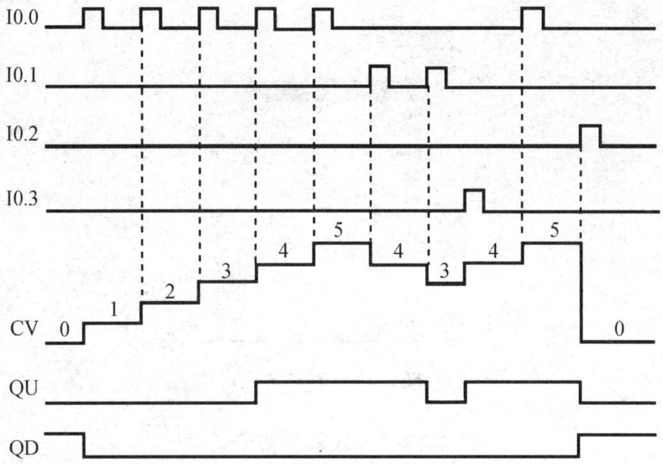

图 7-32　加减计数器应用电路的时序

7.4.4　比较操作

比较指令用来比较数据类型相同的两个数 IN1 与 IN2 的大小（见图 7-33），IN1 和 IN2 分别在触点的上面和下面。它们的数据类型（见图 7-34 的下拉式列表）应相同。操作数可以是 I、Q、M、L、D 存储区中的变量或常数。比较两个字符串时，实际上比较的是它们各对应字符的 ASCII 码的大小，第一个不相同的字符决定了比较的结果。可以将比较指令视为一个等效的触点，比较符号可以是“==”（等于）、“<>”（不等于）、“>”“>=”“<”和“<=”。满足比较关系式给出的条件时，等效触点接通。例如当 MW8 的值等于-24 732 时，图 7-33 第一行左边的比较触点接通。

比较指令的具体指令说明见表 7-17。

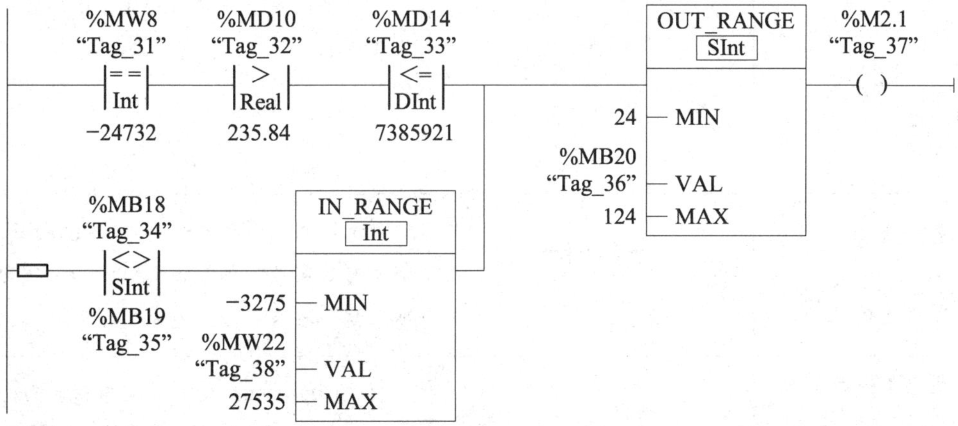

图 7-33　比较操作指令的应用

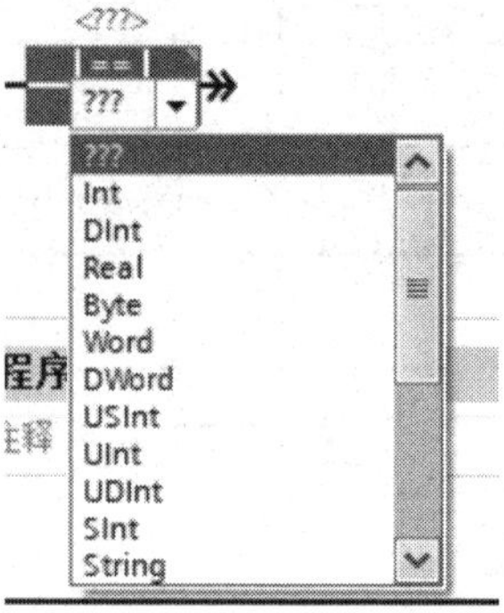

图 7-34　数据类型

表 7-17　比较操作指令汇总

名称	指令（LAD）	说明
等于	CMP==	比较两个整数、浮点数、位序列、字符、时间等基本数据类型，以及两个字符串、DTL、Variant 等，条件满足输出“1”，条件不满足输出“0”
不等于	CMP<>	
大于或等于	CMP>=	比较两个整数、浮点数、位序列、字符、时间等基本数据类型，以及两个字符串、DTL 等复杂数据类型，条件满足输出“1”，条件不满足输出“0”
小于或等于	CMP<=	
大于	CMP>	
小于	CMP<	
值在范围内	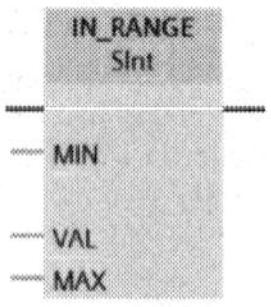	测试输入值是在指定的值范围之内还是之外。如果比较结果为 TRUE，则功能框输出为 TRUE
值超出范围	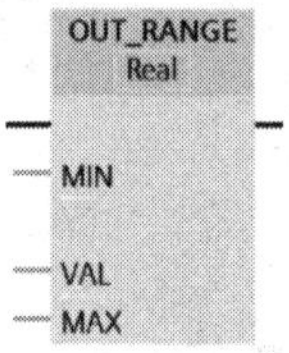	
检查有效性		测试输入数据参考是否为符合 IEEE754 规范的有效实数。如果该 LAD 触点为 TRUE，则激活该触点并传递能流
检查无效性	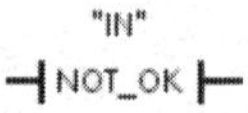	
比较数据类型与变量数据类型是否相等	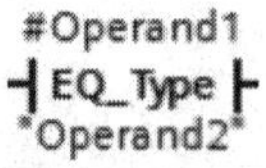	测试 Operand1 处的变型所指向的变量是否与 Operand2 处的变量具备相同或不同的数据类型，条件满足输出“1”，条件不满足输出“0”
比较数据类型与变量数据类型是否不相等	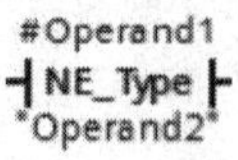	

续表

名称	指令（LAD）	说明
比较 ARRAY 元素数据类型与变量数据类型是否相等	#Operand1 ┤EQ_ElemType├ "Operand2"	测试 Operand1 处的变型所指向的数组元素是否与 Operand2 处的变量具备相同或不同的数据类型，条件满足输出“1”，条件不满足输出“0”
比较 ARRAY 元素数据类型与变量数据类型是否不相等	#Operand1 ┤NE_ElemType├ "Operand2"	
检查等于 NULL 指针	#Operand ┤IS_NULL├	测试 Operand 的 Variant 所指向的变量是否为空，即不指向任何对象，条件满足输出“1”，条件不满足输出“0”
检查不等于NULL 指针	#Operand ┤NOT_NULL├	
检查 ARRAY	#Operand ┤IS_ARRAY├	测试 Operand 的 Variant 所指向的变量是否为数组，条件满足输出“1”，条件不满足输出“0”

7.4.5 数学函数

西门子 S7-1200 PLC 的数学函数指令包括基本的数学运算指令、三角函数运算指令和指数运算指令等，其具体指令说明见表 7-18。

表 7-18 数学函数指令汇总

名称	指令（LAD）	说明
计算函数	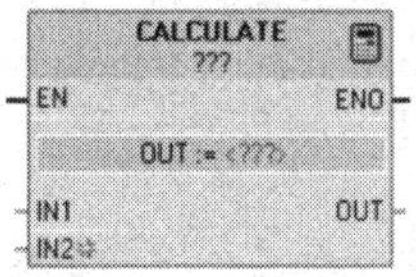	计算函数指令（CALCULATE 指令）可用于创建作用于多个输入上的数学函数(IN1,IN2,…,INn)，并根据定义的等式在 OUT 处生成结果。 首先选择数据类型。所有输入和输出的数据类型必须相同。 要添加其他输入，请单击最后一个输入处的图标
加	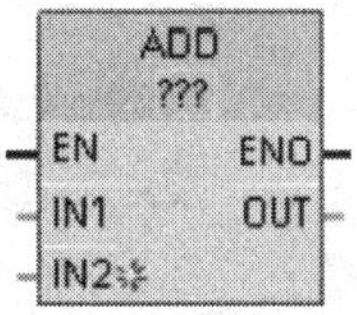	ADD：加法(IN1 + IN2 = OUT) SUB：减法(IN1 − IN2 = OUT) MUL：乘法(IN1 * IN2 = OUT) DIV：除法(IN1 / IN2 = OUT) 整数除法运算会截去商的小数部分以生成整数输出（单击“???”并从下拉菜单中选择数据类型）

续表

名称	指令（LAD）	说明
减	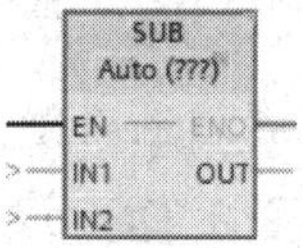	ADD：加法(IN1 + IN2 = OUT) SUB：减法(IN1 - IN2 = OUT) MUL：乘法(IN1 * IN2 = OUT) DIV：除法(IN1 / IN2 = OUT) 整数除法运算会截去商的小数部分以生成整数输出（单击“???”并从下拉菜单中选择数据类型）
乘	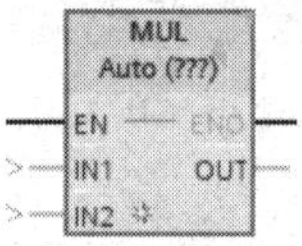	
除	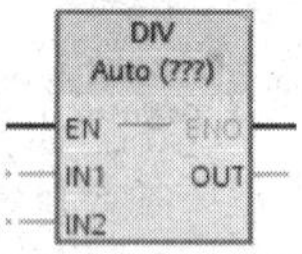	
返回除法的余数	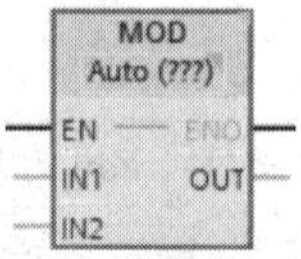	可以使用 MOD 指令返回整数除法运算的余数。用输入 IN1 的值除以输入 IN2 的值，在输出 OUT 中返回余数
取反	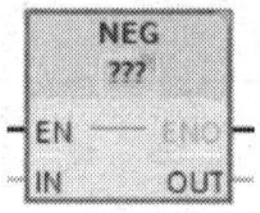	使用 NEG 指令可将参数 IN 的值的算术符号取反并将结果存储在参数 OUT 中
递增	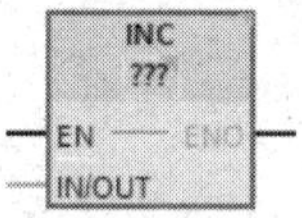	递增有符号或无符号整数值： IN_OUT 值 + 1 = IN_OUT 值
递减	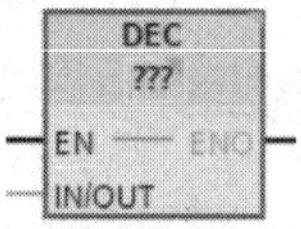	递减有符号或无符号整数值： IN_OUT 值 - 1 = IN_OUT 值
计算绝对值	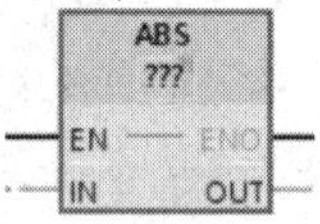	计算参数 IN 的有符号整数或实数的绝对值并将结果存储在参数 OUT 中
获取最小值	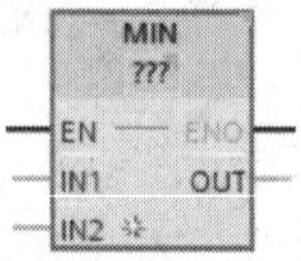	MIN 指令用于比较两个参数 IN1 和 IN2 的值并将最小（较小）值分配给参数 OUT
获取最大值	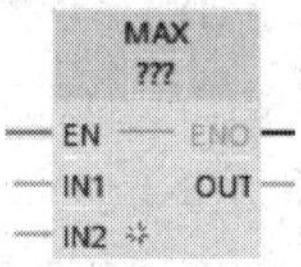	MAX 指令用于比较两个参数 IN1 和 IN2 的值并将最大（较大）值分配给参数 OUT
设置极限	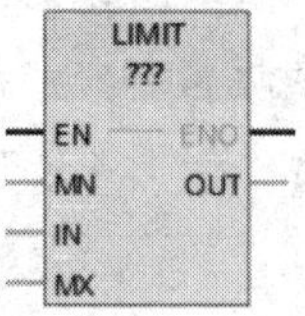	Limit 指令用于测试参数 IN 的值是否在参数 MIN 和 MAX 之间，即是否在指定的值范围内

续表

名称	指令（LAD）	说明
计算平方	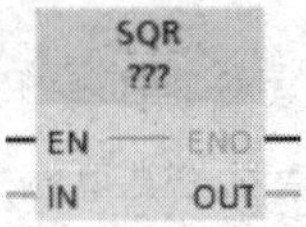	计算浮点数据类型的变量或常数的平方
计算平方根	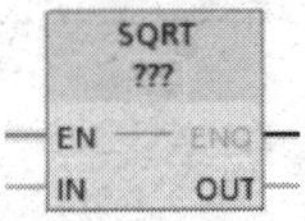	计算浮点数据类型的变量或常数的平方根
计算自然对数	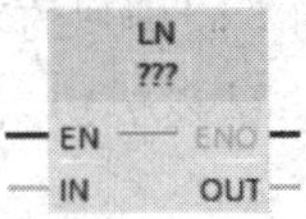	计算浮点数据类型的自然对数
计算指数值	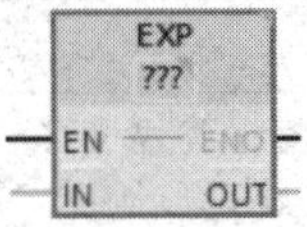	计算浮点数据类型的以 e 为底的指数值
计算正弦值	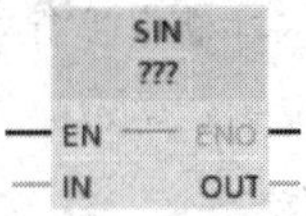	计算浮点数数据类型的变量或者常数的（该变量或常数为弧度制）正弦值、余弦值和正切值
计算余弦值	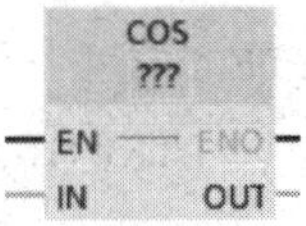	
计算正切值	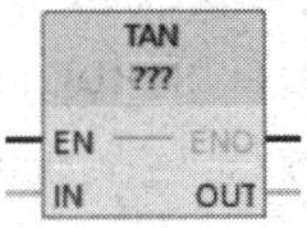	
计算反正弦值	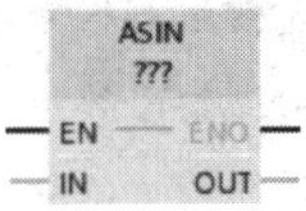	计算浮点数数据类型的变量或者常数的反正弦值、反余弦值和反正切值，输出角度为弧度制
计算反余弦值	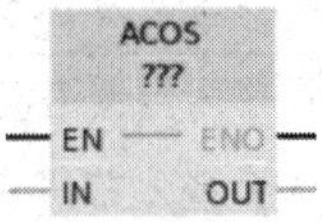	
计算反正切值	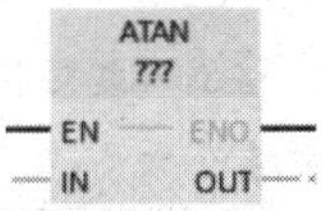	
返回小数	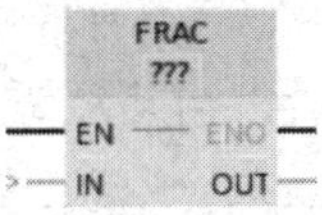	计算浮点数数据类型的变量或者常数的小数部分的值

续表

名称	指令（LAD）	说明
取幂	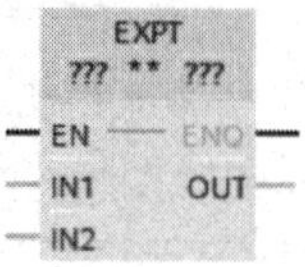	计算以浮点数数据类型的变量或者常数为底，以整数、浮点数数据类型的变量或者常数为指数的值

7.4.6　移动操作

移位操作指令主要用于各种数据的移动、相同数据的不同排列的转换，以及实现 S7-1200 CPU 的间接寻址功能部分的移动操作。移动操作指令汇总见表 7-19。

表 7-19　移动操作指令汇总

名称	指令（LAD）	说明
移动值指令	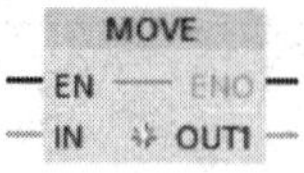	相同数据类型（不包括位和字符串类型）的变量间的移动。 用于对存储器进行赋值，或者把一个存储器的数据复制到另外一个存储器中，还可以用于清零功能
取消序列化	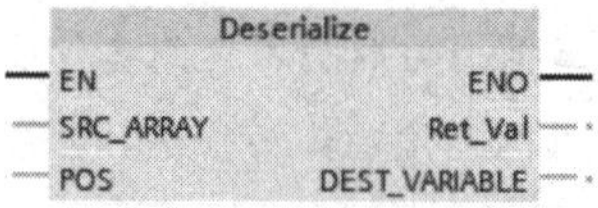	将 BYTE 数组在不打乱数据顺序的情况下转换为 UDT、STRUCT、ARRAY 等数据类型
序列化	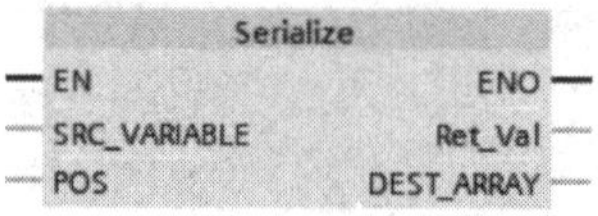	将 UDT、STRUCT、ARRAY 等数据类型在不打乱数据顺序的情况下转换为 BYTE 数组
块移动	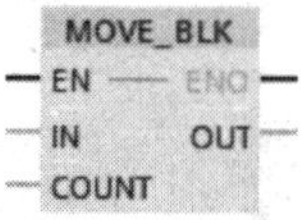	将输入数组元素开始的变量，依据指定长度，连续移动到输出数组开始的变量，要求输入的数组元素和输出的数组元素数据类型相同，并且只能是基本数据类型
移动块	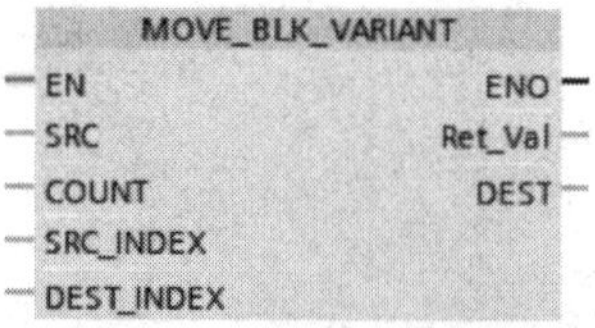	用于将输入的变量连续传送至输出的变量，通常输入输出为数组或单个变量，要求输入输出的变量或数组元素变量数据类型相同，需指定输入和输出的起始传送位置（从 0 开始），以及传送元素个数
不可中断的存储区移动		除在移动过程中不可被中断程序打断以外，与 MOVE_BLK 相同

续表

名称	指令（LAD）	说明
填充块	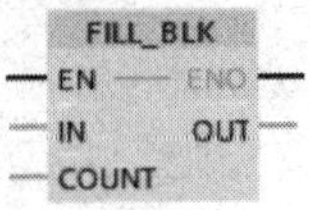	将输入变量，依据指定长度，连续填充至以输出的数组元素开始的数组中，要求输入变量和输出的数组元素数据类型相同，并且只能是基本数据类型
不可中断的存储区填充	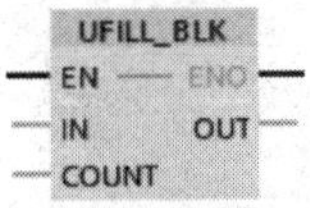	除在填充过程中不可被中断程序打断以外，与 FILL__BLK 相同
将位序列解析为单个位	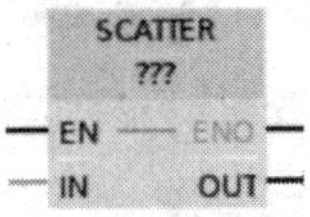	用于将位序列（BYTE，WORD，DWORD）分解为 BOOL 数组（8 元素，16 元素，32 元素）
将位序列 ARRAY 的元素解析为单个位	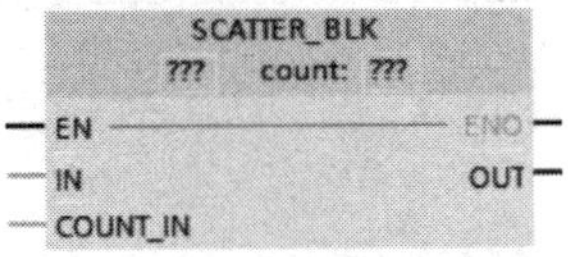	将输入位序列数组元素开始的变量，依据指定长度，分解到输出 BOOL 数组开始的变量
将各个位组合为位序列	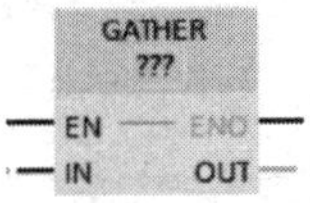	将 BOOL 数组（8 元素，16 元素，32 元素）合并为位序列（BYTE，WORD，DWORD）
将单个位合并到位序列 ARRAY 的多个元素中	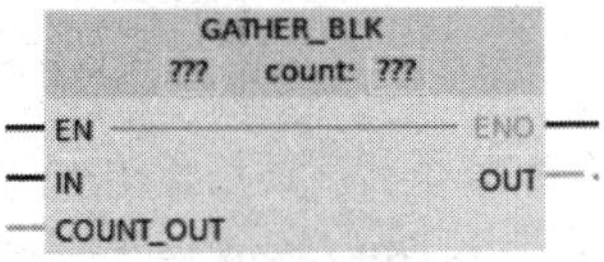	将输入 BOOL 数组元素开始的变量，依据指定长度，合并到输出位序列数组开始的变量
交换	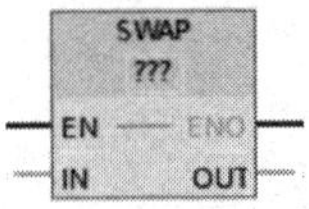	将 WORD/DWORD 数组类型的变量字节反序后输出
读出 VARIANT 变量值	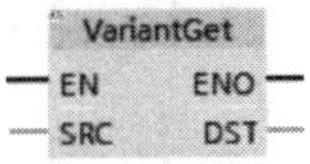	将变量类型为 VARIANT 的变量，读取到指定变量
写入 VARIANT 变量值	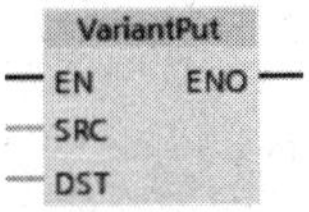	将指定变量，写入变量类型为 VARIANT 的变量
获取 ARRAY 元素的数量	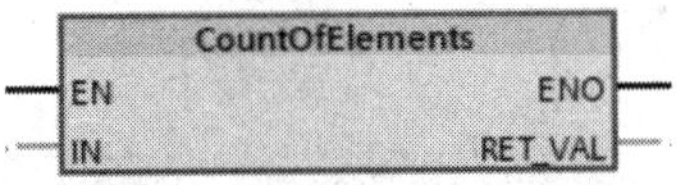	读取输入数组的元素数量
读取 ARRAY 的下限		当 FC/FB 的参数为变长数组 ARRAY[*]时，读取实参指定维度的下标的下限、上限

续表

名称	指令（LAD）	说明
读取 ARRAY 的上限		当 FC/FB 的参数为变长数组 ARRAY[*]时，读取实参指定维度的下标的下限、上限
读取域		根据输入数组的第一个元素以及数组下标，将该数组下标对应的数组元素移动到输出变量
写入域		根据输入变量及数组下标，将该输入变量写入根据输出数组的第一个元素确定的数组的下标对应的元素

7.4.7 移位和循环

移位和循环指令主要用于实现位序列的左右移动或者循环移动等功能。具体指令说明见表 7-23。

表 7-20 移位和循环指令汇总

名称	指令（LAD）	说明
右移	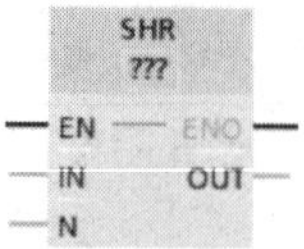	将位序列、整数数据类型的变量或常量向右移/左移指定位数，移出的位丢失。对应空出的位：位序列数据类型变量补“0”，整数数据类型变量补符号位
左移	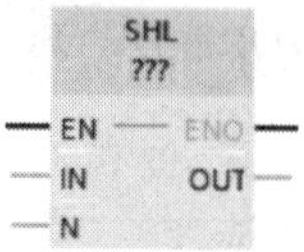	
循环右移	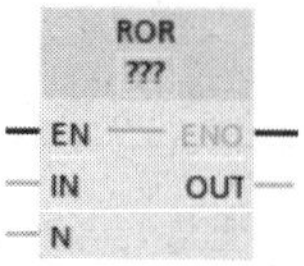	将位序列数据类型的变量或常数向右移/左移指定位数
循环左移	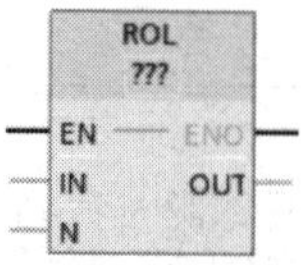	

7.4.8 转换操作

转换操作指令主要用于基本数据类型的显式转换，根据转换源和目的变量来确定转换双方的数据类型。S7-1200 PLC 的转换操作指令包括数据类型的转换指令、实数转整数指令及用于缩放和标准化指令，其具体说明见表 7-20。

表 7-21　转换操作指令汇总

名称	指令（LAD）	说明
转换值	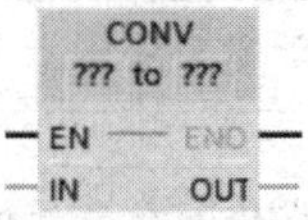	CONV 指令是将一种数据类型转换成另一种数据类型，使用时单击指令“???”的位置，然后在下拉列表中选择输入数据类型和输出数据类型
取整	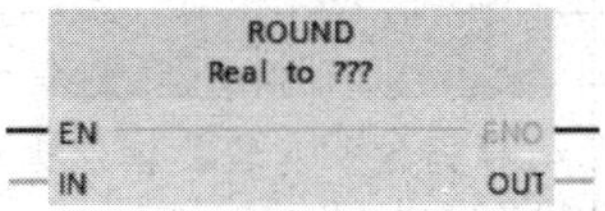	将浮点数数据类型的变量或常数根据四舍五入的规则转换为整数或者浮点数
浮点数向上取整	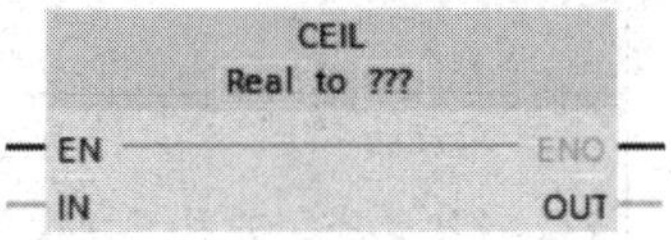	将浮点数数据类型的变量或常数根据向上取整的规则转换为整数或者浮点数
浮点数向下取整	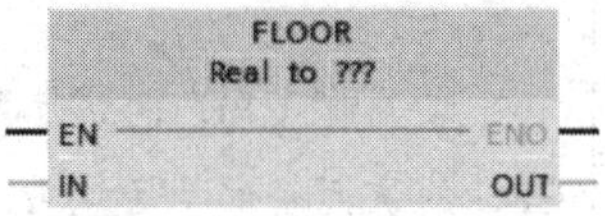	将浮点数数据类型的变量或常数根据向下取整的规则转换为整数或者浮点数
截尾取整		将浮点数数据类型的变量或常数根据截去小数的规则转换为整数或者浮点数
缩放	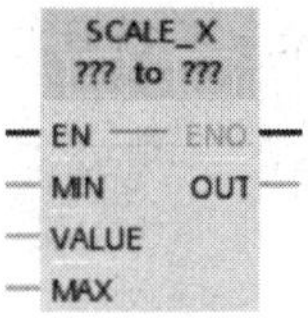	缩放指令 SCALE_X 用于按照参数 MIN 和 MAX 所指定的数据类型和值范围对标准化实参 VALUE 进行标定，OUT = VALUE*（MAX-MIN）+ MIN，其中 0.0 < = VALUE < = 1.0
标准化	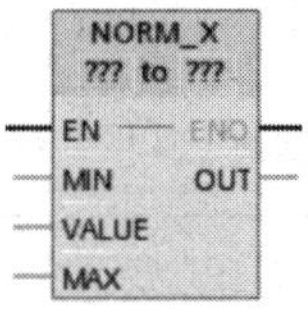	标准化指令 NARM_X 用于通过参数 MIN 和 MAX 指定的范围内的参数 VALUE，把其标定在 0%～100%。OUT =（VALUE - MIN）/（MAX - MIN），其中 0.0 < = OUT < = 1.0

7.4.9　程序控制指令

程序控制指令包括程序跳转、程序退出、SCL 的主要控制语句、错误处理等指令，具体指令说明见表 7-21。

表 7-22　程序控制指令汇总

名称	指令（LAD）	说明
若 RLO=1，则跳转	—(JMP)—	当能流为“1”或“0”，程序立即跳转到指定标签的网络段执行
若 RLO=0，则跳转	—(JMPN)—	
跳转标签	LABEL	用于定义跳转指令指向的网络段
定义跳转列表	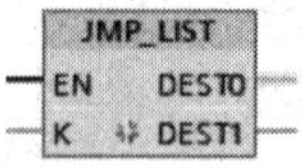	根据输入变量的值，决定跳转到的标签
跳转分支指令	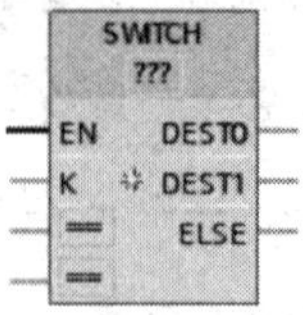	根据输入变量的值及比较条件，决定跳转到的标签
返回	—(RET)—	当能流为“1”时，结束当前执行的 OB、FC、FB 程序，并且可以设置该块的 ENO
限制和启用密码合法性	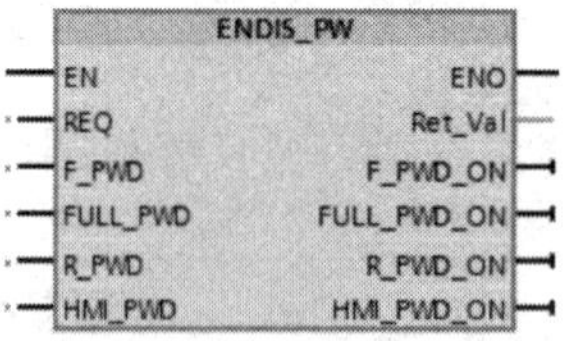	查询当前 CPU 的访问权限以及设置当前 CPU 的访问密码是否生效
重置周期监视时间	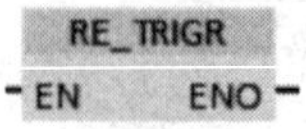	重置当前扫描周期监视时间
退出程序	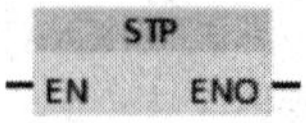	结束当前 CPU 的运行
获取本地错误信息	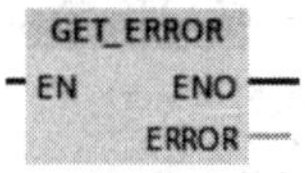	检查当前执行 OB、FC、FB 程序的错误
获取本地错误 ID	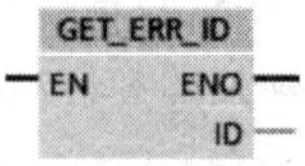	
测量程序运行时间	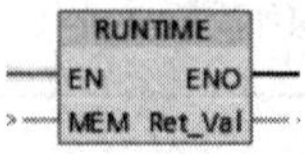	用于测量两次调用该指令的时间差

7.4.10　字逻辑运算

字逻辑运算主要用于实现位序列的与、或、异或等功能，具体指令说明见表 7-22。

表 7-23　字逻辑运算指令汇总

名称	指令（LAD）	说明
与运算	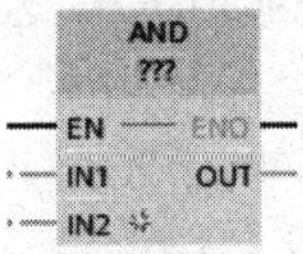	用于多个位序列数据类型的变量或常量的与、或、异或运算
或运算	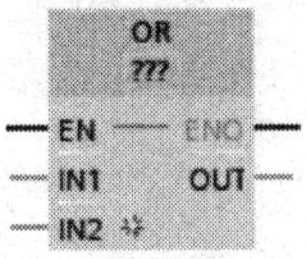	
异或运算	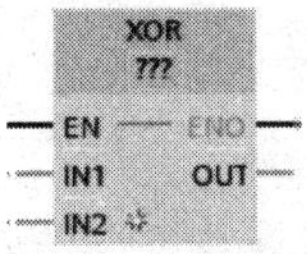	
求反码	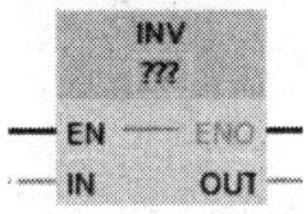	用于将位序列、整数数据类型的变量或常数的所有位取反的运算
解码	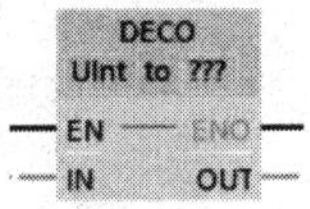	读取输入值，并将输出值中位号与读取值对应的那个位置位。输出值中的其他位以零填充
编码	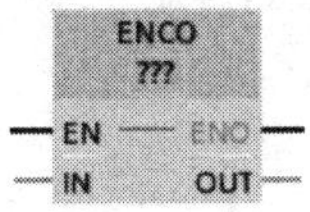	选择输入值的最低有效位，并将该位号写入输出 OUT 的变量中
选择	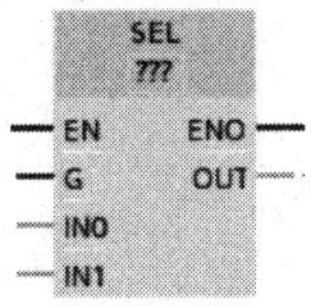	根据输入逻辑的正负，从两个输入中选择一个进行输出
多路复用	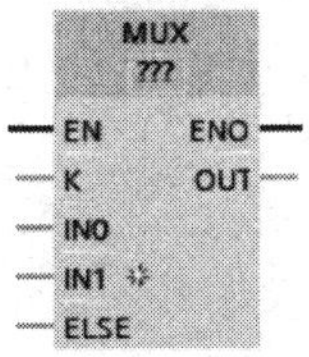	根据输入参数的值将多个输入值之一复制到输出
多路分用	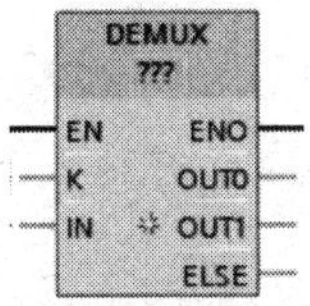	将输入的内容复制到指定输出

习 题

7-1　CPU1 214C 最多可以扩展多少个信号模块和通信模块？信号模块和通信模块分别安装在 CPU 哪里？

7-2　S7-1200 CPU 使用的 SIMATIC 存储卡可以实现什么功能？

7-3　S7-1200 CPU 集成了哪些工艺功能？

7-4　S7-1200 CPU 支持哪些的程序块类型？

7-5　S7-1200 可以使用哪些编程语言？

7-6　S7-1200 的程序下载到哪个区域？

7-7　S7-1200 有几种工作模式？分别是什么？

7-8　S7-1200 有符号数的右移指令，空出位补什么？

7-9　定时器指令中 TP 表示什么类型定时器？

7-10　S7-1200 的什么指令可以使当前值既增加又减少？

7-11　S7-1200 存储器寻址方式包括哪些？

项目 8　西门子 S7-1200 PLC 的梯形图程序设计 ▶▶▶

项目描述

PLC 的编程语言多种多样，其中运用较多的是梯形图编程语言，绝大多数的 PLC 都将梯形图语言作为自己的编程语言。因此，掌握梯形图编程语言对于学习 PLC 编程有很大帮助。本项目将在 PLC 指令系统的基础上，介绍梯形图编程语言的特点、PLC 程序设计的方法和顺序控制设计方法中梯形图的编程方式，并对典型单元梯形图进行分析。

思维导图

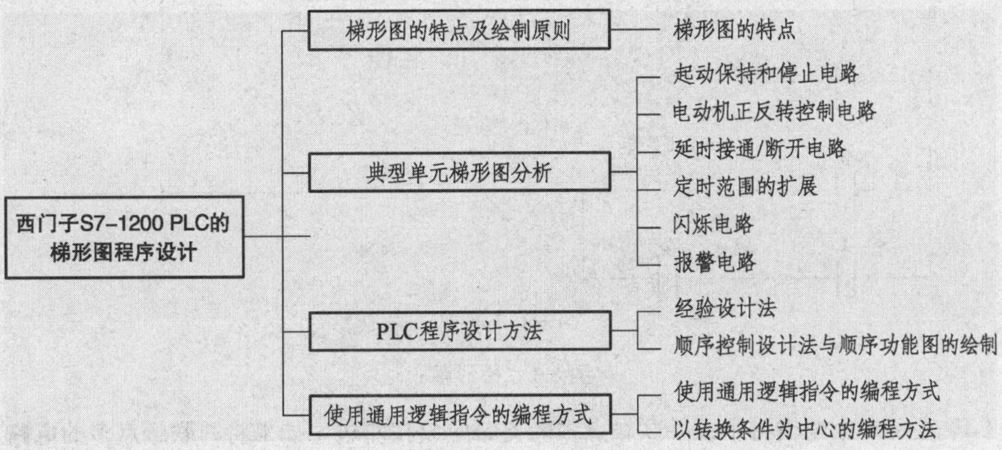

项目目标

知识目标

（1）了解梯形图的特点及绘制原则。

（2）掌握 PLC 程序设计方法。

（3）掌握顺序控制设计方法中梯形图的编程方式。

技能目标

（1）能够对典型单元梯形图进行分析。

（2）能够根据实际要求运用不同的程序设计方法编写梯形图程序。

（3）能够根据绘制的功能图来设计 PLC 梯形图程序。

任务 8.1　梯形图的特点及绘制原则

梯形图直观易懂，与继电器控制电路图在结构形式、元件符号及逻辑功能等方面是相类似的，但它们又有很多不同之处。梯形图具有自己的特点及设计规则。

（1）梯形图按自上而下、从左到右的顺序排列。每个继电器线圈为一个逻辑行，即一层阶梯。每一个逻辑行起于左母线，然后是触点的连接，最后终止于继电器线圈或右母线。

注意：左母线与线圈之间一定要有触点，而线圈与右母线之间不能有任何触点，应直接连接。

（2）一般情况下，在梯形图中某个编号继电器线圈只能出现一次，而继电器触点（常开或常闭）可无限次引用。

有些 PLC 在含有跳转指令或步进指令的梯形图中允许双线圈输出。

（3）在每一逻辑行中，串联触点多的支路应放在上方。如果将串联触点多的支路放在下方，则语句增多，程序变长（对应的 PLC 内部运行的机器码变长），如图 8-1 所示。

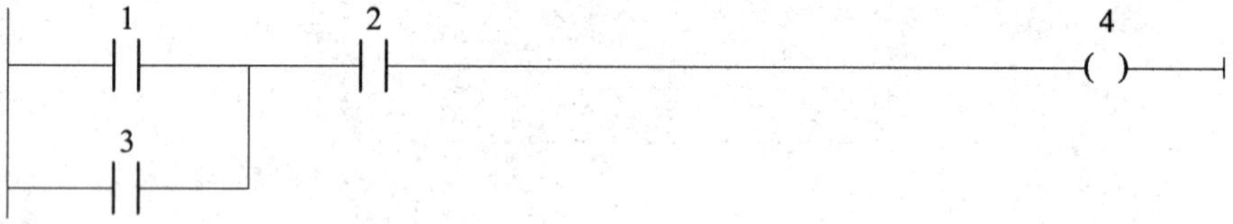

（a）合理

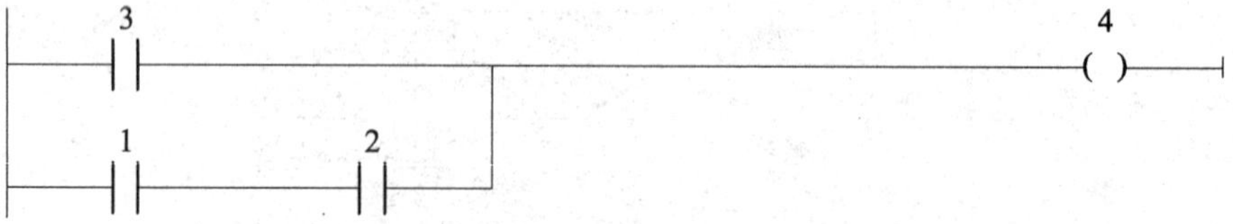

（b）不合理

图 8-1　梯形图一

（4）在每一个逻辑行中，并联触点多的支路应放在左边。如果将并联触点多的电路放在右边，则语句增多、程序变长（对应的 PLC 内部运行的机器码变长），如图 8-2 所示。

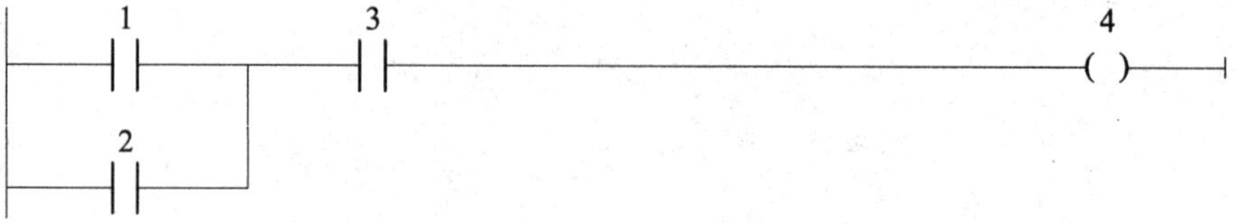

（a）合理

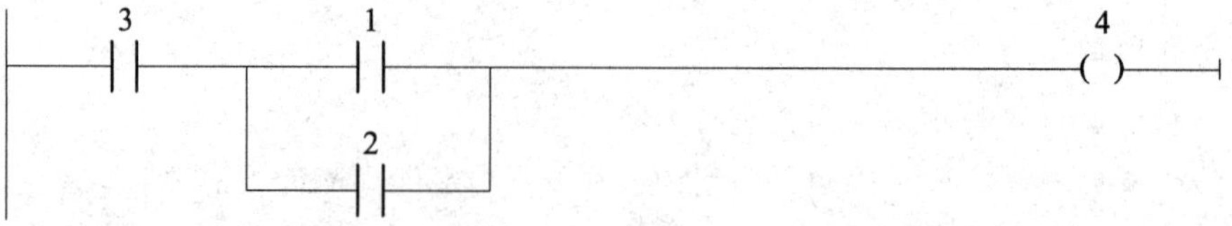

（b）不合理

图 8-2　梯形图二

（5）梯形图中，不允许一个触点上有双向“电流”通过。如图 8-3（a）所示，触点 5 上有双向“电流”通过，该梯形图不能编程，这是不允许的。对于这样的梯形图，应根据其逻辑功能作适当的等效变换，如图 8-3 所示。

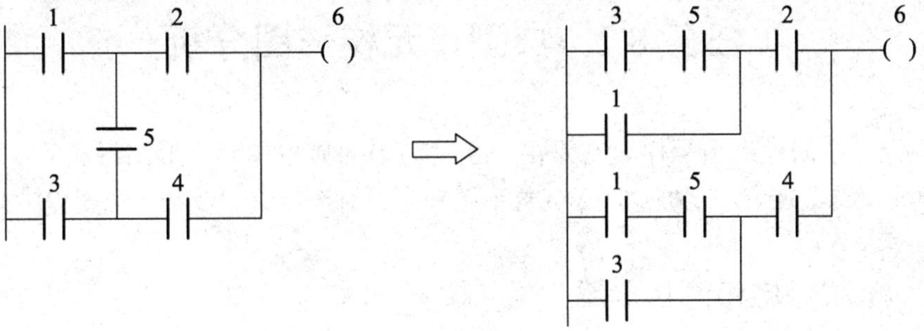

图 8-3　梯形图三

（6）梯形图中，当多个逻辑行都具有相同条件时，为了节省语句数量，常将这些逻辑行合并。如图 8-4（a）所示，并联触点 1、2 是各个逻辑行所共有的相同条件，可合并成图 8-4（b）所示的梯形图。

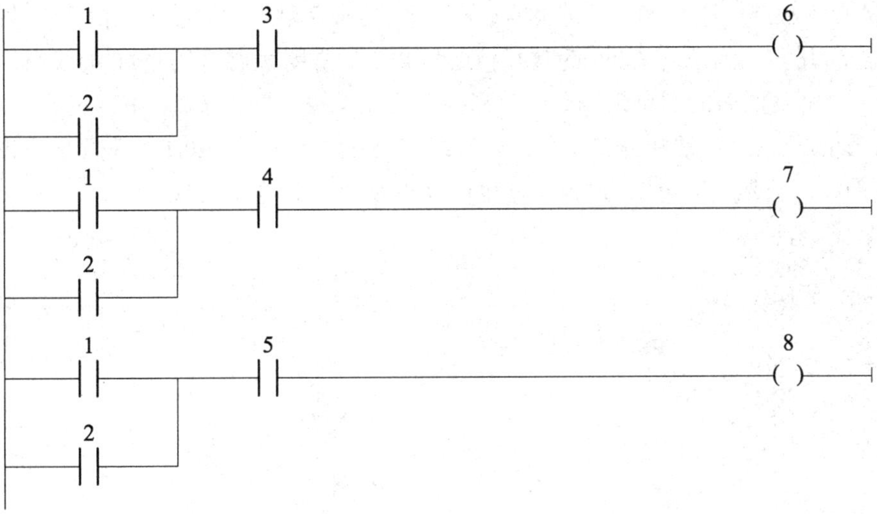

（a）不合理

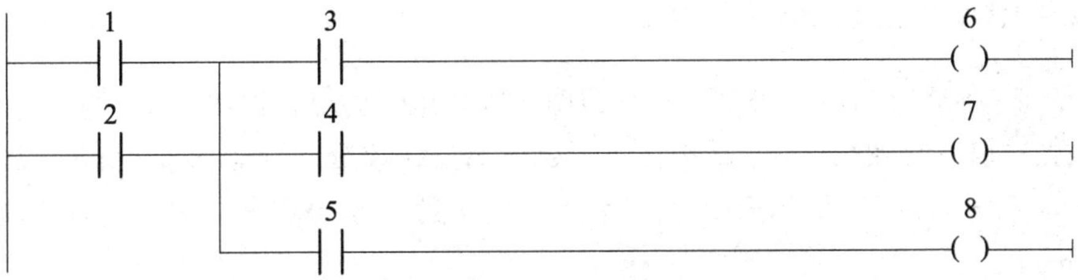

（b）合理

图 8-4　梯形图四

（7）设计梯形图时，输入继电器的触点状态全部按相应的输入设备为常开状态进行设计更为合适，不易出错。因此，也建议尽可能用输入设备的常开触点与 PLC 输入端连接。如果某些信号只能用常闭触点输入，可先按输入设备全部为常开来设计，然后将梯形图中对应的输入继电器触点取反（即常开改为常闭，常闭改为常开）。

任务 8.2　典型单元梯形图分析

任何一个复杂的梯形图程序，总是由一系列简单的典型单元梯形图组成的。因此，熟悉一些典型单元电路，理解和掌握这些单元梯形图程序，对今后编制复杂梯形图程序有很大帮助。

8.2.1　起动保持和停止电路

在项目 3 中已经介绍过电动机起动、保持和停止电路（简称为起保停电路），由于该电路在梯形图中应用很广，所以现将它重画在图 8-5 中。图中起动信号 I0.0 和停止信号 I0.1（如起动按钮和停止按钮提供的信号）接通的时间一般很短，这种信号称为短信号。起保停电路最主要的特点是具有“记忆”功能，按下起动按钮，I0.0 的常开触点接通，如果这时未按停止按钮，I0.0 的常闭触点接通，Q0.0 的线圈“通电”，它的常开触点同时接通。松开起动按钮，I0.0 的常开触点断开，“能流”经 Q0.0 的常开触点和 I0.1 的常闭触点流过 Q0.0 的线圈，Q0.0 仍为接通状态，这就是所谓的“自锁”或“自保持”功能。按下停止按钮，I0.1 的常闭触点断开，使 Q0.0 的线圈断电。其常开触点断开，以后即使松开停止按钮，I0.1 的常闭触点恢复接通状态，Q0.0 的线圈仍然“断电”。这种功能也可以用 S 和 R 指令来实现。

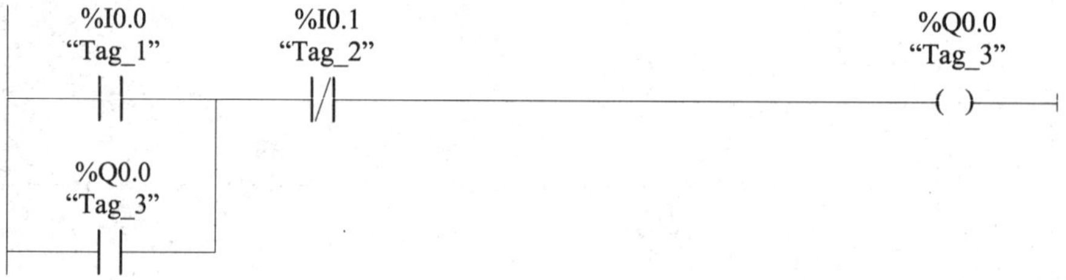

图 8-5　起保停电路

8.2.2　电动机正反转控制电路

图 8-6（a）所示为 PLC 的外部硬件接线图。其中 SB1 为停止按钮，SB2 为正转起动按钮，SB3 为反转起动按钮，KM1 为正转接触器，KM2 为反转接触器。实现电动机正反转功能的梯形图如图 8-6（b）所示。该梯形图是由两个起动、保持、停止的梯形图，再加上两者之间的互锁触点构成。

应该注意的是：图 8-6 虽然在梯形图中已经有了内部软继电器的互锁触点（I0.0 与 I0.1、Q0.0 与 Q0.1），但在外部硬件输出电路中还必须使用 KM1、KM2 的常闭触点进行互锁。因为 PLC 内部软继电器互锁只相差一个扫描周期，而外部硬件接触器触点的断开时间往往大于扫描周期，来不及响应。例如，Q0.0 虽然断开，可能 KM1 的触点还未断开，在没有外部硬件互锁的情况下，KM2 的触点可能接通，引起主电路短路。因此，必须采用软硬件双重互锁。

采用了双重互锁，同时也避免因接触器 KM1 或 KM2 的主触点熔焊引起电动机主电路短路。

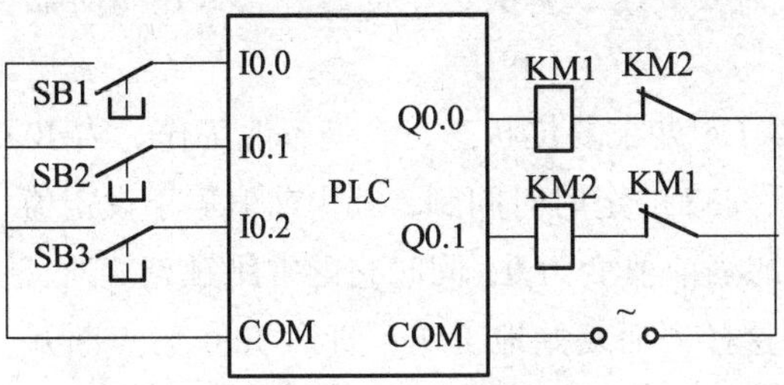

（a）PLC 的外部接线图

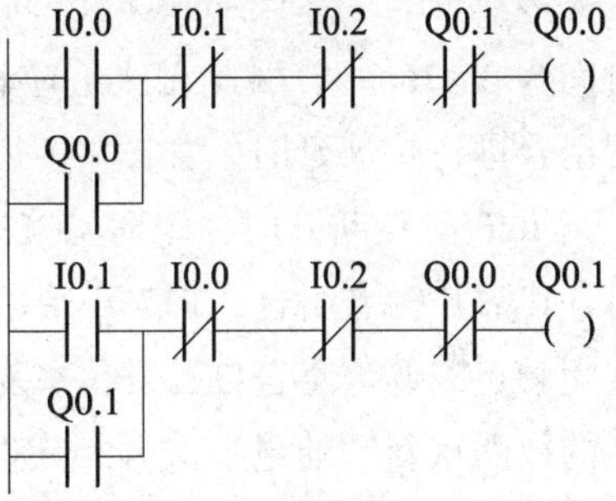

（b）梯形图

图 8-6　电动机正反转控制电路

8.2.3　延时接通/断开电路

图 8-7 是延时接通/断开电路，图中 I0.0 为输入信号，控制输出继电器 Q0.1，当 I0.0 的常开触点闭合时，定时器 DB1（IEC_Timer_0_DB）开始定时，9 s 后 DB1 的常开触点闭合，使 Q0.1 有输出（即 Q0.1 为 ON），当 I0.0 为 ON 时，I0.0 的常闭触点断开，使 DB2（IEC_Timer_0_DB_1）复位。

当 I0.0 变为 OFF 时，DB2 开始定时，6 s 后 DB2 的常闭触点断开，使 Q0.1 断电，DB2 复位。

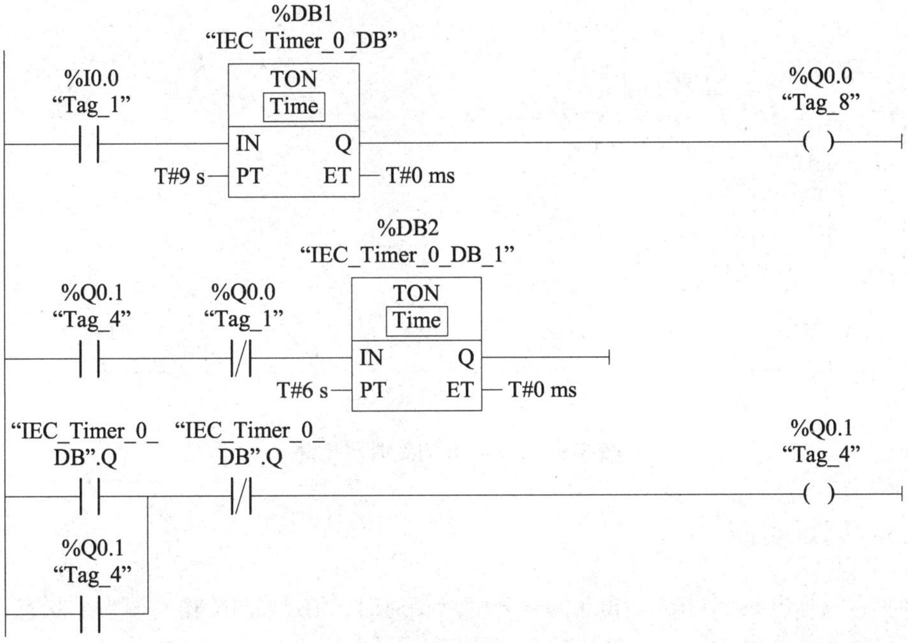

图 8-7　延时接通/断开电路

8.2.4 定时范围的扩展

大多数 PLC 定时器的延时时间都比较短，如西门子 PLC 的 S7-200 型的定时器的最长定时时间为 3 276.7 s，因此无法适应较长延时的需要。为了解决这个问题，常采用定时器和计数器组合进行扩展延时，如图 8-8 所示。

当 I0.0 触点断开时，定时器 T37 和计数器 C4 处于复位状态，它们不能工作。当 I0.0 接通时，其常开触点闭合，T37 开始定时，60 s 后 T37 的定时时间到，其当前值等于设定值，它的常闭触点断开，使它自己复位，复位后 T37 的当前值变为 0，同时它的常闭触点接通，使它自己的线圈重新“通电”又开始定时，T37 将这样周而复始地工作，直到 I0.0 触点断开。从上面的分析可知，图 8-8 中最上面一行电路是一个脉冲信号发生，脉冲周期等于 T37 的设定值（60 s）。

T37 产生的脉冲送给 C4 计数，计满 60 个数，（即 1 h）后，C4 的当前值等于设定值 60，它的常开触点闭合，使 Q0.0 有输出。从 I0.0 触点闭合到 Q0.0 线圈有输出，这段时间为定时时间。设 T37 和 C4 的设定值分别为 K_T 和 K_C，对于定时器总的定时时间（s）为 $T=K_TK_C$。

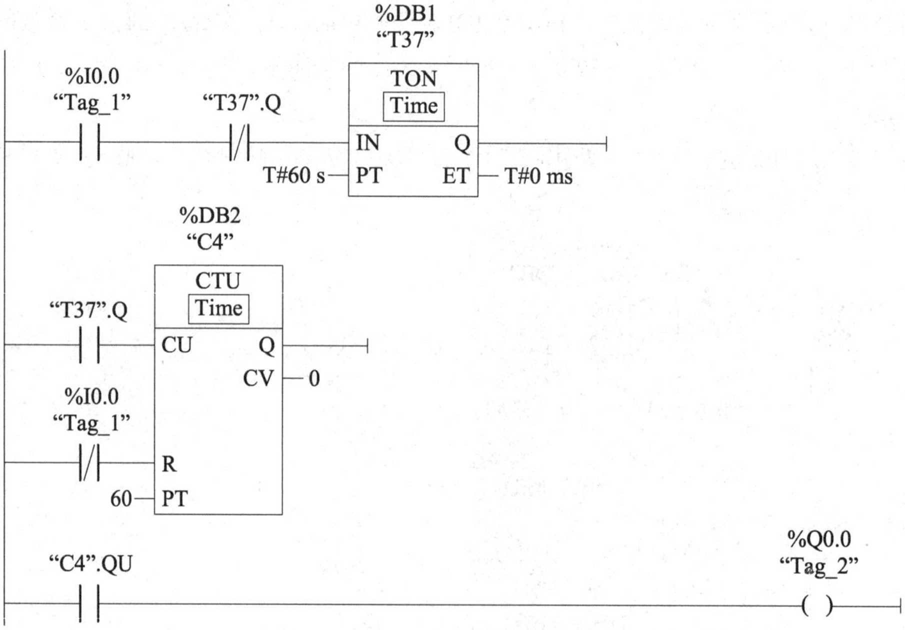

图 8-8　定时 1 h 的定时器电路

8.2.5 闪烁电路

图 8-9 为闪烁电路。当输入 I0.0 的常开触点接通时，T37 的 IN 输入端为 1 状态，T37 开始定时。2 s 后定时时间到，T37 的常开触点接通，使线圈 Q0.0 通电。同时 T38 开始定时。3 s 后 T38 的定时时间到，它的常闭触点断开，使 T37 的 IN 输入端变为 0 状态，T37 的常开触点

断开，使线圈 Q0.0 断电，同时使 T38 的 IN 输入端变为 0 状态，其常闭触点接通，T37 又开始定时，以后 Q0.0 的线圈将这样周期性地“通电”和“断电”，直到输入 I0.0 断开为止。Q0.0 线圈“通电”和“断电”的时间分别等于 T38 和 T37 的设定值。

闪烁电路实际上是一个具有正反馈的振荡电路，T37 和 T38 的输出信号通过它们的触点分别控制对方的线圈，形成了正反馈。

可以通过设置 PLC 常规选项当中的脉冲发生器当中的系统和时钟存储器，勾取启动时钟存储器字节栏，选择特殊存储器位 M0.5 的常开触点可提供周期为 1s、占空比为 0.5 的脉冲信号，可以用它来驱动需要闪烁的指示灯。

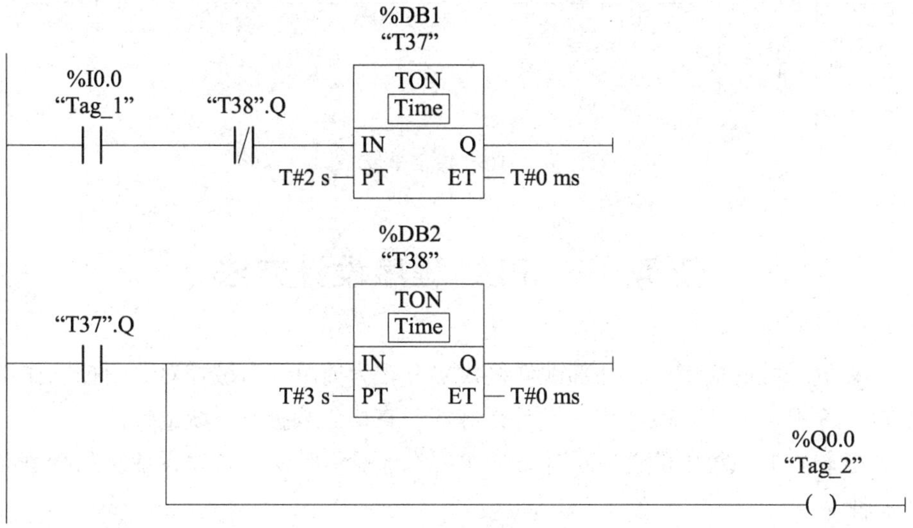

图 8-9　闪烁电路

8.2.6　报警电路

当控制系统出现故障时，执行此程序能及时报警发出声和光，以通知操作人员采取相应的措施，排除故障。

图 8-10 所示电路为一个报警电路梯形图。故障信号传来时，输入 I0.0 接通，输出 Q0.0 通电，使与此相连的报警蜂鸣器发声报警；同时，特殊存储器 M0.5（1 s 时钟脉冲）周期性地通、断导通，使输出 Q0.1 也跟着周期性地通、断，使与此相连的报警指示灯发光闪烁。待工作人员发现后，按下蜂鸣器复位按钮 I0.1，使位存储器 M10.1 接通，其常开触点闭合自锁，其常闭触点断开，使 Q0.0 断开，报警蜂鸣器停止报警，另一常开触点把特殊存储器 M0.5 短接，报警指示灯停止闪烁发光。待排除故障后去掉故障信号使 I0.0 断开，报警蜂鸣器停止报警，报警指示灯熄灭。

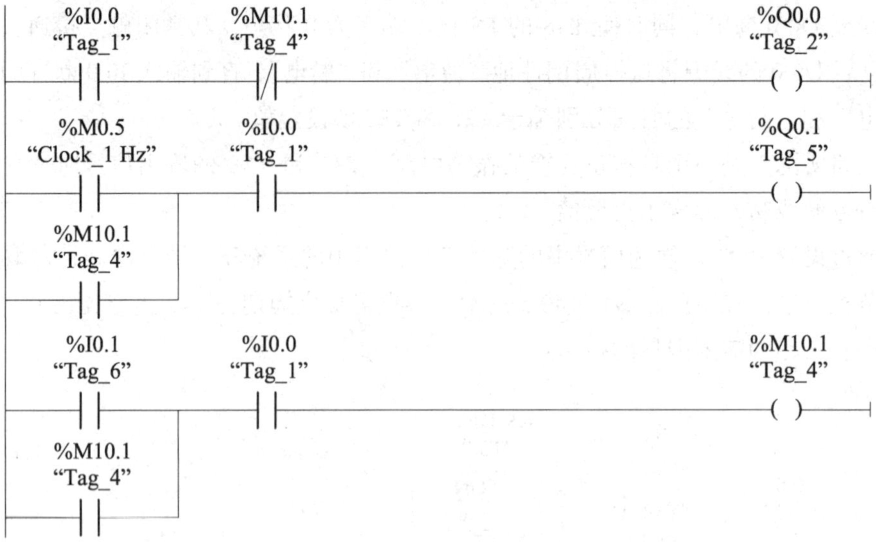

图 8-10　报警电路

任务 8.3　PLC 程序设计方法

PLC 在控制系统的应用中，外部硬件接线部分较为简单，对被控对象的控制作用，都体现在 PLC 的程序上。因此，PLC 程序设计得好坏，直接影响控制系统的性能。

PLC 在逻辑控制系统中的程序设计方法主要有经验设计法、顺序设计法和继电器控制线路移植法三种。

本任务主要介绍经验设计法与顺序设计法的使用。

8.3.1　经验设计法

经验设计法实际上是沿用了传统继电器系统电气原理图的设计方法，即在一些典型单元电路（梯形图）的基础上，根据被控对象对控制系统的具体要求，不断地修改和完善梯形图。有时需要多次反复调试和修改梯形图，增加很多辅助触点和中间编程元件，最后才能得到一个较为满意的结果。这种设计方法没有规律可遵循，具有很大的试探性和随意性，最后的结果因人而异，不是唯一的。设计所用的时间、设计质量与设计者的经验有很大关系，所以称之为经验设计法。一般可用于较简单的梯形图程序设计。

下面通过一个简单的例子来说明这种设计方法的基本思路。

图 8-11（a）所示为运料小车系统示意图及 PLC 接线图。图中 SQ1、SQ2 为运料小车左右终点的行程开关。运料小车在 SQ1 处装料，20 s 后装料结束，开始右行。当碰到 SQ2 后停下来卸料，15 s 后左行，碰到 SQ1 后又停下来装料。这样不停地循环工作，直到按下停止按钮 SB3。按钮 SB1 和 SB2 分别是小车右行和左行的起动按钮。

小车控制系统的输入、输出设备与 PLC 的 I/O 端对应连接关系如图 8-11（b）所示。

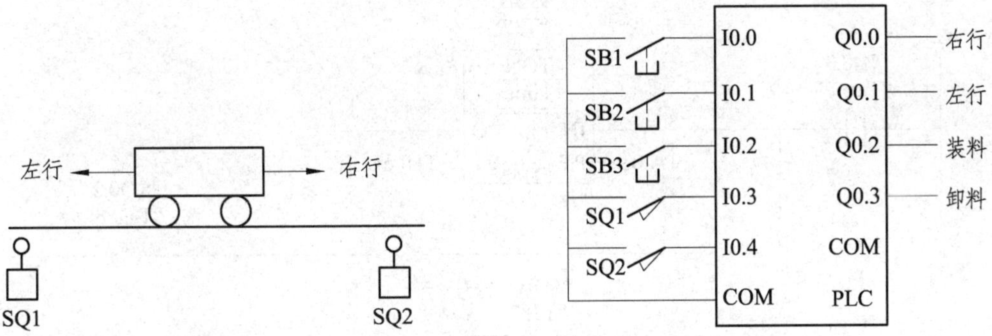

（a）运料小车系统示意图　　（b）PLC 接线图

图 8-11　运料小车系统示意图及 PLC 接线图

采用经验设计法对小车控制系统梯形图程序的设计过程是：由于小车右行和左行互为连锁关系，不能同时进行，与电动机正反转控制梯形图一样，因此利用正反转梯形图先画出控制小车左、右行的梯形图。另外，用两个位置开关 SQ1（I0.3）、SQ2（I0.4）的常开触点分别接通装料、卸料输出（Q0.2、Q0.3）及装料、卸料时间的定时器（T37、T38）。在此基础上为了使小车到达装料、卸料位置能自动停止左行、右行，将 I0.3 和 I0.4 的常闭触点分别串入 Q0.1（左行）和 Q0.0（右行）的线圈电路中；为了使小车在装料、卸料结束后能自行起动右行、左行，将控制装、卸料时间的定时器 T37 和 T38 的常开触点分别与手动起动右行和左行的 I0.0 和 I0.1 的常开触点并联。最后可得出如图 8-12 所示的梯形图。

从以上设计过程可知，经验设计法设计比较麻烦，设计周期长且设计出的梯形图可读性差。所以这种方法只能用来设计一些简单的程序或复杂系统的某一局部程序（如手动程序等）。

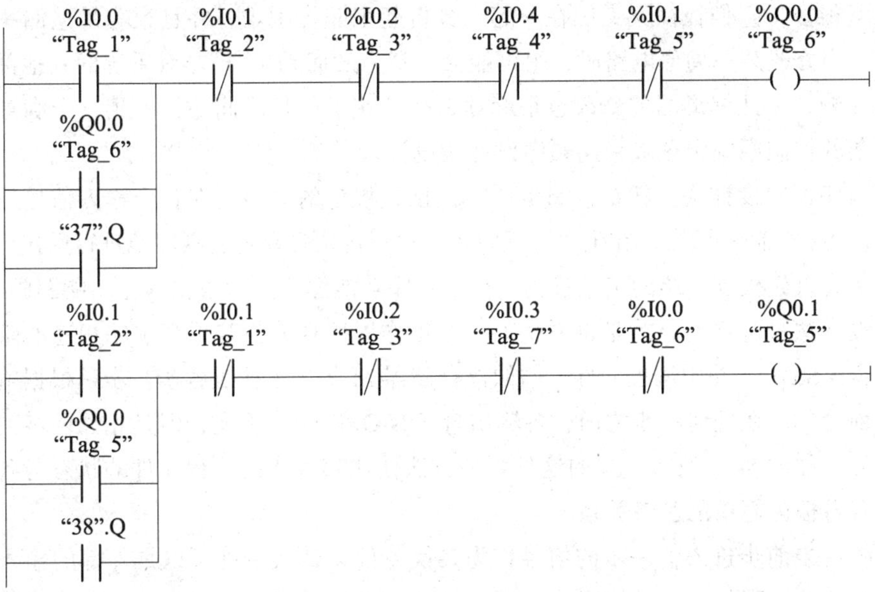

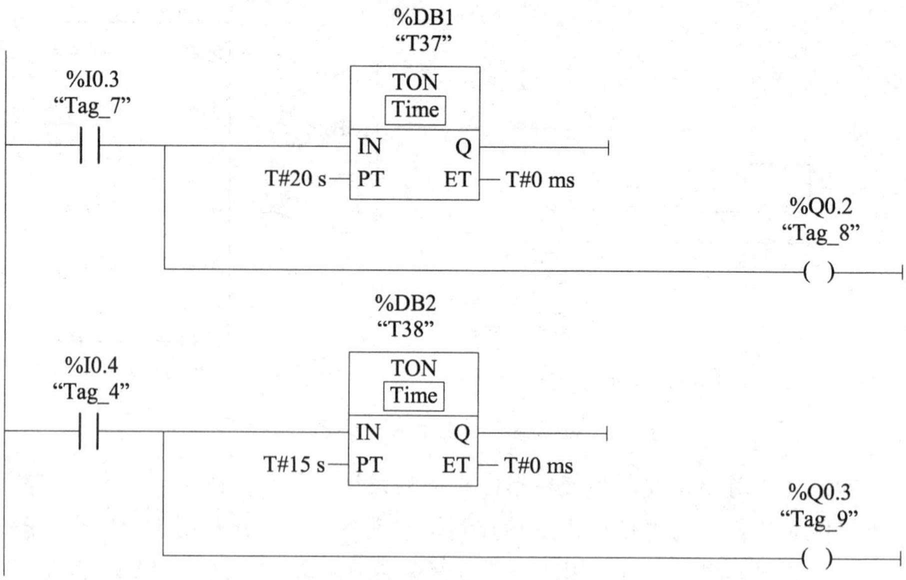

图 8-12　运料小车控制系统的梯形图程序

8.3.2　顺序控制设计法与顺序功能图的绘制

1. 顺序控制设计法

由以上分析可知，用经验设计法设计梯形图时，没有一套固定的方法和步骤可以遵循，具有很大的试探性和随意性，对于不同的控制系统，没有一种通用的容易掌握的设计方法。在设计系统的梯形图时，往往用大量的中间单元来完成记忆、连锁和互锁等功能，由于需要考虑的因素很多，它们往往又交织在一起，分析起来非常困难，并且很容易遗漏一些应该考虑的问题。当修改某一局部电路时，很可能会“牵一发而动全身”。对系统的其他部分产生意想不到的影响，因此梯形图的修改也很麻烦，往往花了很长时间还得不到一个满意的结果。因此在复杂的控制系统中一般采用顺序设计法设计。

所谓顺序控制设计法，就是按照生产工艺预先规定的顺序，在各个输入信号的作用下，根据内部状态和时间的顺序，在生产过程中各个执行机构自动地有秩序地进行操作。使用顺序控制设计法时首先根据系统的工艺过程，画出顺序功能图，然后根据顺序功能图画出梯形图。

顺序设计法最基本的思路是将系统的一个工作周期划分为若干个顺序相连的阶段，这些阶段称为步（Step），并用编程元件（例如位存储器 M 等）来代表各步。步是根据输出量的状态变化来划分的。在任何一步之内，各输出量 ON/OFF 状态不变，但是相邻两步输出量的状态是不同的，如图 8-13 所示，步的这种划分方法使代表各步的编程元件的状态与各输出量的状态之间有着极为简单的逻辑关系。

使系统由当前步进入下一步的信号称为转换条件，转换条件可以是外部的输入信号，如按钮、主令开关、限位开关的接通/断开等；也可以是可编程序控制器内部产生的信号，如定时器、计数器常开触点的接通等。转换条件还可能是若干个信号的与、或、非逻辑组合。

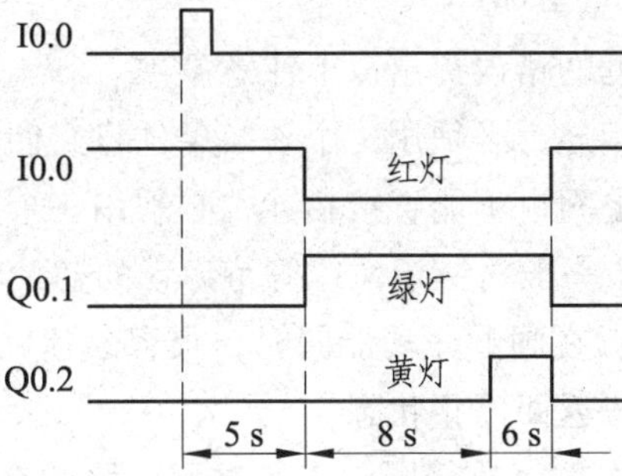

图 8-13　步的划分

顺序控制设计法用转换条件控制代表各步的编程元件，让它们的状态按一定的顺序变化，然后用代表各步的编程元件去控制可编程序控制器的各输出位。

2. 顺序控制功能图的绘制

顺序功能图（Sequential Function Chart）又称流程图。它是描述控制系统的控制过程、功能和特性的一种图形，顺序功能图并不涉及所描述的控制功能的具体技术，它是一种通用的技术语，可供不同专业的人员进行技术交流。

3. 顺序功能图中转换实现的基本规则

1）顺序功能图中转换的实现

在顺序功能图中，步与步两者之间实现转换应同时具备两个条件。

（1）该转换的前级步必须是“活动步”。

（2）相应的转换条件得到满足。

当同时具备以上两个条件时，才能实现步的转换。如果转换的前级步或后续步不止一个，转换的实现称为同步实现，为了强调同步实现，有向连线的水平部分用双线表示。

2）转换实现应完成的操作

转换的实现应完成以下两个操作。

（1）使所有由有向连线与相应转换条件相连的后续步都变为活动步。

（2）使所有由有向连线与相应转换条件相连的前级步都变为不活动步。

以上规则可以用于任意结构中的转换，其区别如下：

在单序列中，一个转换仅有一个前级步和一个后续步；在并行序列的分支处，转换有几个后续步，在转换实现时应同时将它们对应的编程元件置位。在并行序列的合并处，转换有几个前级步，它们均为活动步时才能实现转换，当转换实现时应将它们对应的编程元件全部复位；在选择序列的分支与合并处，一个转换实现上只有一个前级步和一个后续步，但是一个步可能有多个前级步或多个后续步。

在功能图中，用编程元件（如 M 等）代表各步，当某步为活动步时，该步对应的编程元件为 ON。当该步之后的转换满足时，转换条件的触点或电路接通，因此可以将该触点或电路与代表所有前级步的编程元件的常开触点串联，以实现步状态的转换。

3）绘制顺序功能图时的注意事项

针对绘制顺序功能图时常见的错误提出以下注意事项。

（1）步与步之间不能直接相连，必须用一个转换条件将它们隔开。

（2）转换条件与转换条件之间也不能直接相连，必须用一个步将它们隔开。

（3）顺序功能图中的初始步一般对应于系统等待启动的初始状态，这一步可能没有输出，只是做好预备状态，因此初学者在画顺序功能图时，很容易遗漏这一步。初始步是必不可少的，如果没有该步，系统将无法返回停止状态。

（4）自动控制系统应能多次重复执行同一工艺过程，因此在顺序功能图中一般应有由步和有向连线组成的闭环，即在完成一次工艺过程的全部操作之后，应从最后一步退回初始步，系统停止在初始状态，如图 8-14 所示的循环序列。

（5）在顺序功能图中，只有当某一步的前级步是活动步时，该步才有可能变成活动步。若用没有断电保持功能的编程元件代表各步，当 PLC 进入 RUN 工作方式时，它们均处于 OFF 状态，必须用初始化脉冲 M1.0（西门子 PLCS-1200）的常开触点作为转换条件，将初始步预置为活动步，如图 8-14 所示（图中 SM0.1 为西门子 S-200 的初始化脉冲的常开触点）。否则因顺序功能图中没有活动步，系统将无法工作。若系统有自动、手动两种工作方式，顺序功能图是用来描述自动工作过程的，这时还应在系统中由手动工作方式进入自动工作方式时，用一个适当的信号将初始步设置为活动步。

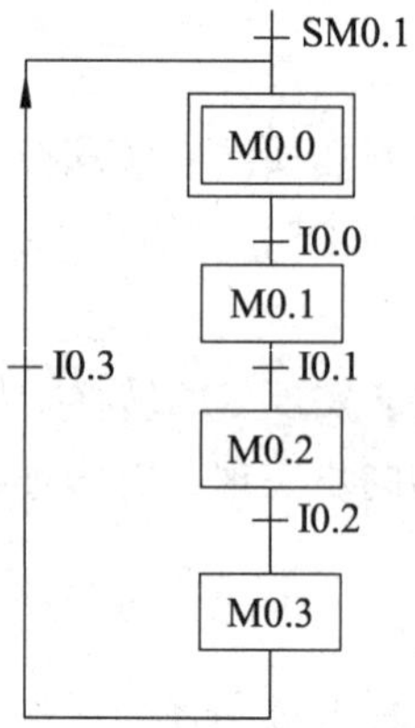

图 8-14　循环序列功能图

任务 8.4　顺序控制设计方法中梯形图的编程方式

本任务将重点介绍根据绘制的功能图来设计 PLC 梯形图程序的方法，即编程方式。常用的编程方式有：使用通用逻辑指令（即起保停电路）的编程方式、以转换条件为中心的编程方式和顺序控制继电器的编程方式。

8.4.1　使用通用逻辑指令的编程方式

通用逻辑指令是指 PLC 最基本的与触点和线圈有关的指令。任何一种可编程序控制器的指令系统都有这一类指令，因此这是一种通用的编程方法，可以用于任意型号的可编程序控制器。

根据顺序功能图设计梯形图时，可以采用位存储器 M 来代表各步。某一步为活动步时，对应的位存储器为 1，某一转换条件实现时，该转换的后续步变为活动步，前级步变为不活动步。很多转换条件都是短信号，即它存在的时间比它激活的后续步为活动步的时间短，因此应使用有记忆功能的电路或指令（如起保停控制电路和置位、复位指令）来控制代表步的位存储器。

1. 单序列的编程方法

图 8-15 中的波形图给出了控制锅炉的鼓风机和引风机的要求。按下起动按钮 I0.0 后，应先开引风机，延时 5 s 后再开鼓风机。按下停止按钮 I0.1 后，应先停鼓风机，5 s 后再停引风机。

根据 Q0.0 和 Q0.1 接通/断开状态的变化，显然工作期间可以分为 3 步，分别用 M10.1、M10.2、M10.3 来代表这 3 步，用 M10.0 来代表等待启动的初始步。起动按钮 I0.0、停止按钮 I0.1 的常开触点、定时器延时接通的常开触点是各步之间的转换条件。顺序功能图如图 8-15（b）所示，图中有两个定时器，它们的意义完全不同。与 M10.1 步相连的动作框中的 T37 表示 T37 的 IN 输入端在 M10.1 步应为 1 状态，在梯形图中，T37 的 IN 输入端与 M10.1 的线圈左侧相连。转换旁边的 T37 表示 T37 延时接通的常开触点，用来作为 M10.1 和 M10.2 之间的转换条件。

设计起、保、停控制电路的关键是找出它的起动条件和停止条件。根据转换实现的基本规则，转换实现的条件是它的前级步为活动步并且满足相应的转换条件。步 M10.1 变为活动步的条件是步 M10.0 为活动步，且二者之间的转换条件 I0.0=1。在起保停电路中，则应将代表前级步的 M10.0 的常开触点和代表转换条件的 I0.0 的常开触点串联后，作为控制 M10.1 的起动电路。

当 M10.1 和 T37 的常开触点均闭合时，步 M10.2 变为活动步，这时步 M10.1 应变为不活动步，因此可以将 M10.2=1 作为使位存储器 M10.1 变为断开的条件，即将 M10.2 的常闭触点与 M10.1 的线圈串联。

在这个例子中，可以用 T37 的常闭触点代替 M10.2 的常闭触点。但是当转换条件由多个信号经“与、或、非”逻辑运算组合而成时，需将它的逻辑表达式求反，再将对应的触点串并联电路作为起保停电路的停止电路，这样做不如使用后续步对应的常闭触点简单方便。

根据上述的编程方法和顺序功能图，很容易画出梯形图。以初始步 M10.0 为例，由顺序功能图可知，M10.3 是它的前级步，二者之间的转换条件为 T38 的常开触点。所以应将 M10.3 和 T38 的常开触点串联，作为 M10.0 的起动电路。可编程序控制器开始运行时应将 M10.0 置为 1，否则系统无法工作，所以将 PLC 的特殊存储器 M1.0（仅在第一个扫描周期接通）常开触点与激活 M10.0 的条件并联。为了保证活动状态能持续到下一步活动为止，还加上 M10.0 的自保持触点。后续步 M10.1 的常闭触点与 M10.0 的线圈串联，M10.1 为 1 时，M10.0 的线圈“断电”，初始步变为不活动步。M10.1、M10.2、M10.3 的电路也是一样，请自行分析。

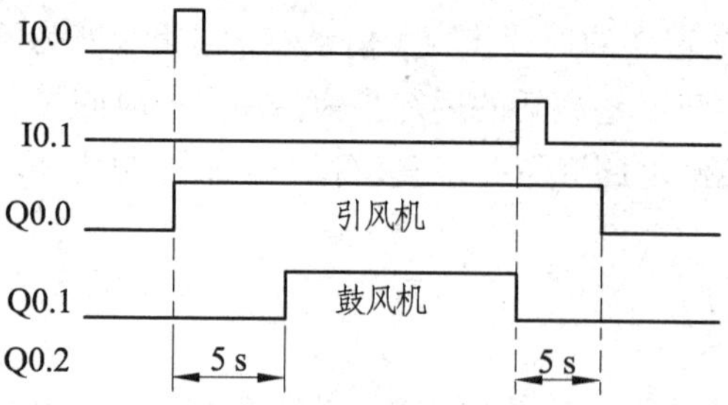

I0.0
I0.1
Q0.0
引风机
Q0.1
鼓风机
Q0.2
5 s
5 s

（a）

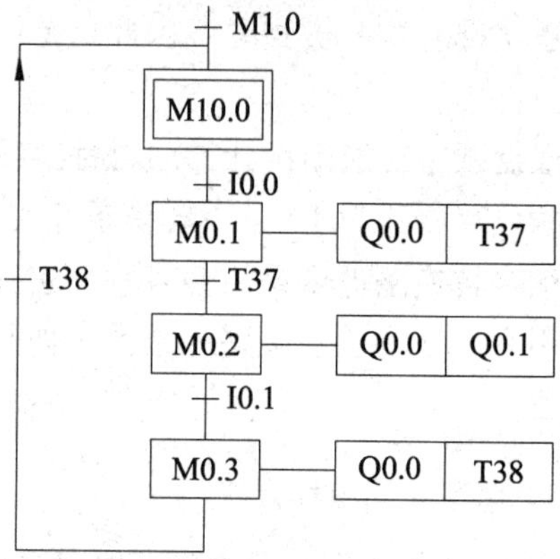

M1.0
M10.0
I0.0
M0.1
Q0.0
T37
T38
T37
M0.2
Q0.0
Q0.1
I0.1
M0.3
Q0.0
T38

（b）

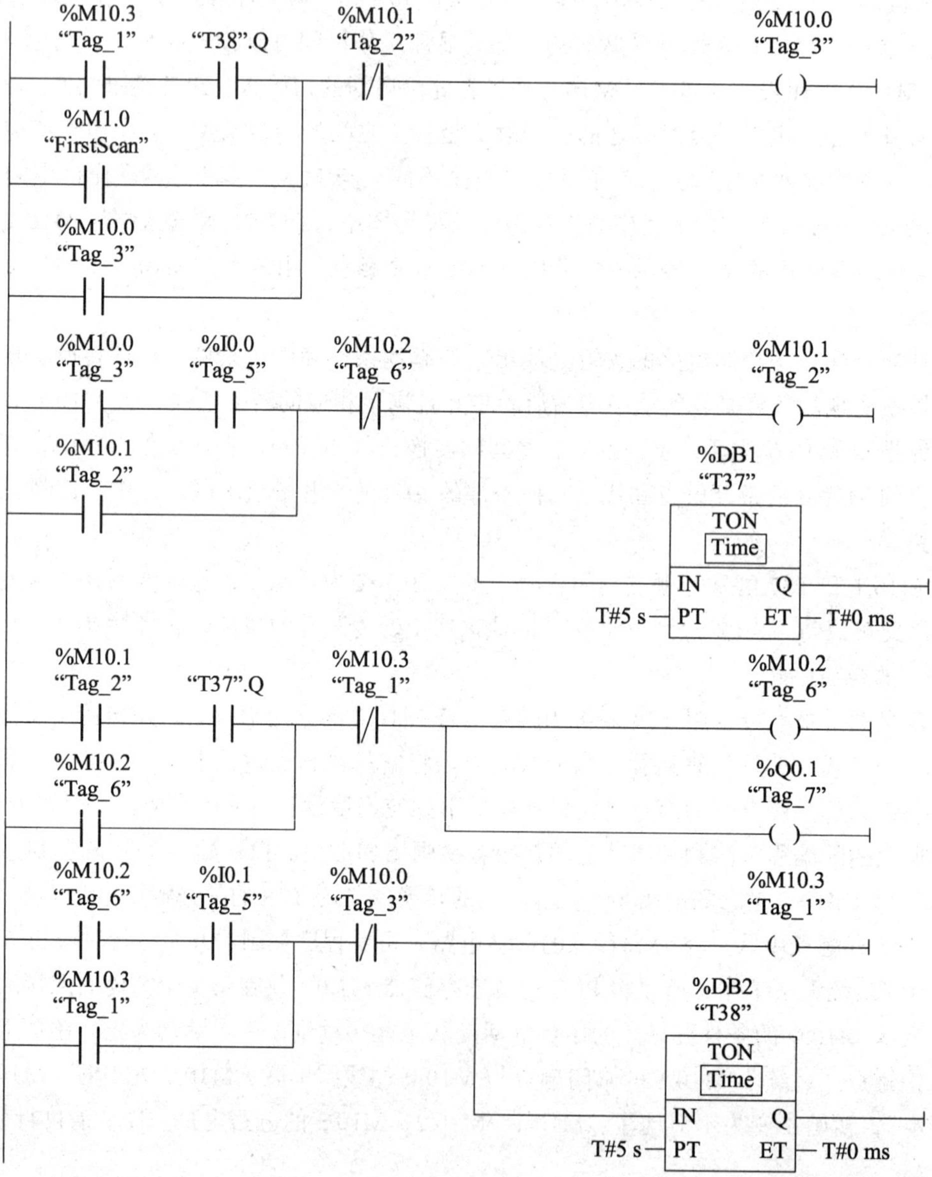

%M10.3
"Tag_1"
"T38".Q
%M10.1
"Tag_2"
%M10.0
"Tag_3"
%M1.0
"FirstScan"
%M10.0
"Tag_3"
%M10.0
"Tag_3"
%I0.0
"Tag_5"
%M10.2
"Tag_6"
%M10.1
"Tag_2"
%M10.1
"Tag_2"
%DB1
"T37"
TON
Time
IN
Q
T#5 s
PT
ET
T#0 ms
%M10.1
"Tag_2"
"T37".Q
%M10.3
"Tag_1"
%M10.2
"Tag_6"
%M10.2
"Tag_6"
%Q0.1
"Tag_7"
%M10.2
"Tag_6"
%I0.1
"Tag_5"
%M10.0
"Tag_3"
%M10.3
"Tag_1"
%M10.3
"Tag_1"
%DB2
"T38"
TON
Time
IN
Q
T#5 s
PT
ET
T#0 ms

（c）

图 8-15　鼓风机和引风机的顺序功能图和梯形图

下面介绍设计梯形图的输出电路部分方法。由于步是根据输出变量的状态变化来划分的，它们之间的关系极为简单，可以分为两种情况来处理。

当某一输出量仅在某一步中为接通状态，例如，图 8-15 中的 Q0.1 就属于这种情况，可以将它的线圈与对应步的位存储器 M10.2 的线圈并联。

有的人也许会认为，既然如此，不如用这些输出来代表该步，例如用 Q0.1 代替 M10.2，当然这样做可以节省一些编程元件，但是位存储器 M 是完全够用的，多用一些不会增加硬件费用，在设计和输入程序时也多花不了多少时间。梯形图全部采用位存储器来代表步，具有概念清楚、编程规范、梯形图易于阅读和查错的优点。

当某一输出在几步中都为接通状态，应将代表各有关步的位存储器的常开触点并联后，驱动该输出的线圈。图 8-15 中 Q0.0 在 M10.1 ~ M10.3 这 3 步中均应工作，所以用 M10.1 ~ M10.3 的常开触点组成的并联电路来驱动 Q0.0 的线圈。

2. 选择序列的编程方法

1）选择序列的分支的编程方法

图 8-16 中，步 M10.0 之后有一个选择序列的分支，设 M10.0 为活动步，当它的后续步 M10.1 或 M10.2 变为活动步时，它都应变为不活动步（M10.0 变为 0 状态），所以应将 M10.1 和 M10.2 的常闭触点与 M10.0 的线圈串联。如果某一步的后面有一个由 N 条分支组成的选择序列，该步可能转换到不同的 N 步去，则应将这 N 条后续步对应的位存储器的常闭触点与该步的线圈串联作为结束该步的条件。

2）选择序列的合并的编程方法

图 8-16 中，步 M10.2 之前有一个选择序列的合并，当步 M10.1 为活动步（M10.1 为 1）并且转换条件 I0.1 满足，或步 M10.0 为活动步并且转换条件 I0.2 满足，步 M10.2 都应变为活动步，如图 8-17 所示。

对于选择序列的合并，如果某一步之前有 N 条支路转换（即有 N 条分支进入该步），则代表该步的位存储器的起动电路由 N 条支路并联而成，各支路由某一前级步对应的位存储器的常开触点与相应转换条件对应的触点或电路串联而成。

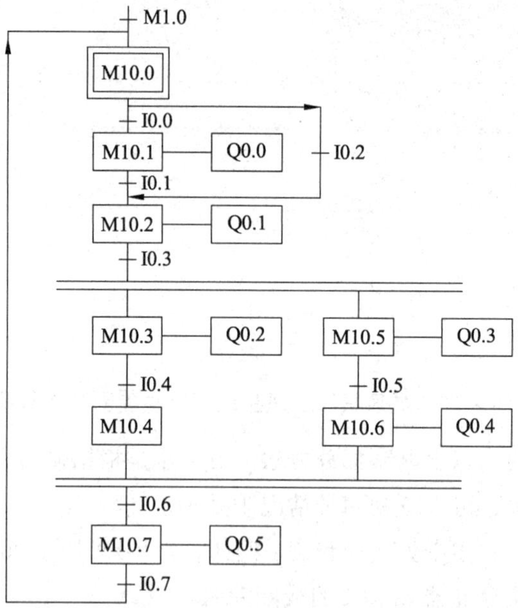

图 8-16　选择序列与并行序列

3. **并行序列的编程方法**

1）并行序列的分支的编程方法

图 8-16 中的步 M10.2 之后有一个并行序列的分支，当步 M10.2 是活动步并且转换条件 I0.3 满足时，步 M10.3 与步 M10.5 应同时变为活动步，这是用 M10.2 和 I0.3 的常开组成的串联电路分别作为 M10.3 和 M10.5 的起动电路来实现，与此同时，步 M10.2 应变为不活动步。由于步 M10.3 和 M10.5 是同时变为活动步的，所以只需将 M10.3 或 M10.5 的常闭触点与 M10.2 的线圈串联即可。

2）并行序列的合并的编程方法

步 M10.7 之前有一个并行序列的合并，该转换实现的条件是所有的前级步（即步 M10.4 和 M10.6）都是活动步和转换条件 I0.6 满足。由此可知，应将 M10.4、M10.6 和 I0.6 的常开触点串联，作为控制 M10.7 的起保停电路的起动电路。任何复杂的顺序功能图都是由单序列、选择序列和并行序列组成的，掌握了单序列的编程方法和选择序列、并行序列的分支、合并的编程方法，就不难迅速地设计出任意复杂的用顺序功能图描述的开关量控制系统的梯形图，如图 8-17 所示。

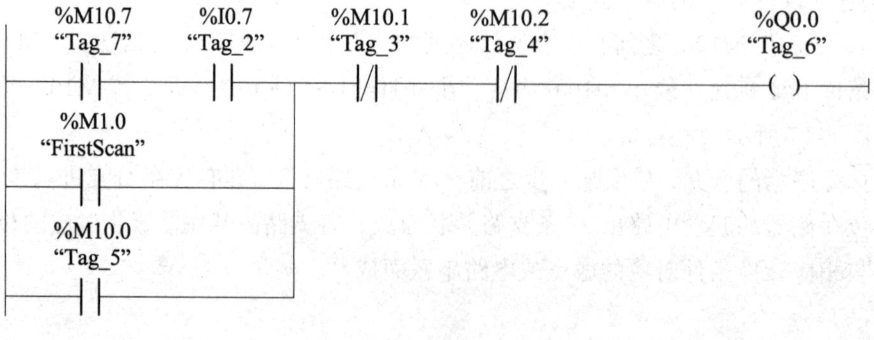

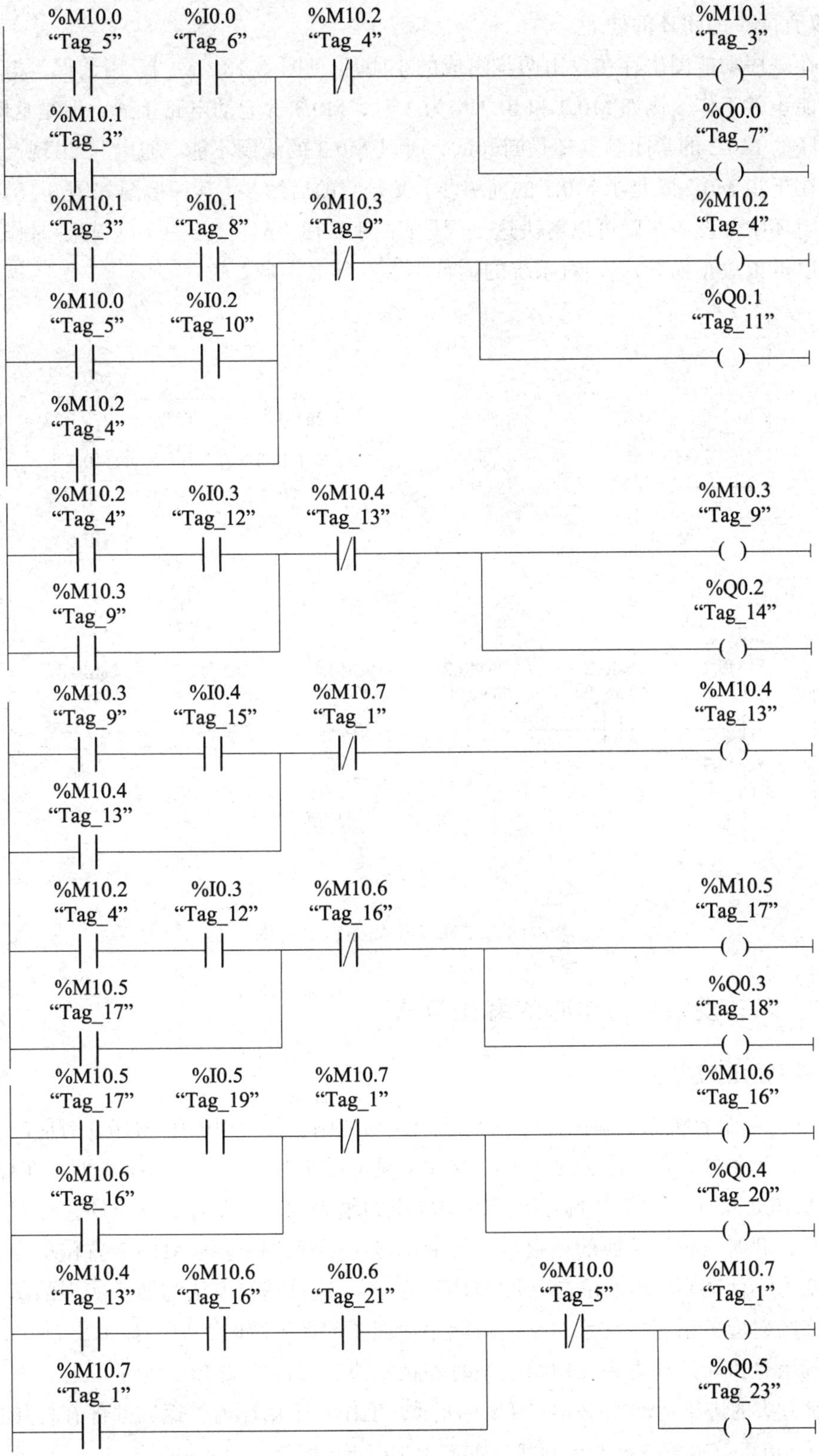
%M10.0 "Tag_5"
%I0.0 "Tag_6"
%M10.2 "Tag_4"
%M10.1 "Tag_3"
%M10.1 "Tag_3"
%Q0.0 "Tag_7"
%M10.1 "Tag_3"
%I0.1 "Tag_8"
%M10.3 "Tag_9"
%M10.2 "Tag_4"
%M10.0 "Tag_5"
%I0.2 "Tag_10"
%Q0.1 "Tag_11"
%M10.2 "Tag_4"
%M10.2 "Tag_4"
%I0.3 "Tag_12"
%M10.4 "Tag_13"
%M10.3 "Tag_9"
%M10.3 "Tag_9"
%Q0.2 "Tag_14"
%M10.3 "Tag_9"
%I0.4 "Tag_15"
%M10.7 "Tag_1"
%M10.4 "Tag_13"
%M10.4 "Tag_13"
%M10.2 "Tag_4"
%I0.3 "Tag_12"
%M10.6 "Tag_16"
%M10.5 "Tag_17"
%M10.5 "Tag_17"
%Q0.3 "Tag_18"
%M10.5 "Tag_17"
%I0.5 "Tag_19"
%M10.7 "Tag_1"
%M10.6 "Tag_16"
%M10.6 "Tag_16"
%Q0.4 "Tag_20"
%M10.4 "Tag_13"
%M10.6 "Tag_16"
%I0.6 "Tag_21"
%M10.0 "Tag_5"
%M10.7 "Tag_1"
%M10.7 "Tag_1"
%Q0.5 "Tag_23"

图 8-17 梯形图

3）仅有两步的闭环的处理

如果在顺序功能图中存在仅由两步组成的小闭环[见图 8-18（a）]，用起保停电路设计的梯形图不能正常工作。例如 M0.2 和 I0.2 均为 1 时，M0.3 的起动电路接通，但是这时与 M0.3 的线圈串联的 M0.2 的常闭触点却是断开的，所以 M0.3 的线圈不能“通电”。出现上述问题的根本原因在于步 M0.2 既是步 M0.3 的前级步，又是它的后续步，其梯形图如图 8-18（c）所示。如果在小闭环中增设一步就可以解决这一问题[见图 8-18（b）]，这一步只起延时作用，延时时间可以取得很短（如 0.1s），对系统的运行不会有什么影响。

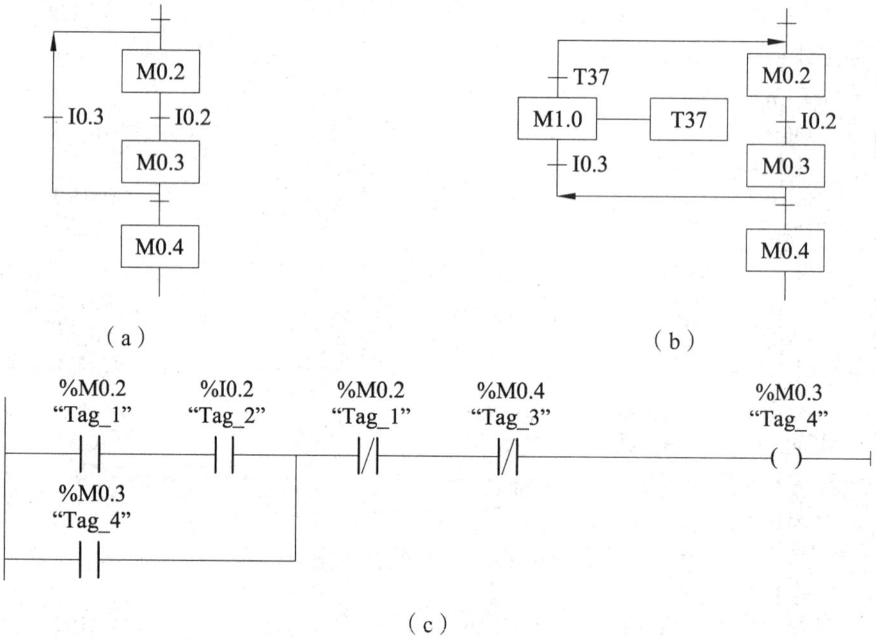

图 8-18　仅有两步的闭环的处理

8.4.2　以转换条件为中心的编程方法

1. 单序列的编程方法

图 8-19 为某组合机床的动力头控制系统顺序功能图。若实现图中 M10.0 对应的转换需要同时应满足两个条件，即该转换的前级步 M10.1 是活动步和转换条件 I0.0 满足。在梯形图中，就可以用 M10.0 和 I0.0 的常开触点组成的串联电路来表示上述条件。该电路接通时，两个条件同时满足，此时应将该转换的后续步变为活动步（用置位指令将 M10.1 置位）和将该转换的前级步变为不活动步（用复位指令将 M10.0 复位），这种编程方法与转换实现的基本原则之间有着严格的对应关系，用它编制复杂的顺序功能图的梯形图时，更能显示出它的优越性。

例如某组合机床的动力头在初始状态时停在左边，限位开关 I0.3 为 1 状态，按下起动按钮 I0.0，动力头的进给运动如图 8-19（a）所示，工作一个循环后，返回并停在初始位置，控制电磁阀的 Q0.0 ~ Q0.2 在各工步的状态如图 8-19（b）所示。

在顺序功能图中，如果某一转换所有的前级步都是活动步并且相应的转换条件满足，则转换实现，即所有由有向连线与相应转换符号相连的后续步都变为活动步，而所有由有向连线与相应转换条件相连的前级步都变为不活动步。在以转换条件为中心的编程方法中，用该转换所有前级步对应的位存储器的常开触点与转换对应的触点或电路串联（即起保停电路中的起动电路），作为使所有后续步对应的位存储器置位（使用置位指令）和使所有前级步对应的位存储器复位（使用复位指令）的条件。在任何情况下，代表步的位存储器的控制电路都可以用这一原则来设计，每一个转换对应一个这样的控制置位和复位的电路块，有多少个转换就有多少个这样的电路块。这种设计法特别有规律。在设计复杂的顺序功能图的梯形图时既容易掌握，又不容易出错。

使用这种编程方法时，不能将输出位的线圈与置位指令和复位指令并联，这是因为图 8-19 中前级步和转换条件对应的串联电路接通的时间是相当短的（只有一个扫描周期），转换条件满足后前级步马上被复位，该串联电路断开，而输出位的线圈至少应该在某一步对应的全部时间内被接通。所以应根据顺序功能图，用代表步的位存储器的常开触点或它们的并联电路来驱动输出位的线圈。

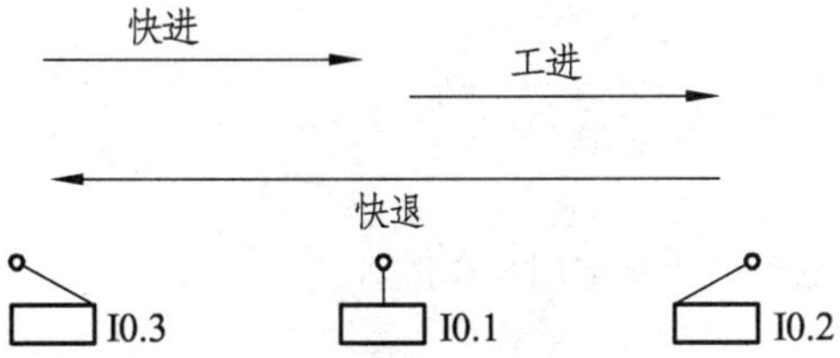

（a）流程图

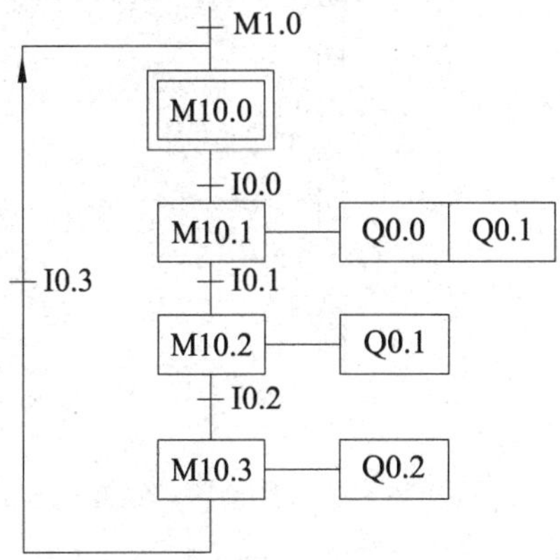

（b）功能图

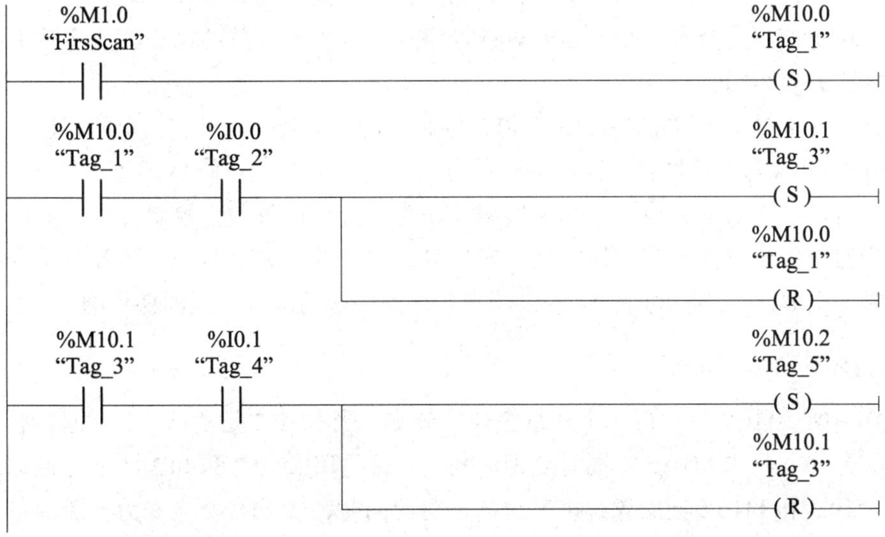

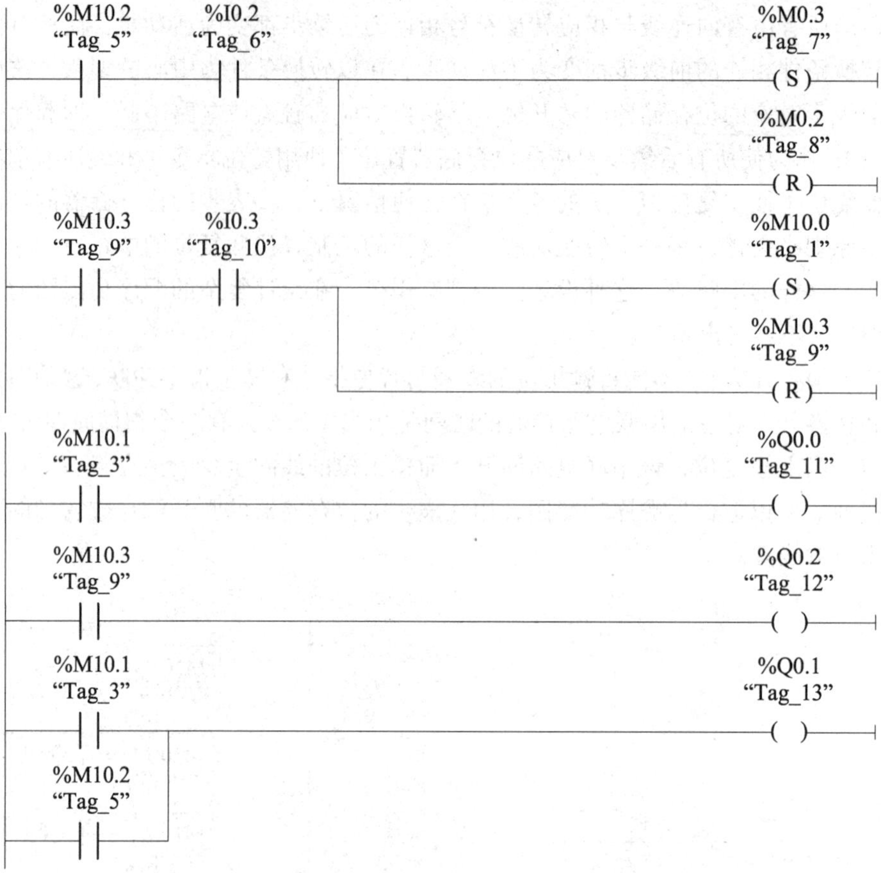

（c）梯形图

图 8-19　某组合机床动力头控制系统的顺序功能图与梯形图

2. 选择序列的编程方法

如果某一转换与并行序列的分支、合并无关，它的前级步和后续步都只有一个，需要复位、置位的位存储器也只有一个，因此对选择序列的分支与合并的编程方法实际上与对单序列的编程方法完全相同。

图 8-16 所示的顺序功能图中，除了 I0.3 与 I0.6 对应的转换以外，其余的转换均与并行序列无关，I0.0 ~ I0.2 对应的转换与选择序列的分支、合并有关，它们都只有一个前级步和一个后续步与并行序列无关的转换对应的梯形图是非常标准的，每一个控制置位、复位的电路块都由前级步对应的位存储器和转换条件对应的触点组成的串联电路，一条置位指令和一条复位指令组成。图 8-20 是对应于图 8-16 以转换条件为中心的编程方式的梯形图。

3. 并行序列的编程方法

图 8-16 中步 M10.2 之后有一个并行序列的分支，当 M10.2 是活动步，并且转换条件 I0.3 满足时，步 M10.3 与步 M10.5 应同时变为活动步，这是用 M10.2 和 I0.3 的常开触点组成的串联电路使 M10.3 和 M10.5 同时置位来实现的；与此同时，步 M10.2 应变为不活动步，这是复位指令来实现的。

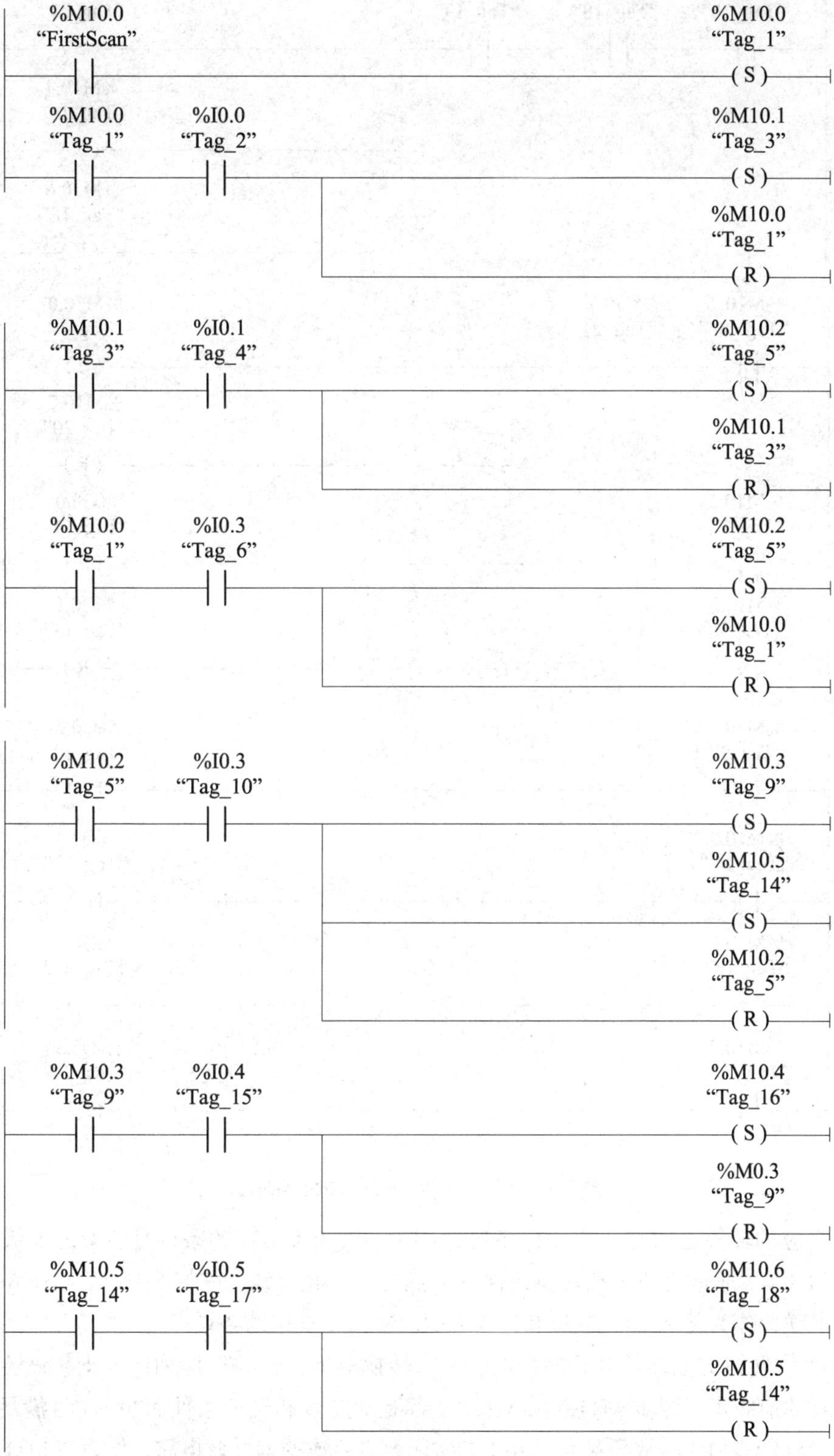
%M10.0
"FirstScan"
%M10.0
"Tag_1"
(S)
%M10.0
"Tag_1"
%I0.0
"Tag_2"
%M10.1
"Tag_3"
(S)
%M10.0
"Tag_1"
(R)
%M10.1
"Tag_3"
%I0.1
"Tag_4"
%M10.2
"Tag_5"
(S)
%M10.1
"Tag_3"
(R)
%M10.0
"Tag_1"
%I0.3
"Tag_6"
%M10.2
"Tag_5"
(S)
%M10.0
"Tag_1"
(R)
%M10.2
"Tag_5"
%I0.3
"Tag_10"
%M10.3
"Tag_9"
(S)
%M10.5
"Tag_14"
(S)
%M10.2
"Tag_5"
(R)
%M10.3
"Tag_9"
%I0.4
"Tag_15"
%M10.4
"Tag_16"
(S)
%M0.3
"Tag_9"
(R)
%M10.5
"Tag_14"
%I0.5
"Tag_17"
%M10.6
"Tag_18"
(S)
%M10.5
"Tag_14"
(R)

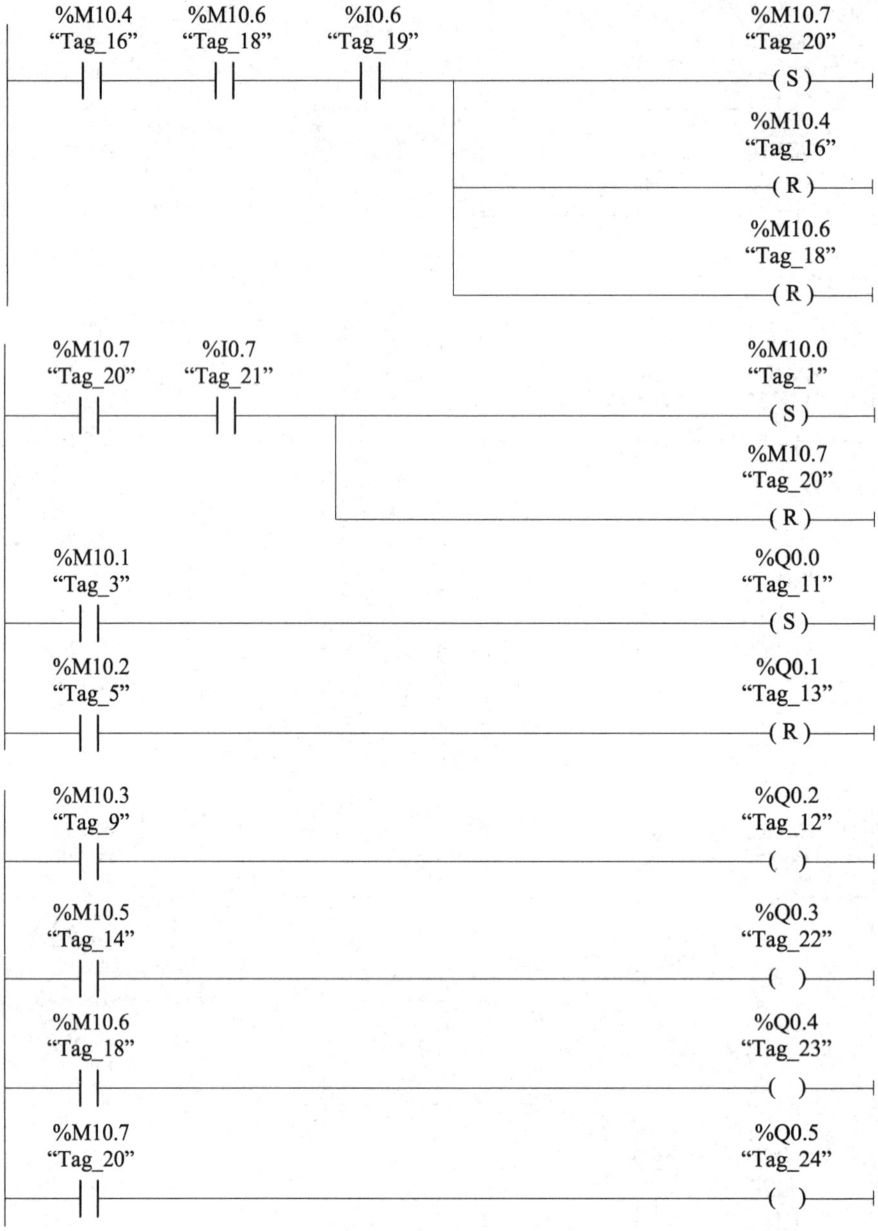

图 8-20　选择序列与并行序列梯形图

I0.6 对应的转换之前有一个并行序列的合并，该转换实现的条件是所有的前级步（即步 M10.4 和 M10.6）都是活动步和转换条件 I0.6 满足。由此可知，应将 M10.4、M10.6 和 I0.6 的常开触点串联，作为使 M10.7 置位和使 M10.4、M10.6 复位的条件。

图 8-21 中转换的上面是并行序列的合并，转换的下面是并行序列的分支，该转换实现的条件是所有的前级步（即步 M11.0 和 M11.1）都是活动步和转换条件而 $\overline{\mathrm{I0.1}}$+I0.3 满足，因此应将 M11.0、M11.1、I0.3 的常开触点与 I0.1 的常闭触点组成的串并联电路，作为使 M11.2、M11.3 置位和使 M11.0、M11.1 复位的条件。

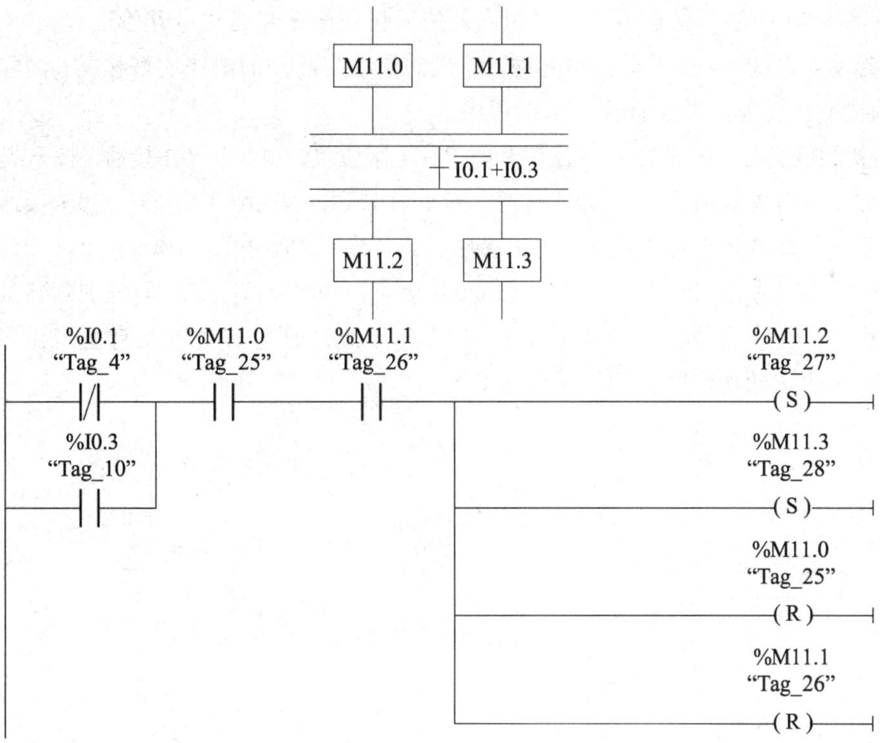

图 8-21　转换的同步实现

习　题

8-1　在哪些情况下允许双线圈输出？

8-2　设计出图 8-22 所示的顺序功能图的梯形图程序，T37 的设定值为 6 s（图中 SM0.1 为西门子 S-200 的初始化脉冲的常开触点）。

8-3　用置位和复位指令设计图 8-23 所示的顺序功能图的梯形图程序（图中 SM0.1 为西门子 S-200 的初始化脉冲的常开触点）。

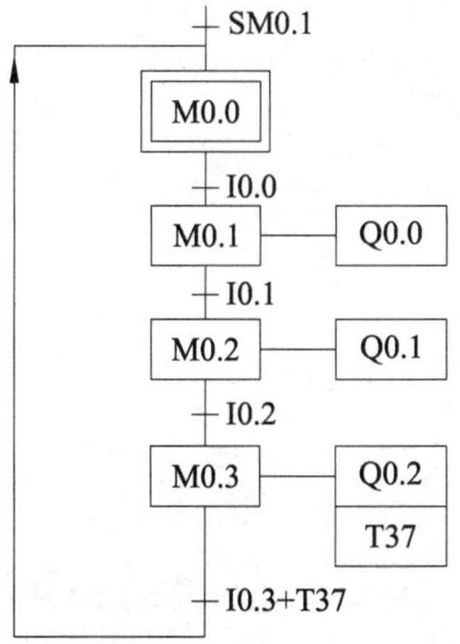

图 8-22　题 8-2

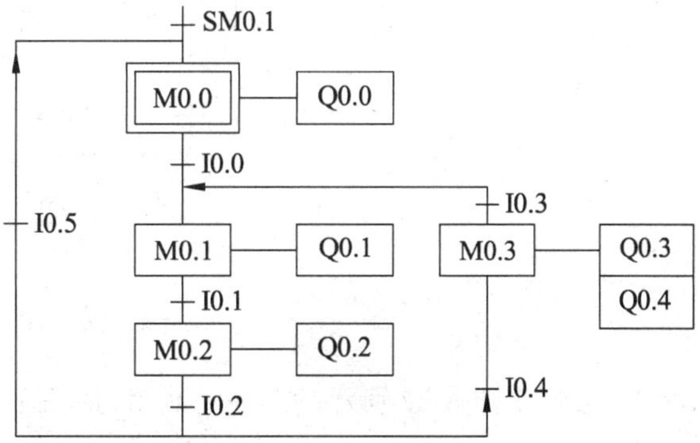

图 8-23　题 8-3

8-4　图 8-24 中的三条运输带顺序相连，按下起动按 3 号运输带开始运行，5 s 后 2 号运输带自动起动。再过 5 s 后 1 号自动起动。停机的顺序与起动的顺序刚好相反，间隔时间仍然为 5 s。画出顺序功能图并设计出梯形图程序。

8-5　初始状态时，图 8-25 中的压钳和剪刀在上限位置，I0.0 和 I0.1 接通。按下起动按 I1.0，工作过程如下，首先板料右行（G0.0 接通）至 I0.3 接通，然后压钳下行（Q0.1 接通并保持）。压紧板料后，压力继电器 I0.4 接通，压钳保持压紧，剪刀开始下行（Q0.2 接通）。剪断板料后，I0.5 接通，压钳和剪刀同时上行（Q0.3 和 Q0.4 接通，Q0.1 断开），它们分别碰到 I0.0 和 I0.1 后，分别停止上行，均停止后，又开始下一周期的工作，剪完 10 块料后停止工作并停在初始状态。试画出系统的功能图，并设计出梯形图。

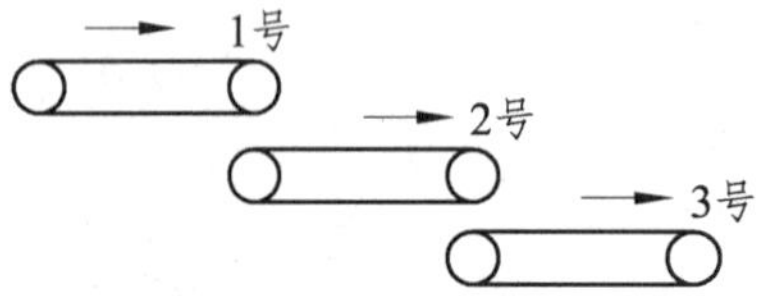

图 8-24　题 8-4

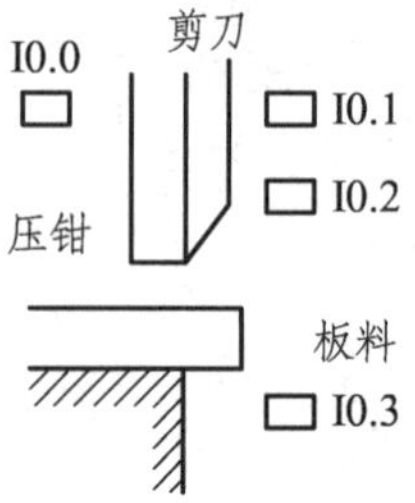

图 8-25　题 8-5

8-6　液体混合装置如图 8-26 所示，SLH、SLI 和 SLL 是液面传感器，它们被液体淹没时为“1”状态，YV1 ~ YV3 为电磁阀。开始时容器是空的，各阀门均为关闭，各传感器均为“0”状态。按下起动按钮后，YV1 打开，液体 A 流入容器，SLI 为“1”状态时，关闭 YV1，打开 YV2，液体 B 流入容器。当液面到达 SLH 时，关闭 YV2，电动机 M 开始运行，搅动液体，60 s 后停止搅动，打开 YV3，放出混合体。当液面降至 SLL 之后再过 2 s，容器放空，关闭 YV3，开始下一周期的操作。按下停止按钮，在当前的混合操作结束后，才停止操作（停在初始状态）。给各输入/输出变分配元件号，画出系统的功能图，并设计出梯形图程序。

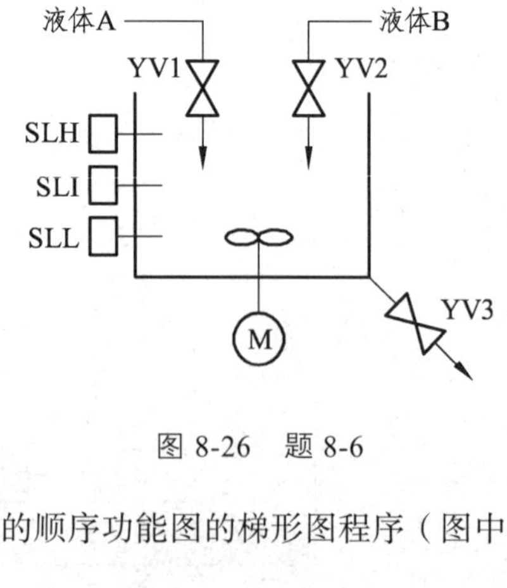

图 8-26　题 8-6

8-7　设计出图 8-27 所示的顺序功能图的梯形图程序（图中 SM0.1 为西门子 S-200 的初始化脉冲的常开触点）。

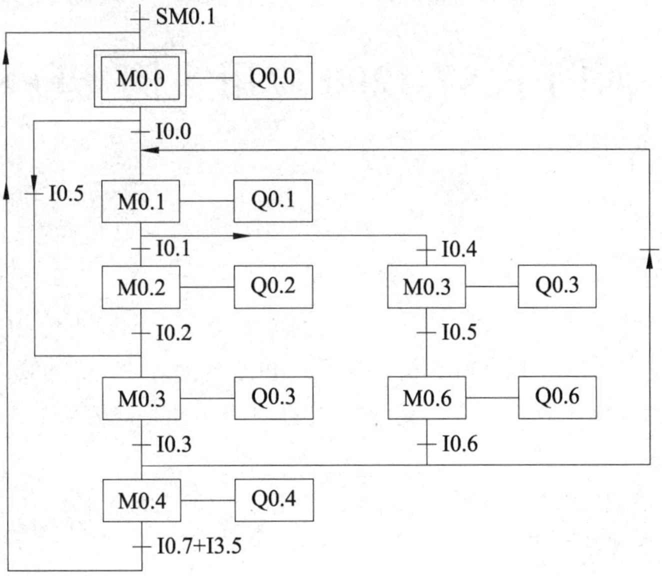

图 8-27　题 8-7

8-8　设计出图 8-28 所示的顺序功能图的梯形图程序（图中 SM0.1 为西门子 S-200 的初始化脉冲的常开触点）。

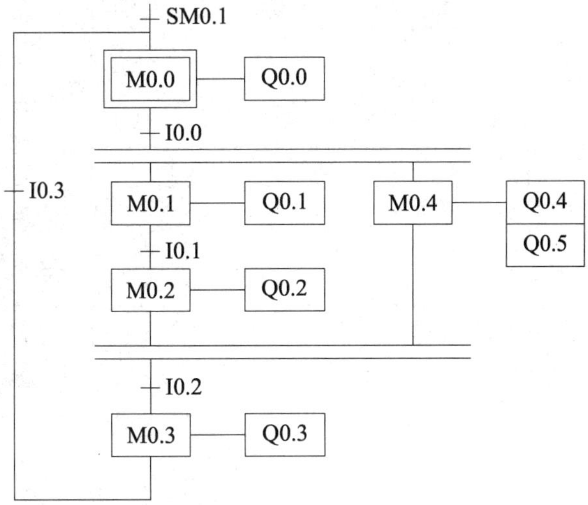

图 8-28　题 8-8

项目 9　西门子 S7-1200 应用实例 ▶▶▶

项目描述

掌握 PLC 的基本原理和指令的目的是，可以结合实际问题进行 PLC 控制系统的设计，并将 PLC 应用于实际。PLC 的应用是以 PLC 为程控中心，组成电气控制系统，进行生产过程的控制。PLC 的程序设计是 PLC 应用的最关键的环节，也是整个电气控制系统设计的核心。

本项目从 Z3040 摇臂钻床控制、变频器调速控制和三层电梯控制 3 个任务出发，向读者介绍 PLC 实际应用。

思维导图

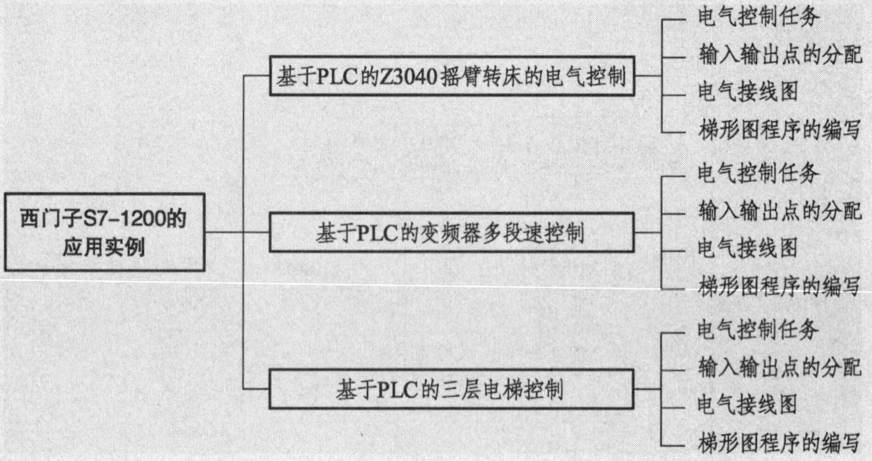

项目目标

知识目标

（1）掌握 PLC 与变频器的接线方法和 PLC 程序设计方法。

（2）掌握基于 PLC 模拟量方式的变频器控制方法。

（3）掌握三层电梯、Z3040 摇臂钻床的工作原理和 PLC 程序设计方法。

技能目标

（1）掌握 PLC 与变频器的硬件组态及参数设置。

（2）实现基于 PLC 模拟量的变频器调速控制。

（3）能够根据任务要求设计 PLC 梯形图程序。

任务 9.1　基于 PLC 的 Z3040 摇臂钻床的电气控制

Z3040 摇臂钻床适用于单件或批量生产带有多孔的大型零件的孔加工，是机械加工车间常用的机床，在机械行业中得到了广泛应用。但继电器-接触器控制方式的电路接线复杂，触点多，成本很高，后续的逻辑修改和增加功能比较困难。与继电器-接触器电气控制系统相比，PLC 控制系统具有结构简单、编程方便、调试周期短、可靠性高、对工作环境要求低等一系列优点。因此。对 Z3040 摇臂钻床采用 PLC 控制是非常必要的。

9.1.1　电气控制任务

Z3040 摇臂钻床的电气控制原理及控制要求在项目 3 中已详述，此处只是对其控制要求做一个简单描述。其控制要求（电气控制原理见图 3-4）如下：

（1）三相电源由低压断路器 QS 控制。

（2）实现主轴电动机 M1 单向旋转，主轴电动机 M1 提供主轴旋转的动力，由交流接触器 KM1 控制单向运转，热继电器 FR1 作过载保护。

（3）实现摇臂升降电动机 M2 正反转，电动机 M2 提供摇臂升降的动力，由交流接触器 KM2 和 KM3 控制 M2 正反转，M2 用于间歇工作不设过载保护。

（4）实现摇臂夹紧、放松液压泵电动机 M3 正反转，电动机 M3 提供液压油，用于摇臂、立柱、主轴箱的夹紧和松开，由交流接触器 KM4 和 KM5 控制 M3 正反转，热继电器 FR2 作过载保护。

（5）冷却泵电动机 M4 输送冷却液，由开关 SA1 控制。

（6）完成各种操作间的互锁控制及延时控制。

Z3040 摇臂钻床工作流程如图 9-1 所示。

9.1.2　输入输出点的分配

Z3040 摇臂钻床的输入输出设备与 PLC 输入输出端子分配见表 9-1。

9.1.3　电气接线图

本次 Z3040 摇臂钻床控制所使用的设备主要是接触器、指示灯、行程开关、热继电器、电机、点动按钮和西门子 S7-1214C AC/DC/Rly，其电气接线如图 9-2 所示。

9.1.4　梯形图程序的编写

Z3040 摇臂钻床主要是电机正反转和限位控制，其 PLC 编程相对简单，根据控制要求，参考电气控制线路图，可直接编写梯形图程序（见图 9-3）。

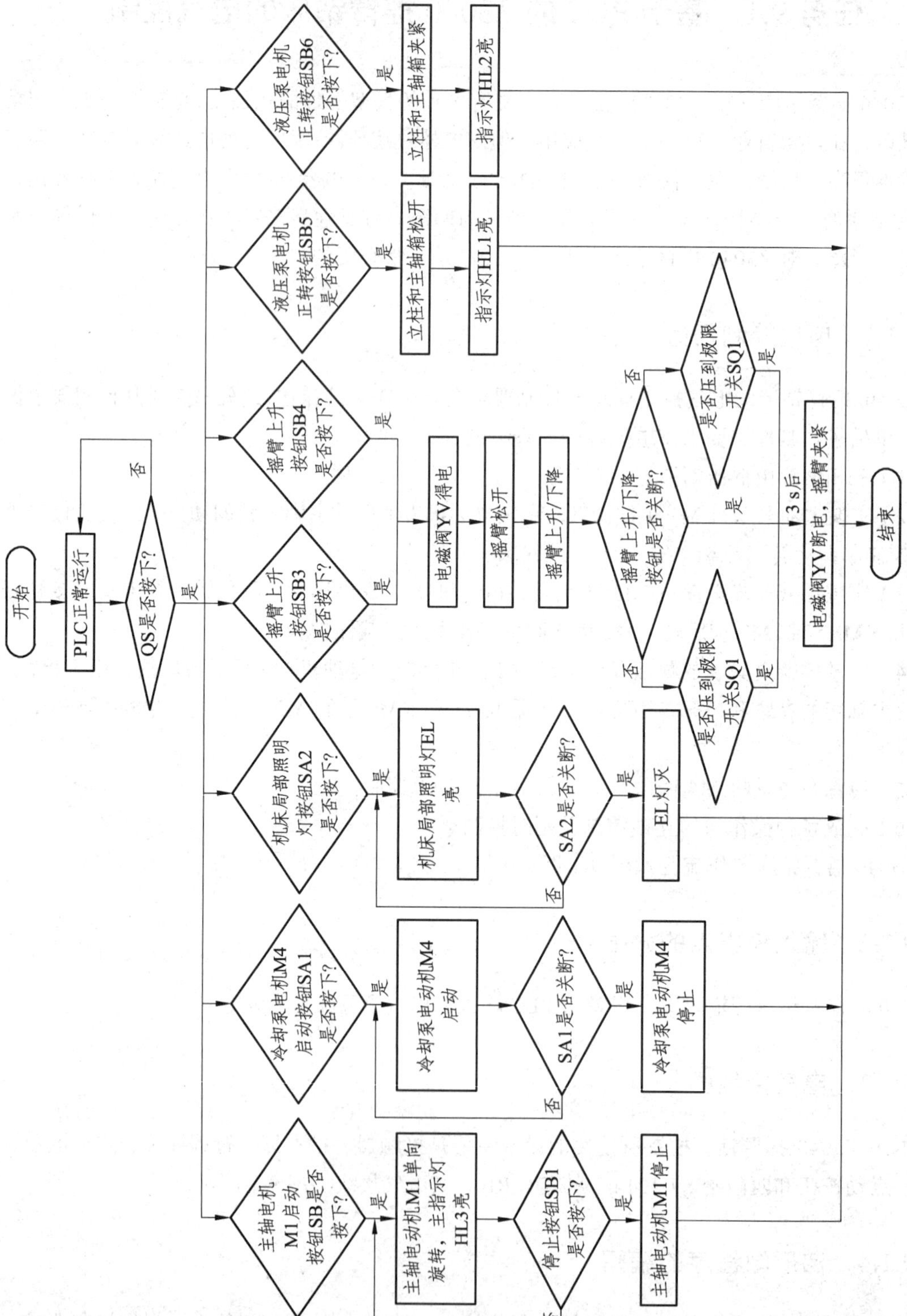

图 9-1　Z3040 摇臂钻床工作流程

表 9-1　输入输出设备与 PLC 输入输出端子分配

输入端		输出端	
输入设备	输入端子	输出设备	输出端子
M1 停止按钮 SB1	I0.0	M1 接触器 KM1	Q0.0
M1 启动按钮 SB2	I0.1	摇臂上升接触器 KM2	Q0.1
摇臂上升按钮 SB3	I0.2	摇臂下降接触器 KM3	Q0.2
摇臂下降按钮 SB4	I0.3	M3 反转接触器 KM5	Q0.3
M3 正转按钮 SB5	I0.4	M3 正转接触器 KM4	Q0.4
M3 反转按钮 SB6	I0.5	电磁阀 YV 驱动	Q0.5
摇臂上升、下降限位 SQ1	I0.6	立柱及主轴箱松开指示灯 HL1	Q0.6
摇臂放松限位 SQ2	I0.7	立柱及主轴箱夹紧指示灯 HL2	Q0.7
摇臂夹紧限位 SQ3	I1.0	主轴旋转指示灯 HL3	Q1.0
立柱及主轴箱夹紧限位 SQ4	I1.1	EL 机床局部照明灯	Q1.1
热继电器 FR1	I1.2	冷却泵电机 M4	Q1.2
热继电器 FR2	I1.3		
M4 启动按钮 SA1	I1.4		
机床局部照明灯按钮 SA2	I1.5		

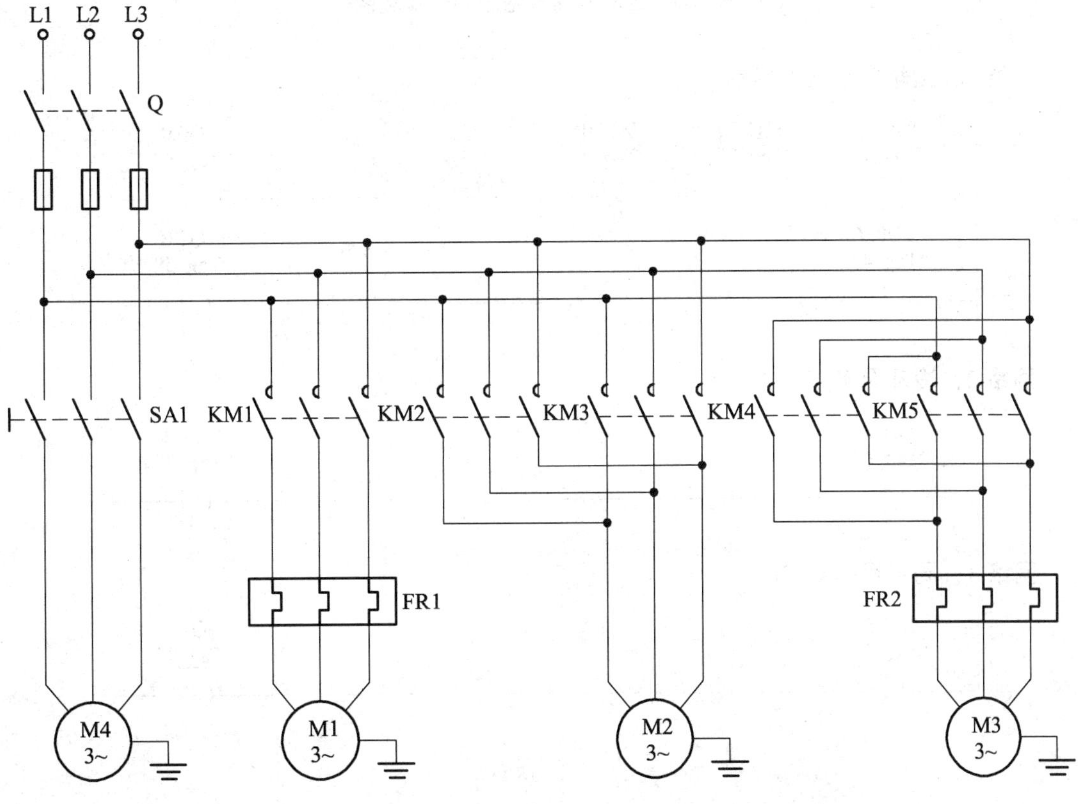

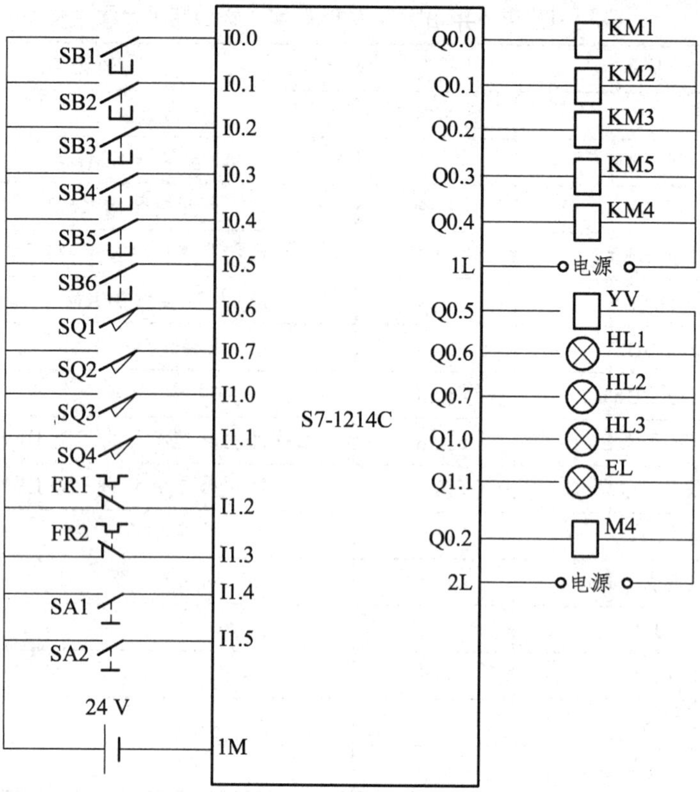

图 9-2　Z3040 摇臂钻床外部接线图

网络 1：主轴电机 M1 启动

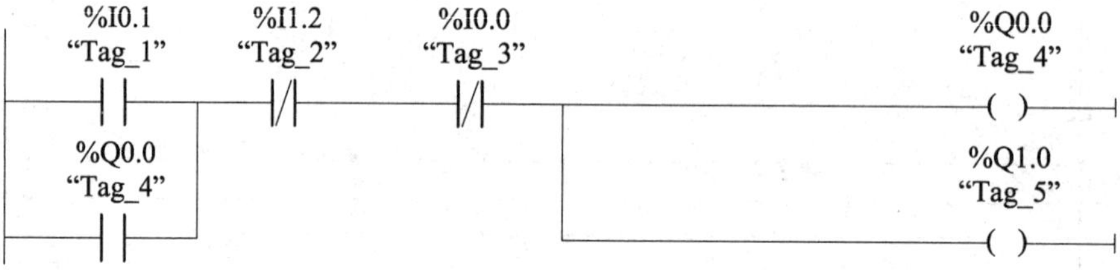

网络 2：冷却泵电机 M4

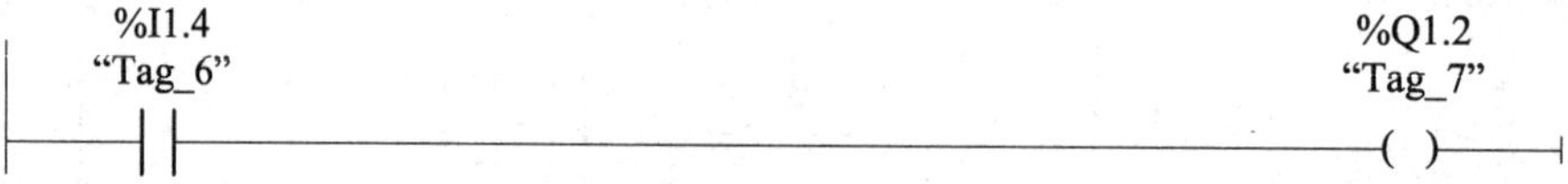

网络 3：局部照明灯 EL

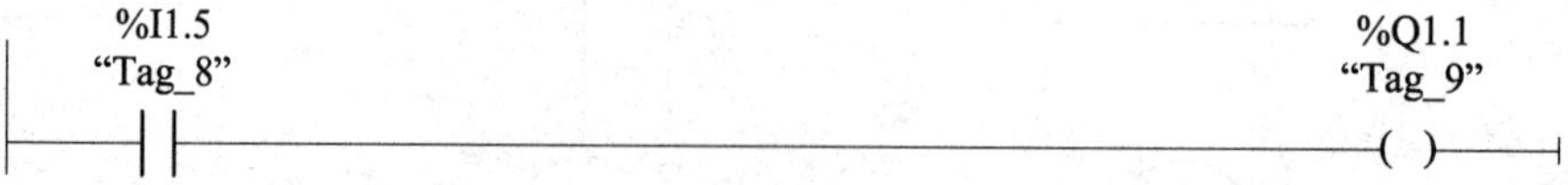

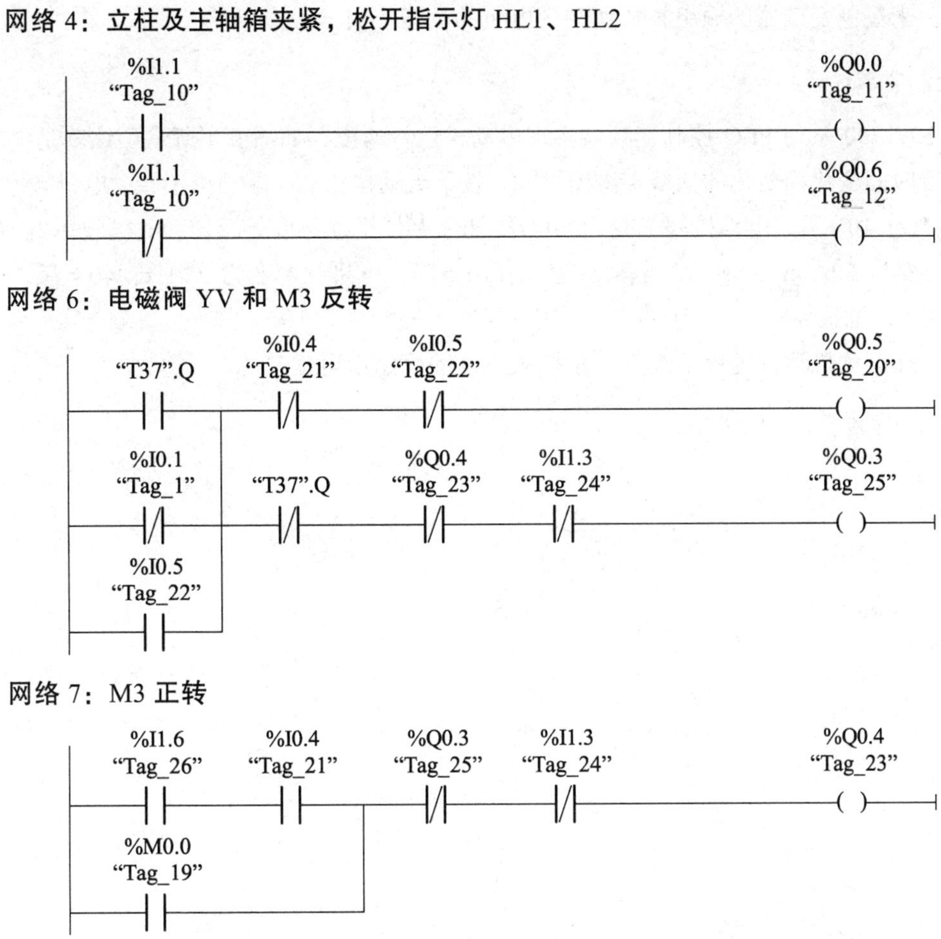

图 9-3　梯形图程序

任务 9.2　基于 PLC 的变频器多段速控制

随着工控行业迅速崛起，西门子 PLC 在变频调速技术方面也逐渐发展，西门子 PLC 模拟量控制模块的使用也日益广泛。在工业中，设计一个控制系统或对一个已有的设备进行改造时，常常会需要对电机的速度进行控制，利用 PLC 模拟量控制模块的输出来对变频器实现速度控制则是一个经济而又简便的方法。

9.2.1　电气控制任务

1．电气控制原理

变频器控制的电机，电机上同轴连接旋转编码器，编码器根据电机的转速变化而输出电压信号 V_i，该模拟信号反馈到 PLC 模拟量（电压）输入端，在 PLC 内部与给定量经过运算处理后，通过 PLC 模拟量（电压）输出端输出一路 DC 0 ~ +10 V 电压信号加到变频器的模拟量输入端口，来控制变频器的输出，从而实现电机的调速控制。

2. 控制要求

利用 S7-1200 系列 PLC 控制变频器实现电动机运行速度，如图 9-4 所示。该图是电动机的频率随着时间变化而变化的曲线。由图可知，按下启动按钮后，电动机正转，电机频率从 0 上升到 25 Hz；10 s 后，电动机频率变为 50 Hz；20 s 后，电动机开始反转，电机频率由 50 Hz 变为 0，再变为 50 Hz；30 s 后，电动机速度开始下降，电机频率变为 25 Hz；40 s 后，电动机频率变为 0，电机停止。

另外，在电动机运行过程中按下停止按钮，电动机停止运行。

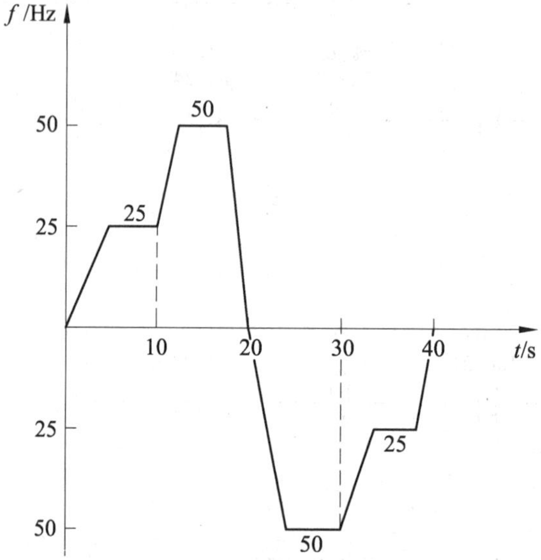

图 9-4　电机速度随时间变化曲线

9.2.2　输入输出点的分配

输入输出设备与 PLC 输入输出端子分配见表 9-2。

表 9-2　输入输出设备与 PLC 输入输出端子分配

输入端		输出端	
输入设备	输入端子	输出设备	输出端子
电机停止按钮 SB1	I0.0	DI1	Q0.0
电机启动按钮 SB2	I0.1	DI2	Q0.1
		DI3	Q0.2
		DI4	Q0.3

9.2.3 电气接线图

在本次变频调速中使用的设备主要是断路器、点动按钮、WDJ26 电机、西门子 S7-1214C AC/DC/Rly 和西门子 V20 变频器，其电气接线如图 9-5 所示。

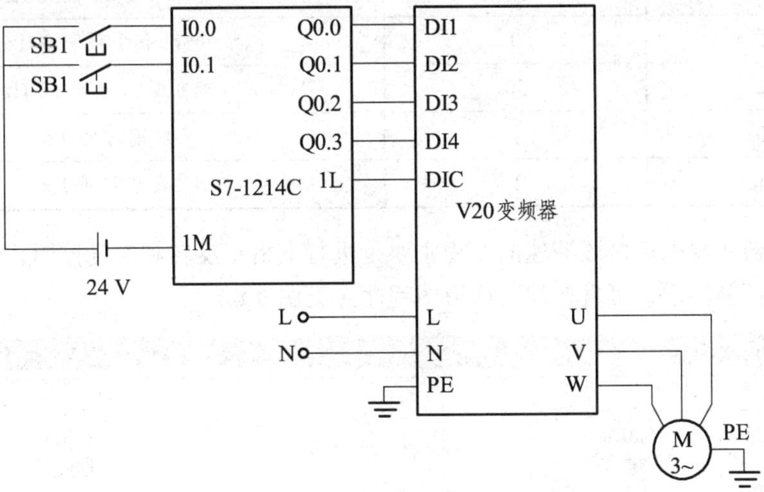

图 9-5 输入输出设备与 PLC 接线图

9.2.4 梯形图程序的编写

在程序编写前，需要对变频器参数进行设置，其参数设置见表 9-3。

表 9-3 参数设置

参数号	设置值	说明
P0003	2	允许访问扩展参数
P0010	0	变频器准备就绪
P0304	380	电机额定电压 380 V
P0305	0.2	电机额定电流 0.2 A
P0307	0.04	电机额定功率 25 W
P0310	50	电机额定频率 50 Hz
P0311	1430	电机额定转速 1 430 r/min
P0700	2	启停控制由外部端子控制
P1000	3	固定频率选择
P0701	1	正转启停 ON/OFF1
P0702	2	反转启停 ON/OFF1
P0703	15	多段速选择命令 0（选择器 0）
P0704	16	多段速选择命令 1（选择器 1）
P1016	1	固定频率模式，直接选择

续表

参数号	设置值	说明
P1001	25	第一段速频率 25 Hz
P1002	50	第二段速频率 50 Hz
P1080	0	电机最小频率 0 Hz
P1082	50	电机最大频率 50 Hz
P1120	1	加速时间 1 s
P1121	1	减速时间 1 s

通过变频器实现电机多段调速的过程主要是进行电机正反转和速度控制，其 PLC 编程相对简单，根据控制要求，可直接编写梯形图程序（见图 9-6）。

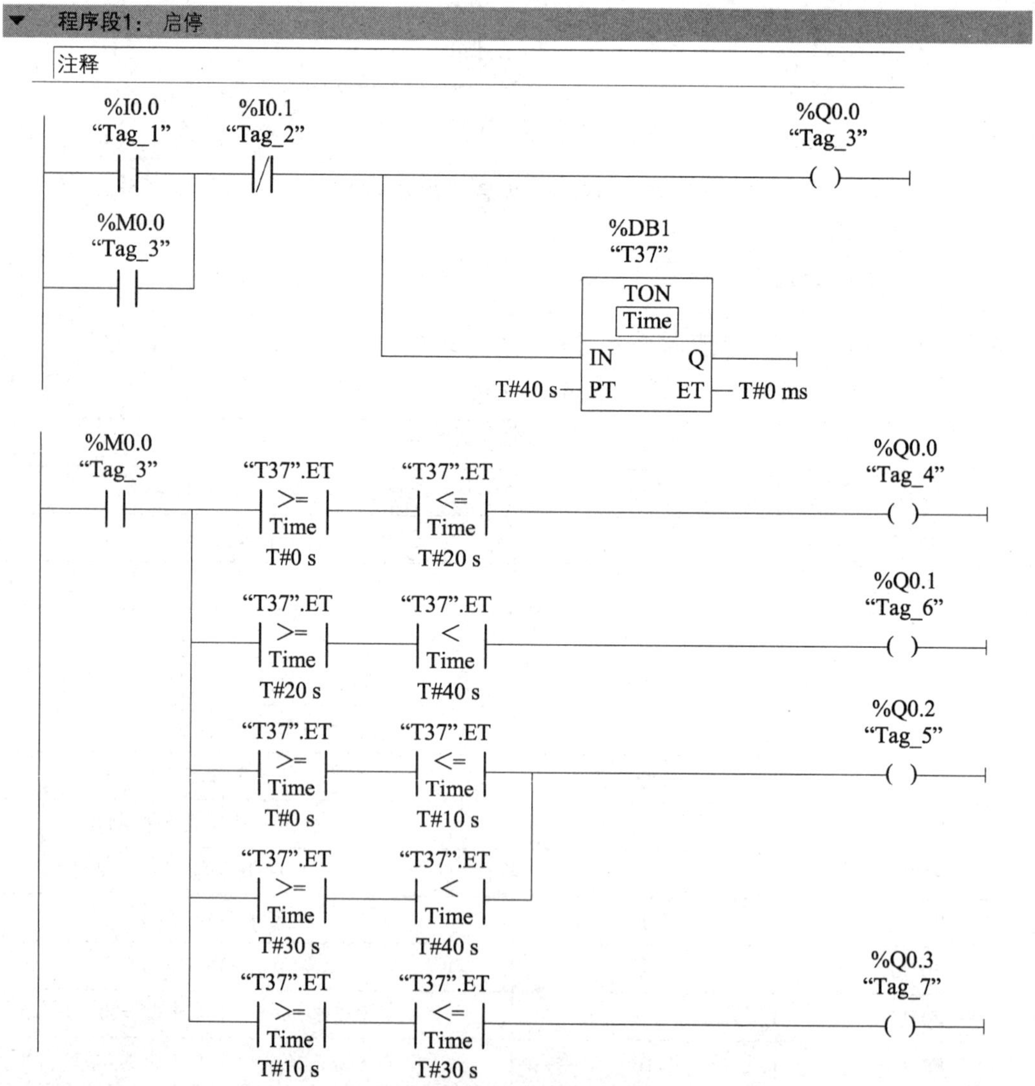

图 9-6　梯形图程序

任务9.3　基于PLC的三层电梯控制

随着高层建筑的不断增多，电梯成为快速通往高层建筑的一种便捷交通工具。电梯是采用电力拖动方式，将载有乘客或货物的轿厢，运行于垂直方向的两根刚性导轨之间，运送乘客和货物的固定式提升设备。所以，电梯是为高层建筑运输服务的设备，它具有运送速度快、安全可靠、操作简便的优点。传统的电梯控制系统主要采用继电器-接触器进行控制，其存在触点多、故障率高、可靠性差、维修工作量大等缺点。而采用PLC组成的控制系统可以很好地解决上述问题，使电梯运行更加安全、方便、舒适。

9.3.1　电气控制任务

1．电梯的工作原理

升降机械的电动机带动曳引机，驱动曳引钢绳与悬吊装置，拖动轿厢和对重在井道内做相对运动，轿厢上升对重下降，轿厢下降则对重上升，由此实现轿厢在井道中沿轨道上下运动，其工作原理如图9-7所示。

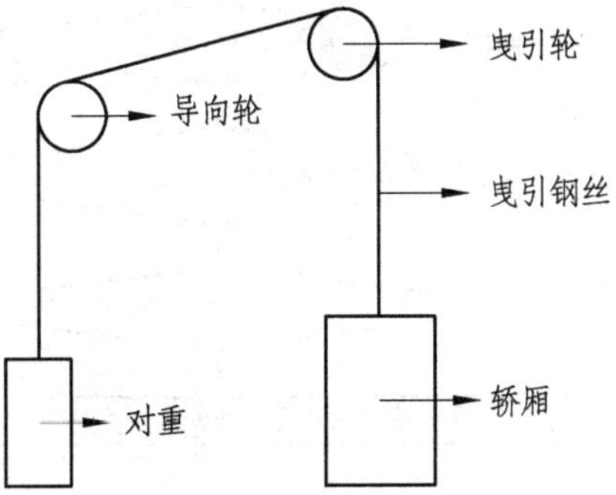

图9-7　电梯工作原理

2．电梯的控制要求

电梯由安装在各楼层厅门口的呼叫按钮和电梯轿厢内设有楼层内选按钮进行控制，用以选择需停靠的楼层。电梯轿厢内设有楼层内选按钮SB1～SB3，用以选择需停靠的楼层，其中，L2为一层指示灯，L3为二层指示灯，L4为三层指示灯，SQ1～SQ3分别为各楼层的到位行程开关。三层电梯具体控制要求如下：

（1）开始时，电梯处于第一层。

（2）当有外呼电梯信号到来时，轿厢响应该电梯信号，达到该楼层时，轿厢停止运行。

（3）当有内呼电梯信号到来时，轿厢响应该电梯信号，达到该楼层时，轿厢停止运行。

（4）在电梯轿厢运行过程中，即轿厢上升（或下降）途中，任何反方向下降（或上升）的外呼信号均不响应，但如果反方向外呼电梯信号前方再无其他内、外呼电梯信号时，则电梯响应该电梯信号。例如，电梯轿厢在一楼，将要运行到三楼，在此过程中，可以响应二层向上的外呼电梯信号，但不响应二层向下的外呼电梯信号。当到达二层时，如果三层没有任何电梯信号，则电梯可以响应二层向下外呼电梯信号。否则，电梯将继续运行至三楼，然后向下运行，再响应二层向下外呼电梯信号。

电梯的工作流程如图 9-8 所示。

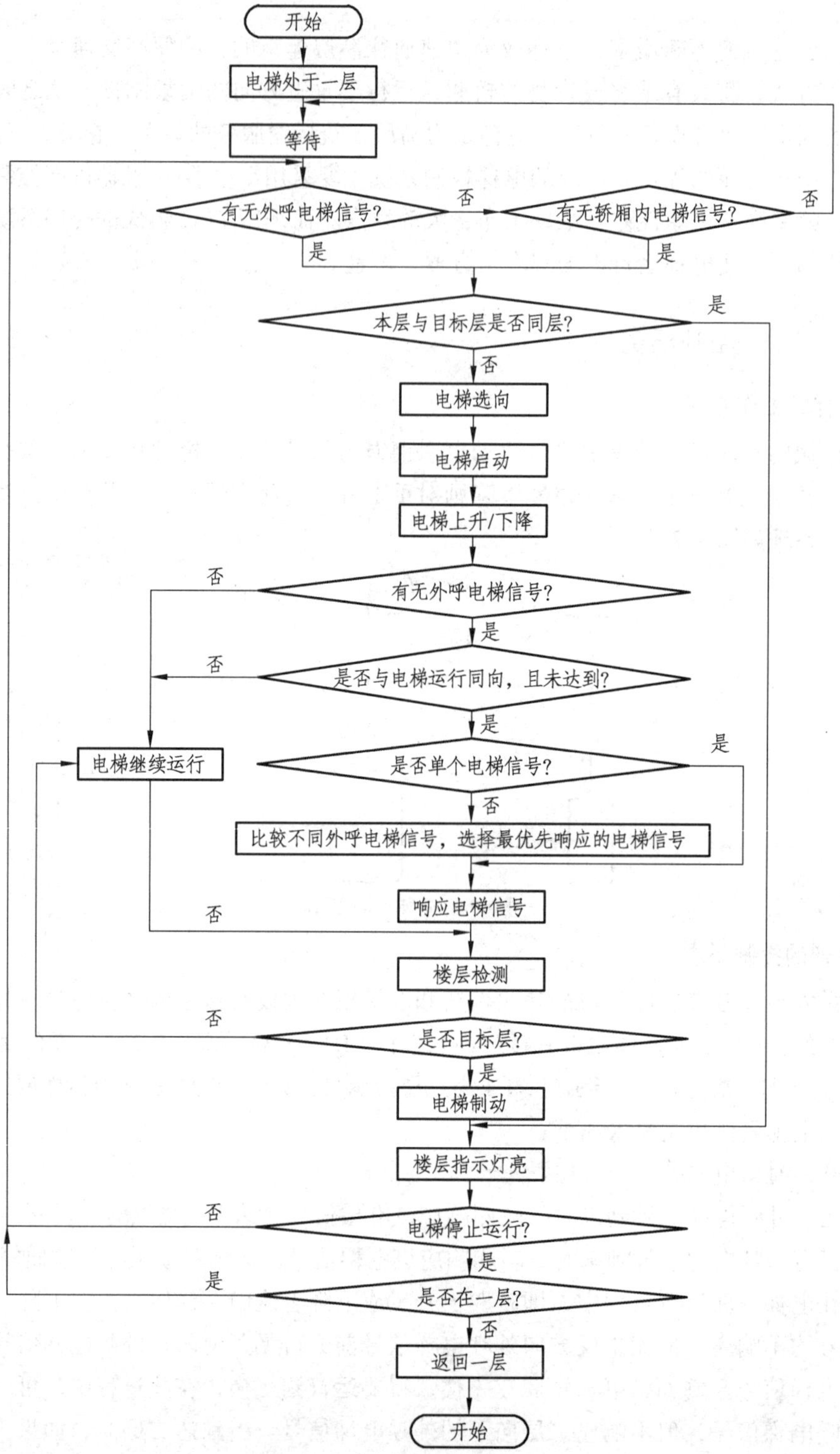

图 9-8　电梯的工作流程

9.3.2 输入输出点的分配

三层电梯输入输出设备与PLC输入输出端子分配见表9-4。

表9-4 三层电梯输入输出设备与PLC输入输出端子分配

输入端		输出端	
输入设备	输入端子	输出设备	输出端子
一层到位行程开关SQ1	I0.0	上升指示灯L0	Q0.0
二层到位行程开关SQ2	I0.1	下降指示灯L1	Q0.1
三层到位行程开关SQ3	I0.2	一层指示灯L2	Q0.2
一层内选按钮SB1	I0.3	二层指示灯L3	Q0.3
二层内选按钮SB2	I0.4	三层指示灯L4	Q0.4
三层内选按钮SB3	I0.5	目标楼层一层指示灯L5	Q0.5
三层下呼按钮SB4	I0.6	目标楼层二层指示灯L6	Q0.6
二层上呼按钮SB5	I0.7	目标楼层三层指示灯L7	Q0.7
二层下呼按钮SB6	I1.0	三层下呼叫灯SL1	Q1.0
一层上呼按钮SB7	I1.1	二层上呼叫灯SL2	Q1.1
复位按钮K0	I2.0	二层下呼叫灯SL3	Q2.0
		一层上呼叫灯SL4	Q2.1
		电机正转	Q2.2
		电机反转	Q2.3

9.3.3 电气接线图

在本次三层电梯控制中使用的设备主要是指示灯、行程开关、点动按钮、西门子S7-1214C AC/DC/Rly和西门子V20变频器，其电气接线输入输出设备与PLC接线图如图9-9所示。

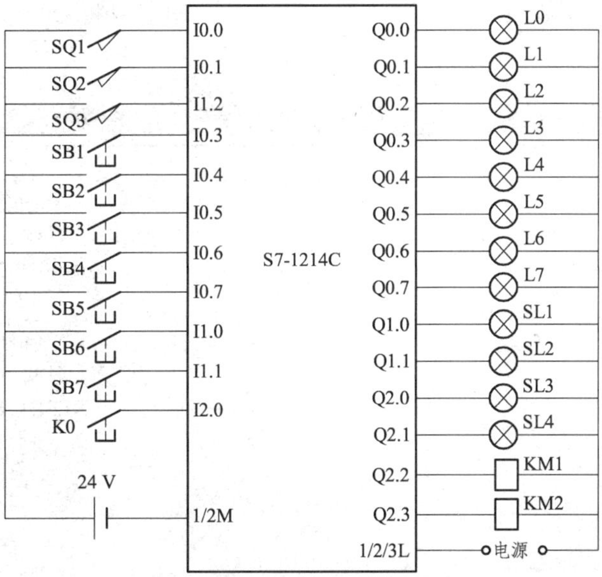

图9-9 三层电梯外部接线图

9.3.4 梯形图程序的编写

三层电梯的梯形图程序设计核心思想是使用中间继电器作为状态存储器，把输入输出以及运行状态记录下来。由于程序中所用到的中间继电器较多，为方便理解，现将该程序使用的中间继电器定义列于表 9-5 中。

表 9-5 中间继电器对照

中间继电器	含义
M0.0	电梯运行标志位
M0.1	电梯上行标志位
M0.2	电梯下行标志位
M0.3	目标楼层（1）标志位
M0.4	目标楼层（2）标志位
M0.5	目标楼层（3）标志位
M0.6	三层外部呼叫下行标志位
M0.7	二层外部呼叫上行标志位
M1.0	二层外部呼叫下行标志位
M1.1	一层外部呼叫上行标志位
M1.2	电梯在一层时的标志位
M1.3	电梯在二层时的标志位
M1.4	电梯在三层时的标志位

（1）电梯的复位程序如图 9-10 所示。按下复位按钮 K0，可将 Q0.0 ~ Q2.3 和 M0.0 ~ M1.4 复位。

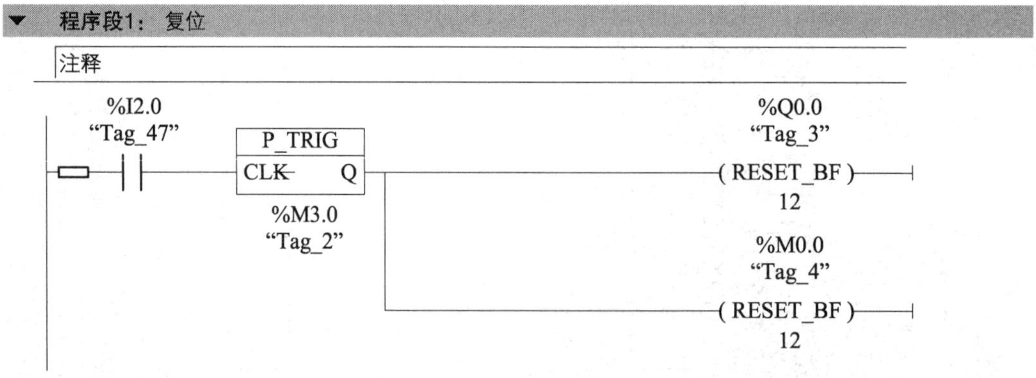

图 9-10 复位程序

（2）电梯目标楼层标志置位程序如图 9-11 所示。

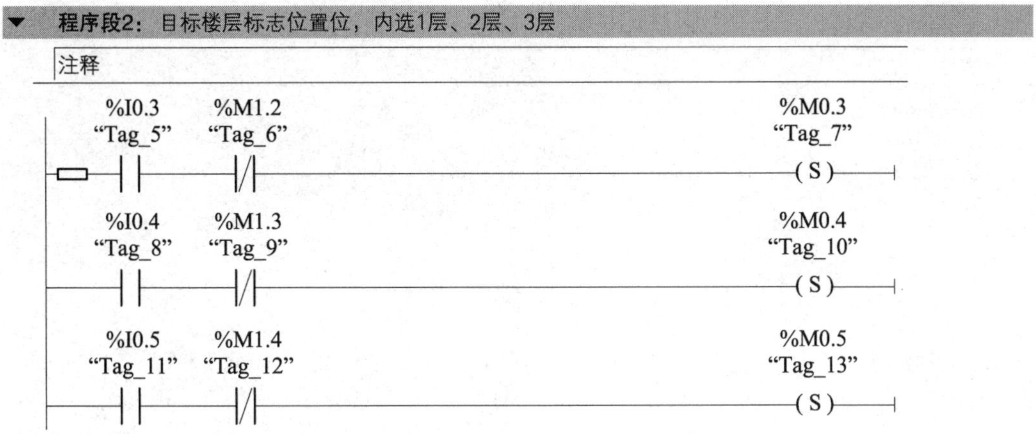

图 9-11　电梯目标楼层标志置位程序

（3）电梯外部呼叫标志置位程序如图 9-12 所示。

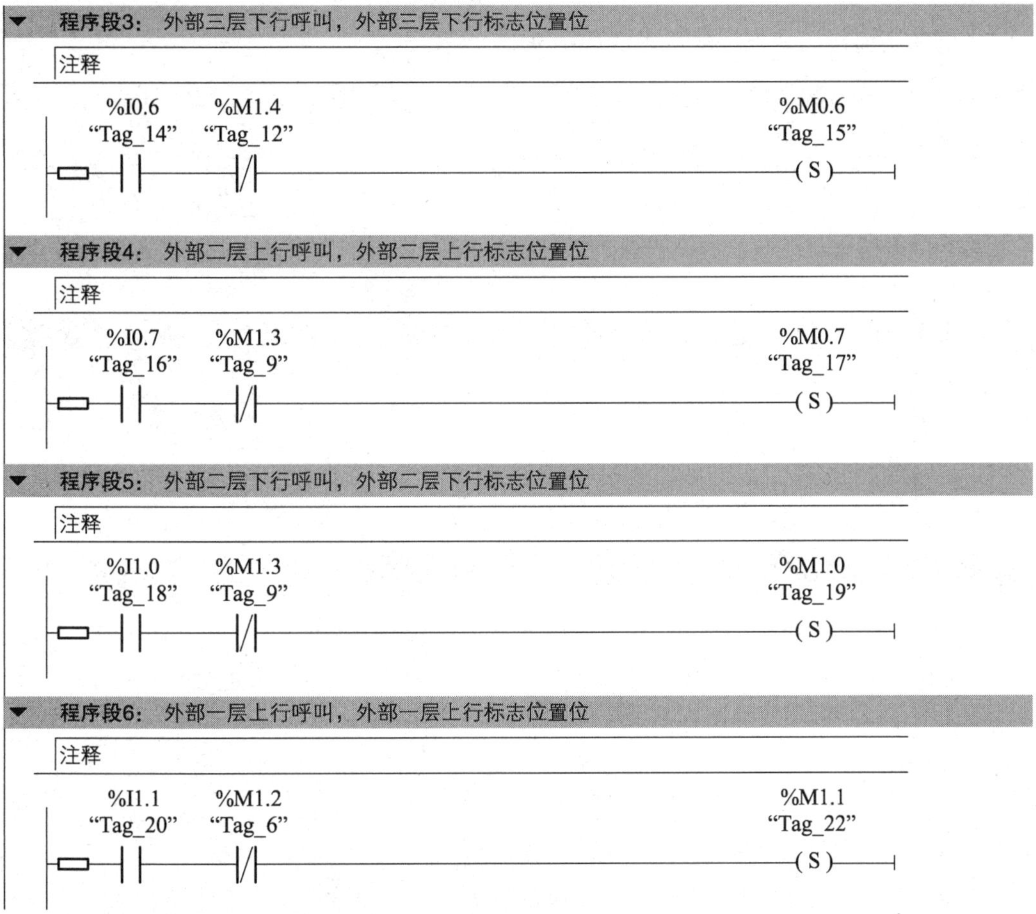

图 9-12　电梯外部呼叫标志置位程序

（4）电梯上下行标志位输出程序如图 9-13 所示。

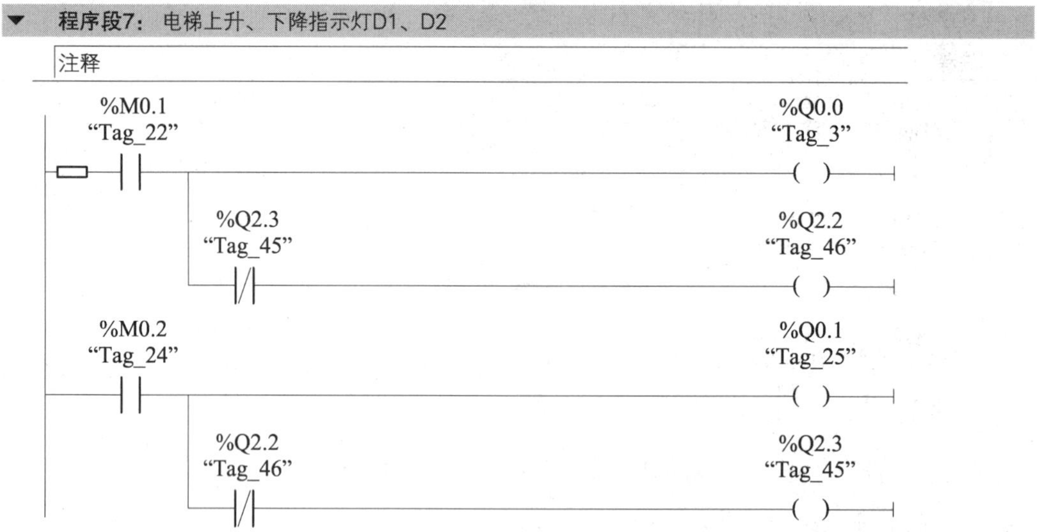

图 9-13　电梯上下行标志位输出程序

（5）电梯当前楼层标志位输出程序如图 9-14 所示。

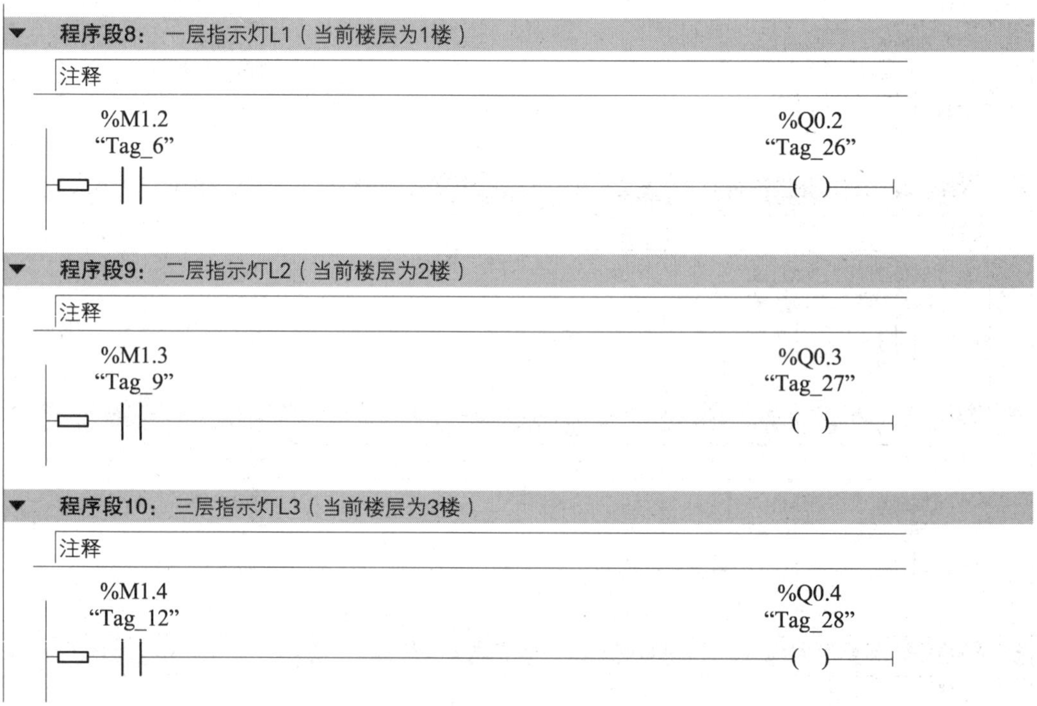

图 9-14　电梯当前楼层标志位输出程序

（6）电梯目标层指示灯输出程序如图 9-15 所示。

（7）电梯运行标志置位程序如图 9-16 所示。

（8）取消当前楼层上、下行和目标楼层的状态如图 9-17 所示。

（9）电梯在一、二、三层时，根据外部的上下行呼叫判断电梯的上下行标志位，如图 9-18 所示。

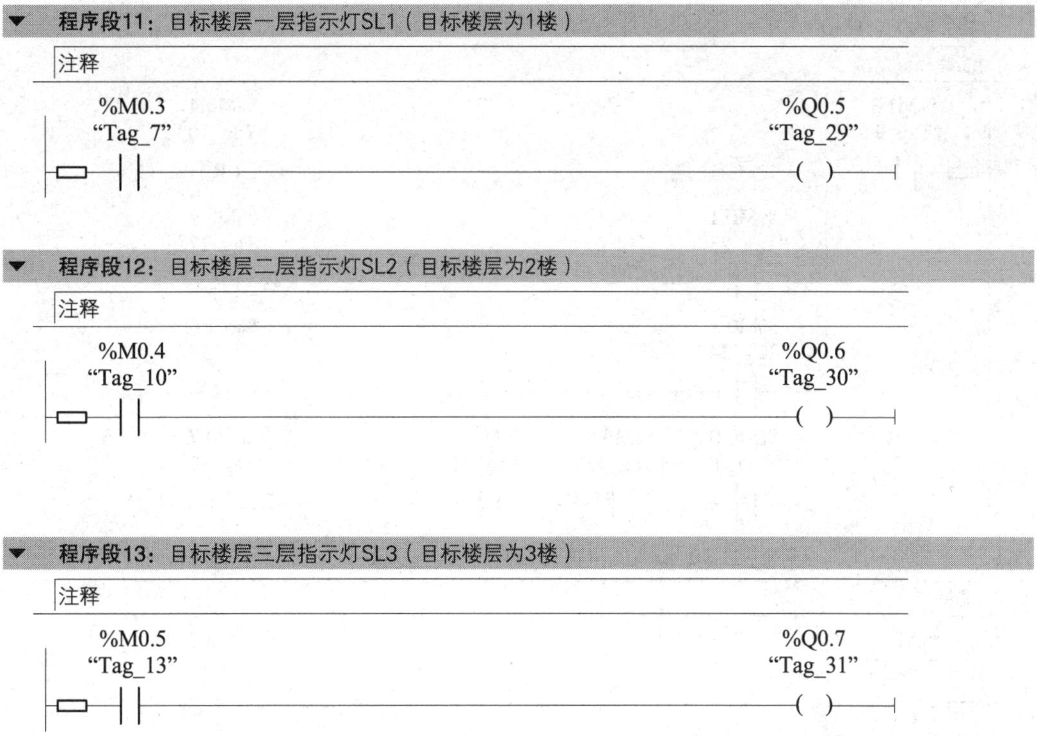

图 9-15　电梯目标层指示灯输出程序

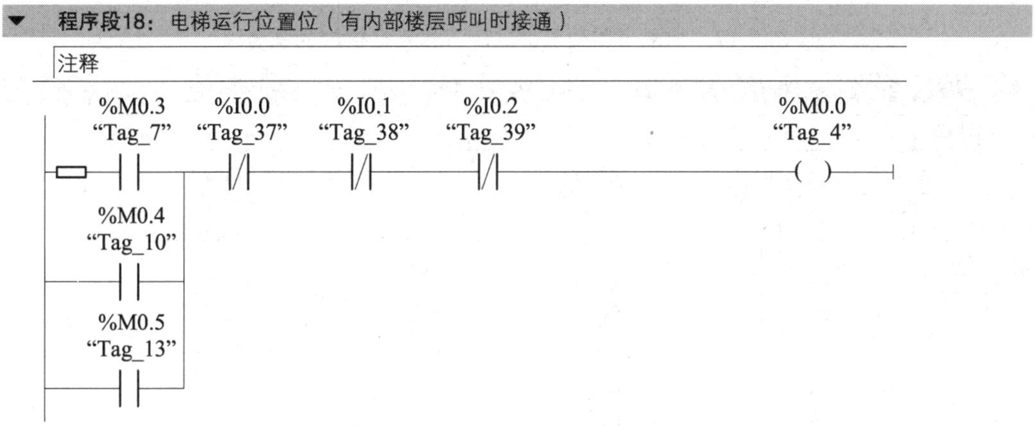

图 9-16　电梯运行标志置位程序

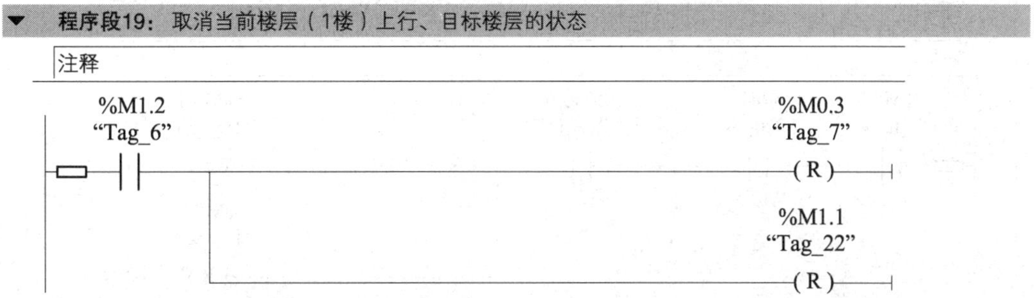

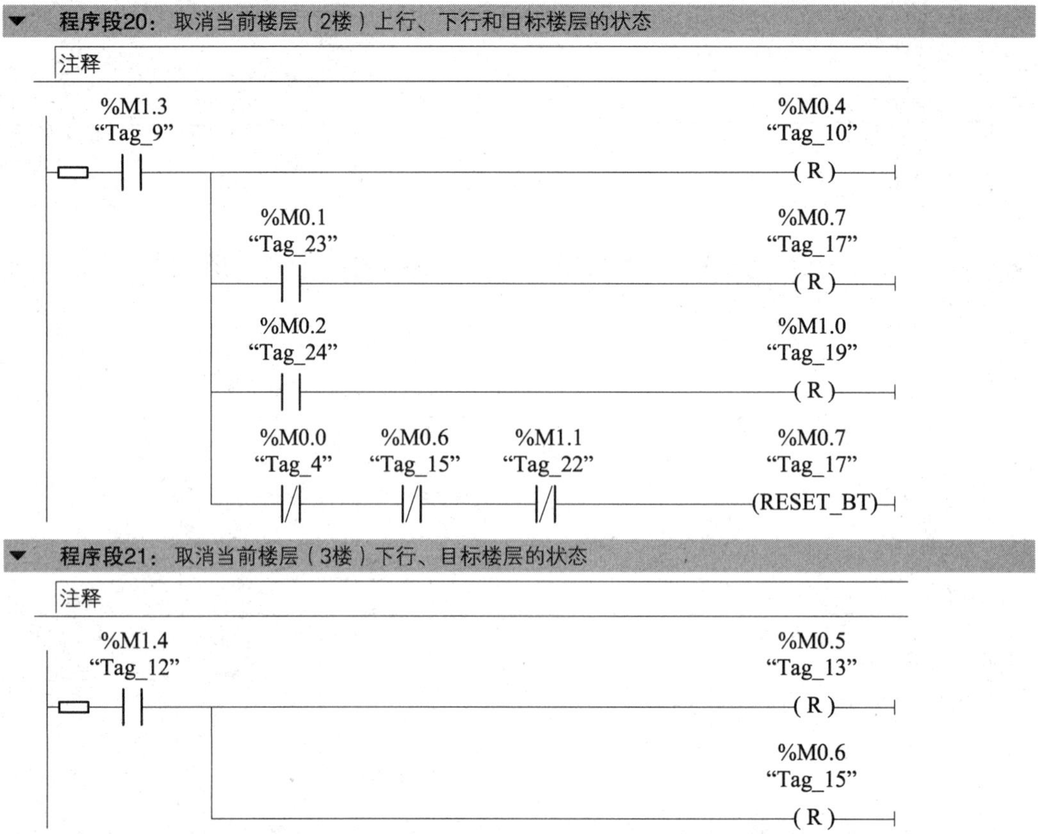

图 9-17　取消当前楼层上、下行和目标楼层的状态

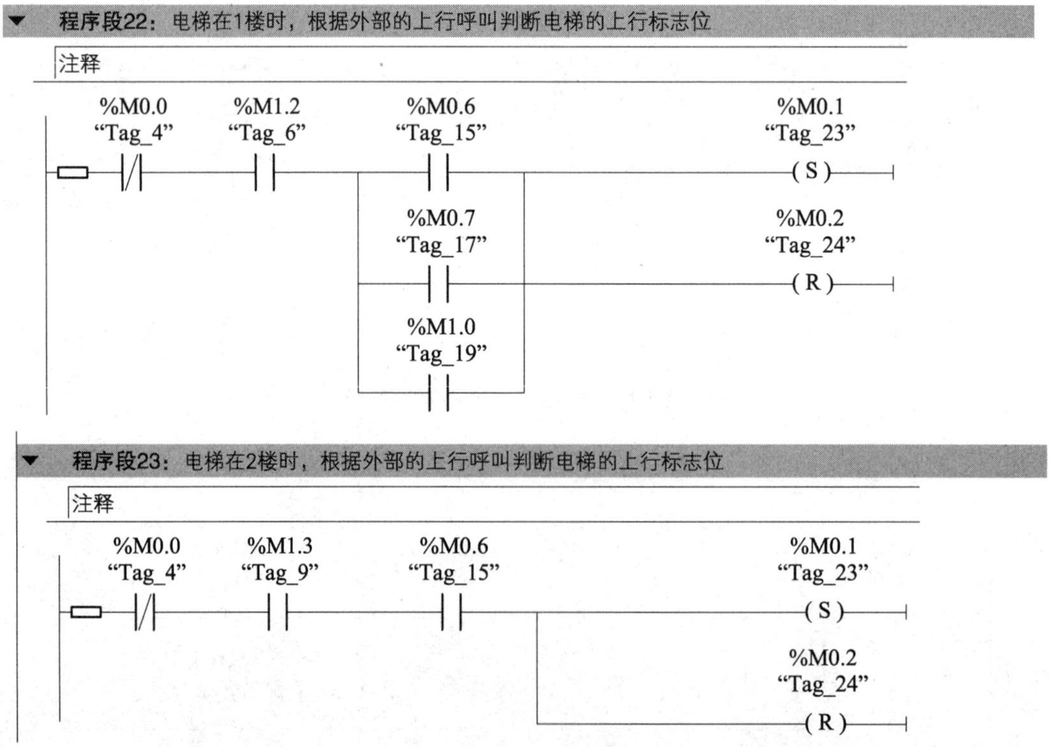

程序段24： 电梯在2楼时，根据外部的下行呼叫判断电梯的下行标志位

注释

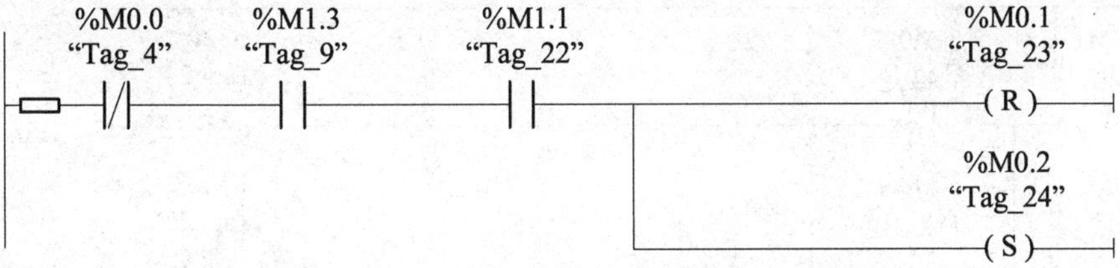

程序段25： 电梯在3楼时，根据外部的下行呼叫判断电梯的下行标志位

注释

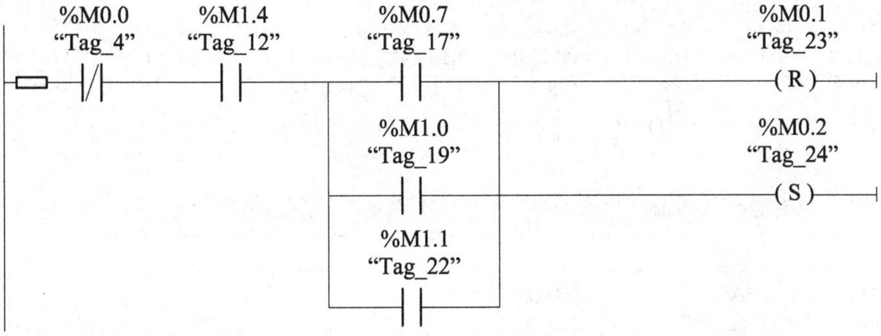

程序段26： 电梯在1楼时，根据内部的目标楼层判断电梯的上行标志位

注释

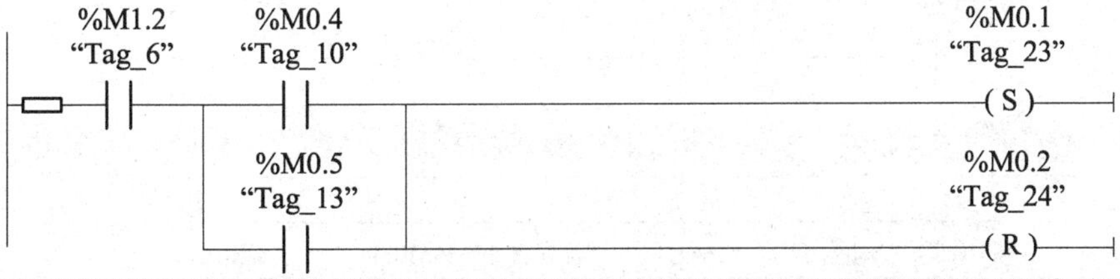

程序段27： 电梯在2楼时，根据内部的目标楼层判断电梯的上行标志位

注释

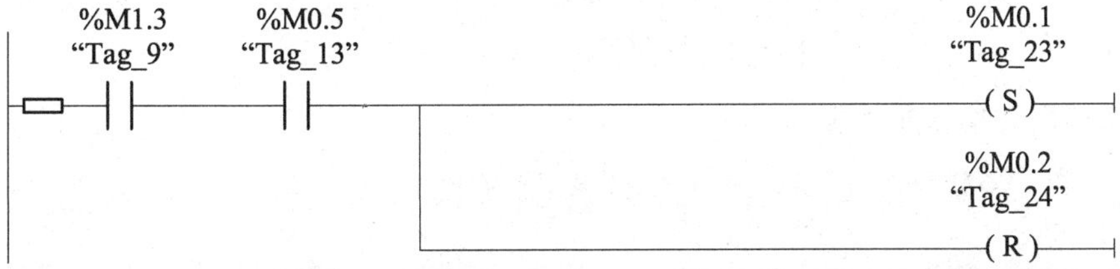

程序段28： 电梯在2楼时，根据内部的目标楼层判断电梯的下行标志位

注释

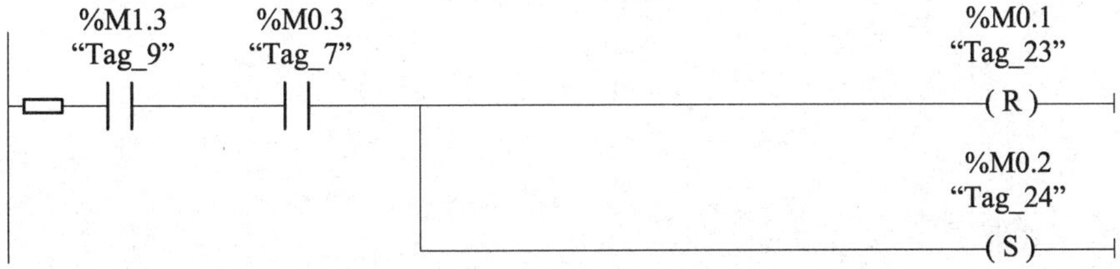

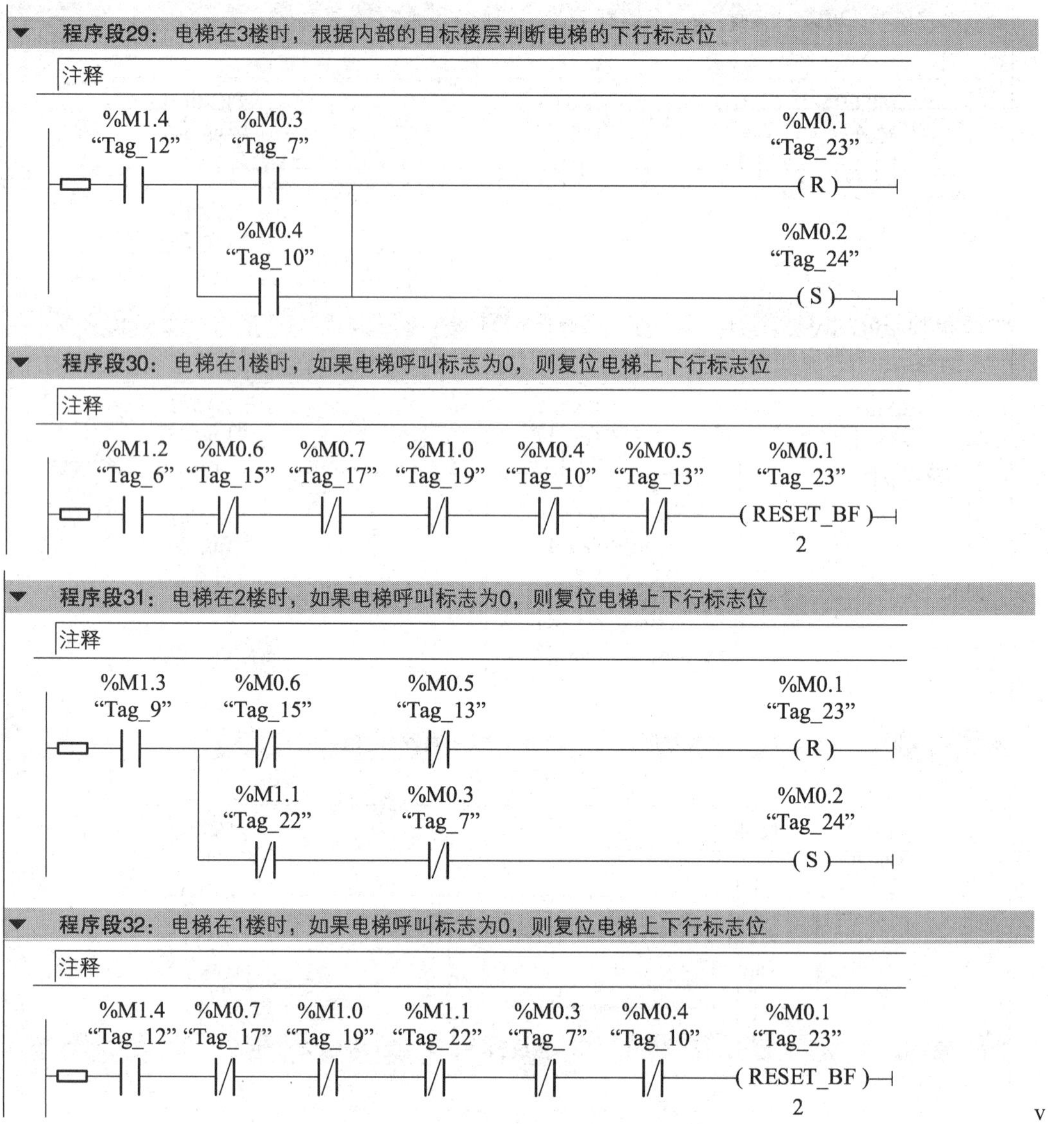

图 9-18　判断电梯的上下行标志位

（10）电梯楼层切换程序如图 9-19 所示。

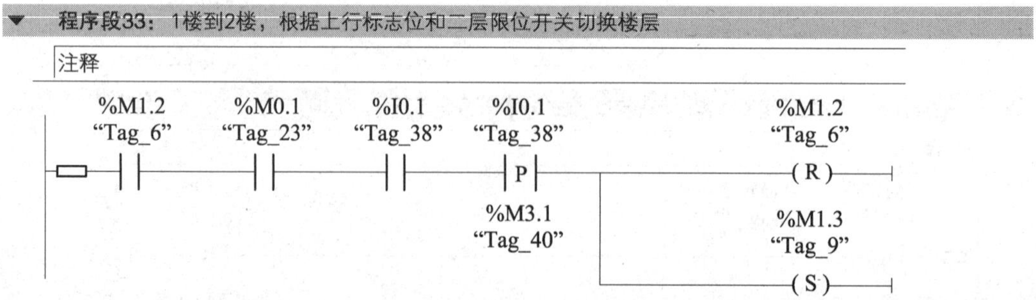

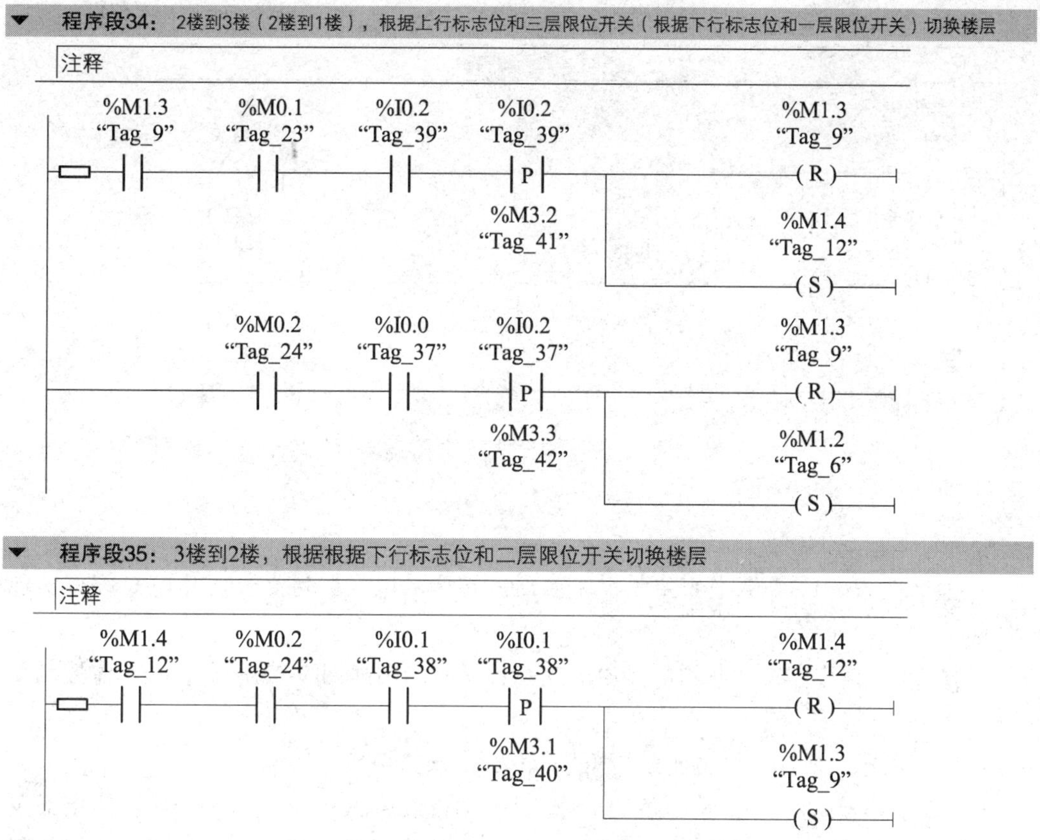

图 9-19 电梯楼层切换程序

（11）电梯无动作时返回一层的程序如图 9-20 所示。

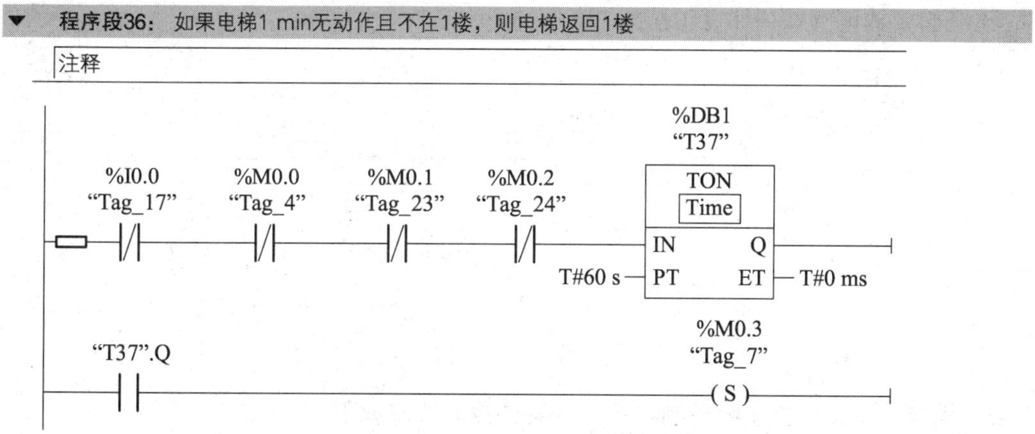

图 9-20 返回一层

（12）电梯当前楼层的标志位置位程序如图 9-21 所示。

图 9-21　电梯当前楼层的标志位置位

习　题

9-1　参照任务 9.1，根据任务 3.3 中 T68 卧式镗床的电气控制要求，用 PLC 编程实现相应的功能。

9-2　用 PLC 编程实现变频器的多段速控制，其时序图如图 9-22 所示，其具体控制要求如下：

（1）工作模式：有手动、自动工作模式，由转换开关切换。

（2）手动工作模式时，按下启动按钮 SB1，电动机按照图 9-22 运行一周后，停止工作。

（3）自动工作模式时，按下启动按钮 SB1，电动机按照图 9-22 运行一周后，能够重复循环上述过程，按下停止按钮 SB2，电机马上停止工作。

（4）参数要求：加速时间 1 s，减速时间 0.5 s，设置过流保护参数。

（5）有必要的电气保护和互锁措施。

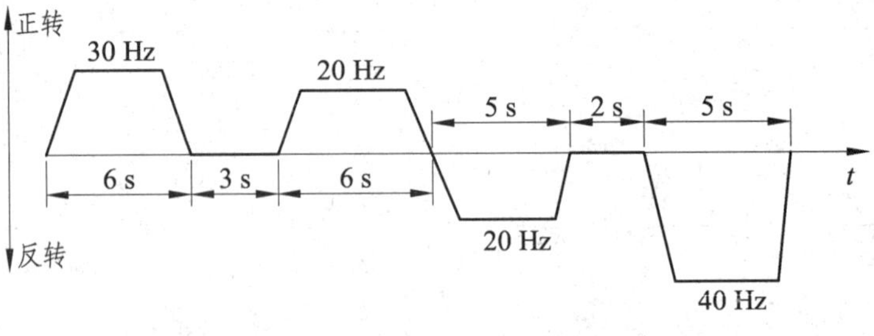

图 9-22　时序图

9-3　设计一个自动洗衣机控制系统，其具体控制要求如下：

（1）洗衣机有洗衣和脱水两种模式，由转换开关控制。

（2）洗衣模式下，按照控制要求（3）~（9）进行。

（3）按下启动键，进水阀灯亮，洗衣桶开始注水。

（4）水位到达上限（按下上限开关），进水阀灯灭，表示水注满。

（5）波轮开始旋转，左转 2 s，停 1 s，右转 2 s，停 1 s，循环进行。

（6）运行 12 s 后，波轮停止转动，排水阀灯亮，开始排水。

（7）水位走到下限（按下下限开关），脱水桶指示灯亮，脱水桶工作 3 s。

（8）排水阀关闭，灯熄灭。

（9）1 s 后蜂鸣器响 3 s，整个洗衣过程完成。

（10）脱水模式下，排水阀打开，脱水桶工作 3 s；排水阀关闭，1 s 后蜂鸣器响 3 s，脱水过程完成。

（11）按下停止键洗衣机能马上停止工作。

9-4　在任务 9.3 的基础上，增加电梯开关门的控制要求，并用 PLC 编程实现其控制要求。

9-5　用 PLC 编程实现简易机械手控制，其示意图如图 9-23 所示，控制要求如下：

（1）机械手设有手动、自动两种控制模式，由转换开关控制。手动模式下，按下相应的按钮，能完成机械手的各种功能操作。

（2）自动模式下，满足原点条件，按下启动按钮，运行指示灯亮；机械手先下降，下降到位后（SQ1 动作），气爪动作夹紧工件，2 s 后上升，上升到位后（SQ2 动作），机械手向前伸出，伸出到位后（SQ3 动作），机械手下降，下降到位后（SQ1 动作），机械手气爪松开，把工件放下，2 s 后上升，上升到位后（SQ2 动作），机械手缩回，缩回到位后（SQ4 动作），完成一个周期的搬运，然后循环工作；按下停止按钮，机械手必须完成该周期的搬运后才能停止，同时运行指示灯灭；机械手只有处于停止状态才能进行模式的切换，否则切换无效。

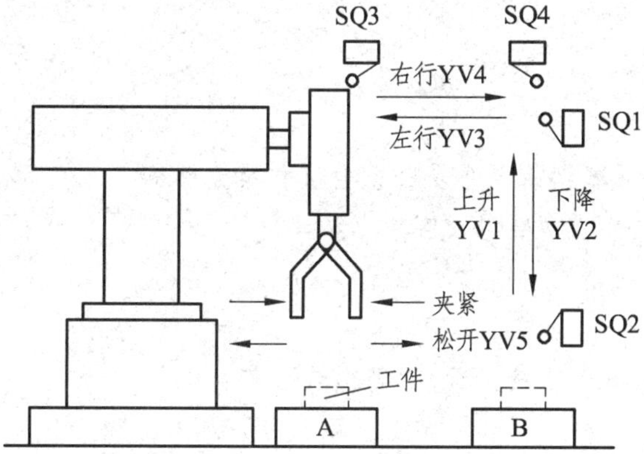

图 9-23　机械手示意图

项目 10　工业互联网和云化 PLC ▶▶▶

项目描述

本项目从工业互联网、云化 PLC 概念出发，介绍相关技术及应用案例，向读者介绍 5G 背景下 PLC 及典型工业控制系统发展趋势。

思维导图

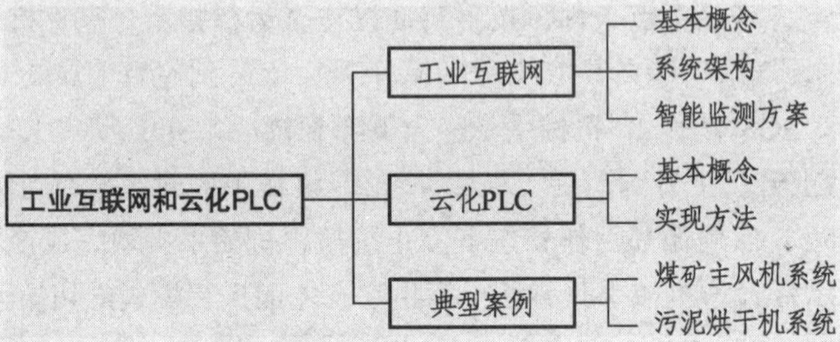

项目目标

知识目标

（1）熟悉工业互联网的概念及相关标准和研究机构。

（2）掌握云化 PLC 的概念及实现方法。

（3）理解典型应用案例。

技能目标

（1）掌握传统 PLC 系统上云的方法。

（2）熟悉 MQTT 协议原理并掌握其测试方法。

（3）实现任意云平台与 PLC 的联动控制。

任务 10.1　工业互联网

工业互联网作为传统工业数字化转型的关键路径之一，已成为各国改造提升传统工业、塑造未来产业竞争力的战略选择。工业互联网通过新一代信息技术构建“人-机-物”的全面互联，实现海量工业数据的实时采集、自由传输、精准分析和智能反馈，推动传统产业加快转型升级、新兴产业加速发展壮大，支撑传统工业体系变革。目前，学术界及产业界对工业互联网的概念和范畴尚未形成统一认知，美国通用电气公司（GE）将工业革命与互联网成果的融合称作工业互联网；德国国家科学与工程院认为在工业互联网中除了“人-机-物”互联，还包括业务活动的连接；中国科学院尹浩院士认为工业互联网包含网络、平台、数据及安全四大体系。可以看出，目前全球工业互联网的研究总体上仍处于起步探索阶段，而我国正处于新旧动能转换的关键时期，作为我国新型基础设施的工业互联网也面临着全新的挑战与机遇。

10.1.1　工业互联网基本概念

目前，各国政府、企业、科研机构纷纷提出了各种战略理念和发展目标，并从不同的角度对工业互联网进行了阐述。GE 认为工业互联网是互联网在全球工业系统中与高级计算、分析、传感等技术深度融合的产物，强调机器与人的连接。清华大学刘云浩教授认为工业互联网是通过互联网与新兴技术在工业中的深度融合与创新应用，强调了网络的重要性。《工业互联网体系架构 1.0》指出工业互联网不仅是深度融合基础下的产业和应用生态，也是工业智能化发展的关键综合信息基础设施，强调网络、数据和安全。在新一轮的产业变革背景下，工业互联网的内涵和范畴在不断演化。工业互联网是互联网与 5G、云计算、大数据、物联网（Internet of Things，IoT）等新一代信息通信技术在工业经济中深度融合的全新工业生态、关键基础设施及新型应用模式。工业互联网以“人-机-物”全面互联为基础，以数据为核心，以安全为保障来实现工业数字化、智能化发展。

10.1.2　工业互联网组成

我国为推进工业互联网发展，由工业互联网产业联盟于 2016 年发布了《工业互联网体系架构（版本 1.0）》（以下简称“体系架构 1.0”）。如图 10-1 所示，体系架构 1.0 提出了工业互联网网络、数据、安全三大体系，其中“网络”是工业数据传输交换和工业互联网发展的支撑基础，“数据”是工业智能化的核心驱动，“安全”是网络与数据在工业中应用的重要保障。基于三大体系，工业互联网重点构建三大优化闭环，即面向机器设备运行优化的闭环，面向生产运营决策优化的闭环，以及面向企业协同、用户交互与产品服务优化的全产业链、全价值链的闭环，并进一步形成智能化生产、网络化协同、个性化定制、服务化延伸等四大应用模式。

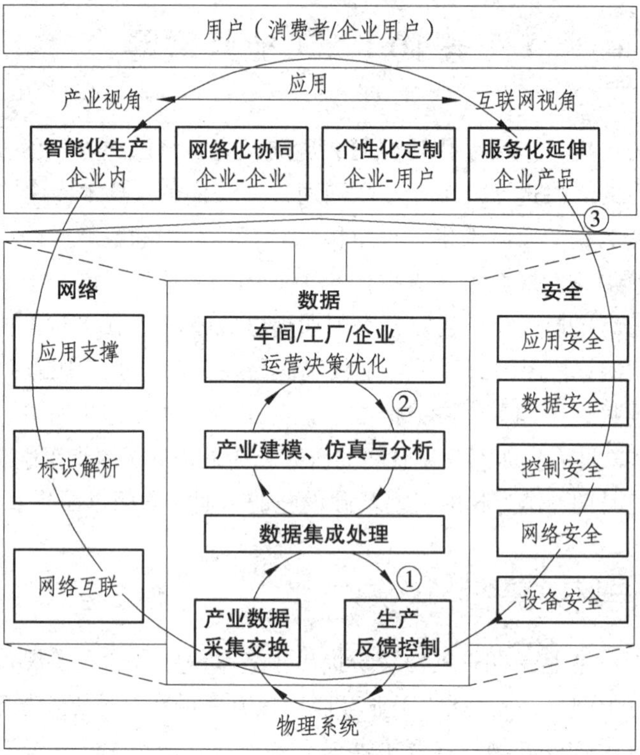

图 10-1　工业互联网体系架构 1.0

工业互联网产业联盟在工业和信息化部的指导下，凝聚产业界共识，研究制定了《工业互联网体系架构（版本 2.0）》（以下简称"体系架构 2.0"），在继承版本 1.0 核心理念、要素和功能体系的基础上，从业务、功能、实施等三个视图重新定义了工业互联网的参考体系架构，具体如图 10-2 所示。工业互联网体系架构 2.0 包括业务视图、功能架构、实施框架三大板块，形成以商业目标和业务需求为牵引，进而明确系统功能定义与实施部署方式的设计思路，自上向下层层细化和深入。

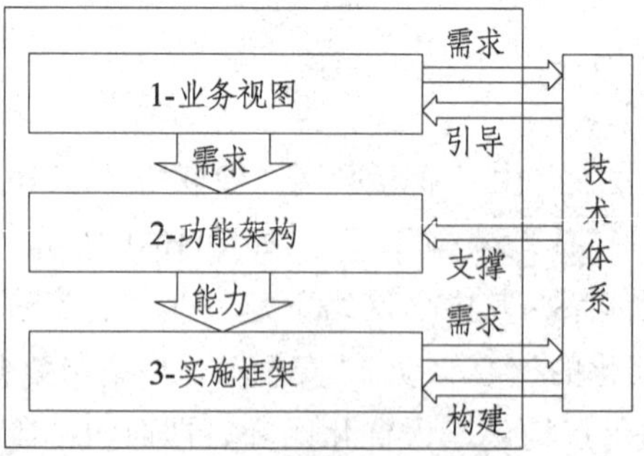

图 10-2　工业互联网体系架构 2.0

工业互联网的核心功能原理是基于数据驱动的物理系统与数字空间全面互联和深度协同，以及在此过程中的智能分析与决策优化。通过网络、平台、安全三大功能体系构建，工业互联网全面打通设备资产、生产系统、管理系统和供应链条，基于数据整合与分析实现 IT

与 OT 的融合和三大体系的贯通。工业互联网以数据为核心，数据功能体系主要包含感知控制、数字模型、决策优化三个基本层次，以及一个由自下而上的信息流和自上而下的决策流构成的工业数字化应用优化闭环，具体如图 10-3 所示。

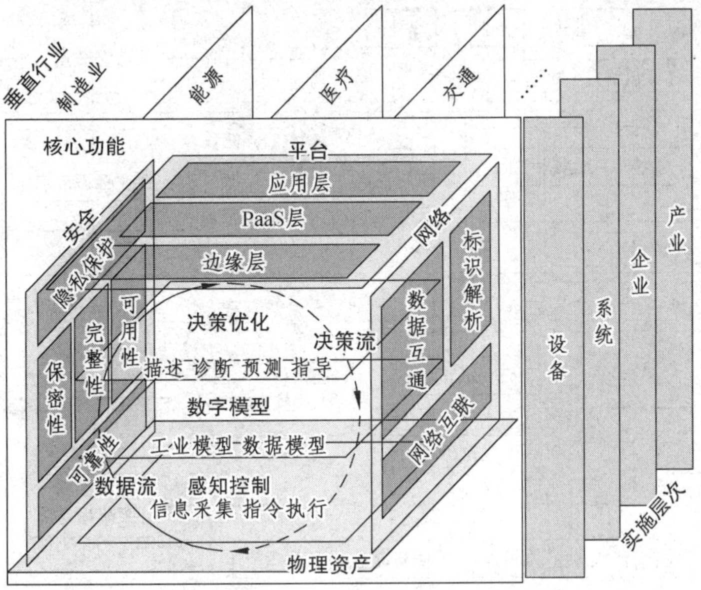

图 10-3　工业互联网功能原理

工业互联网实施框架是整个体系架构 2.0 中的操作方案，解决“在哪做”“做什么”“怎么做”的问题。当前阶段工业互联网的实施以传统制造体系的层级划分为基础，适度考虑未来基于产业的协同组织，按“设备、边缘、企业、产业”四个层级开展系统建设，指导企业整体部署，如图 10-4 所示。设备层对应工业设备、产品的运行和维护功能，关注设备底层的监控优化、故障诊断等应用；边缘层对应车间或产线的运行维护功能，关注工艺配置、物料调度、能效管理、质量管控等应用；企业层对应企业平台、网络等关键能力，关注订单计划、绩效优化等应用；产业层对应跨企业平台、网络和安全系统，关注供应链协同、资源配置等应用。

工业互联网技术体系是支撑功能架构实现、实施架构落地的整体技术结构，如图 10-5 所示，其超出了单一学科和工程的范围，需要将独立技术联系起来构建成相互关联、各有侧重的新技术体系，在此基础上考虑功能实现或系统建设所需重点技术集合。同时，以人工智能、5G 为代表的新技术加速融入工业互联网，不断拓展工业互联网的能力内涵和作用边界。工业互联网的核心是通过更大范围、更深层次的连接实现对工业系统的全面感知，并通过对获取的海量工业数据建模分析，形成智能化决策。其技术体系由制造技术、信息技术以及两大技术交织形成的融合性技术组成。制造技术和信息技术的突破是工业互联网发展的基础，例如，增材制造、现代金属、复合材料等新材料和加工技术不断拓展制造能力边界，云计算、大数据、物联网、人工智能等信息技术快速提升人类获取、处理、分析数据的能力。制造技术和信息技术的融合强化了工业互联网的赋能作用，催生工业软件、工业大数据、工业人工智能等融合性技术，使机器、工艺和系统的实时建模和仿真，产品和工艺技术隐性知识的挖掘和提炼等创新应用成为可能。

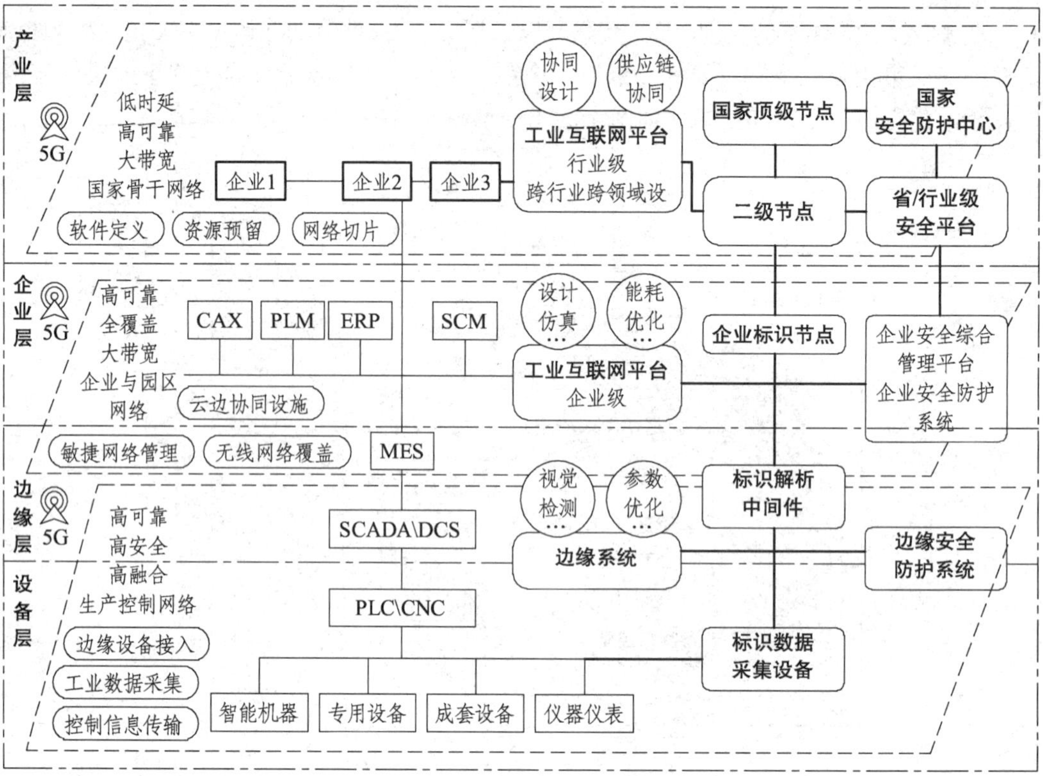

图 10-4　工业互联网实施框架总体视图

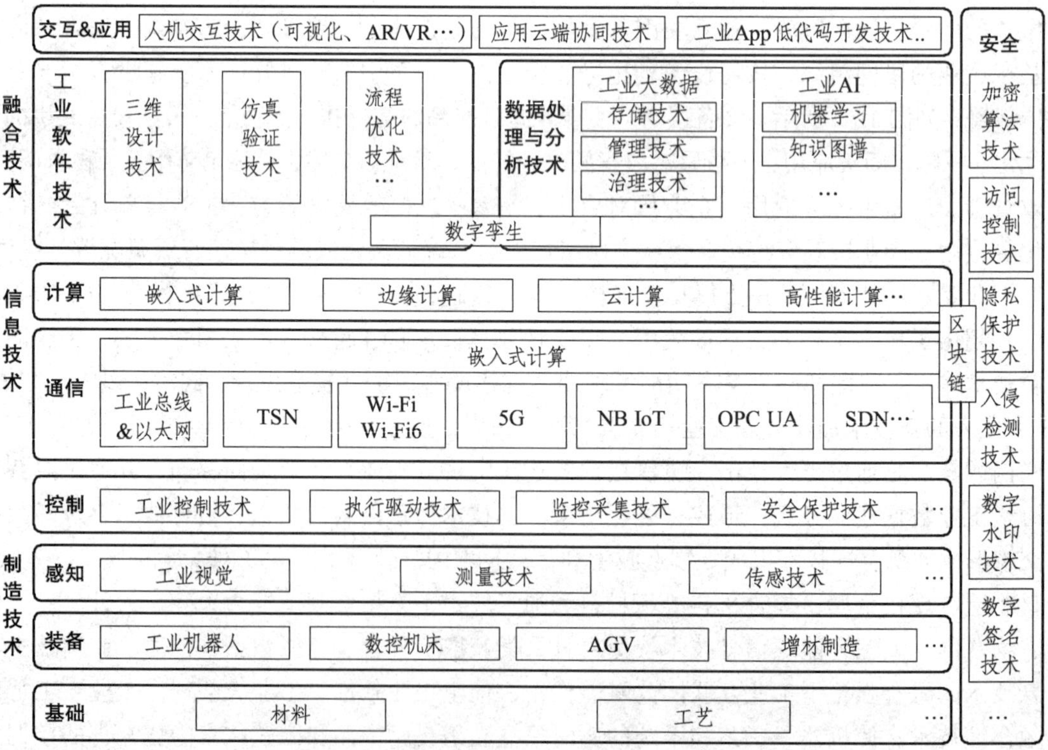

图 10-5　工业互联网技术体系

10.1.3 基于工业互联网的智能监测方案

随着工业互联网领域信息化的加深，工业自动化转型的速度在逐步加快。当前工业领域面临着很多行业痛点，如面临着业务地域范围广人力投入成本大、特殊的工作环境对安全系数要求较高、原有的监控设备性能落后且各自运作等情况。智能监测系统采用物联网技术，顺应科技发展趋势，通过各个终端设备的互联互通，为企业实时监测各个应用场景的环境数据，发现异常情况自动告警，为企业提供智能化服务，更好地帮助企业节省生产成本，提高生产效率，降低安全隐患。

通过智能监测系统，帮助垂直行业客户更好地解决自身痛点，为客户打造一个实时的，智能的、可视化的、可远程操控的监测管理系统。智能监测系统，适配 JT/T808-2011、MQTT、Modbus 等常用的行业协议或接口，将摄像头、温湿度传感器等不同行业终端方便、快捷地接入系统。如图 10-6 所示，通过这些行业终端设备，采用无线传输方式，实时采集监测点位的环境数据（烟雾、温度、有害气体、环境画面等）并上报至系统。采用时序数据库集群，能够存储海量的媒体、文本等数据，通过其对数据的高并发写入，极速聚合查询能力，灵活、有效地对数据访问并进行统计分析，为用户形成分析视图。提供规则引擎能力，用户可根据业务需求，自定义触发器规则，在实际监测环境中发现异常情况自动告警。提供 API 引擎能力，实现多平台业务与数据的互联互通，方便用户进行业务整合。提供 Web 页面、App 客户端、微信小程序等多终端的展示方式，方便用户随时随地、实时查看监测点位信息，远程监控管理。

任务 10.2 云化 PLC

工业 PLC 是工业控制的基石，常见形态是可编程的现场专用硬件模块，集成了输入输出和数据处理功能。多年以来 PLC 技术更新缓慢，其对应的工业以太网协议还形成了七国八制不能互通的格局。在 IT/CT 技术飞速发展、工业智能应用快速增长的背景下，工业 4.0 提出了云化 PLC 架构。在云化 PLC 架构中，物理 PLC 被拆分，一部分处理功能虚拟化后上升到工业边缘云，本地保留分布式控制单元和 I/O。云化 PLC 架构的提出，改变了工业中核心的控制架构，其影响相当深远。

从演进角度看，softPLC 是在原物理 PLC 基础上软硬件解耦，不绑定特定硬件；云化 PLC 则进一步虚拟化和集中化。虚拟化带来边缘云及现场分布式的算力需求；集中化则对连接便利性、可用性提出了更高的要求，如果保持工业交换机有线方式组网，网络会有更多层级，也更加复杂。云化 PLC 需要新的算力方案，以及更优的网络解决方案。

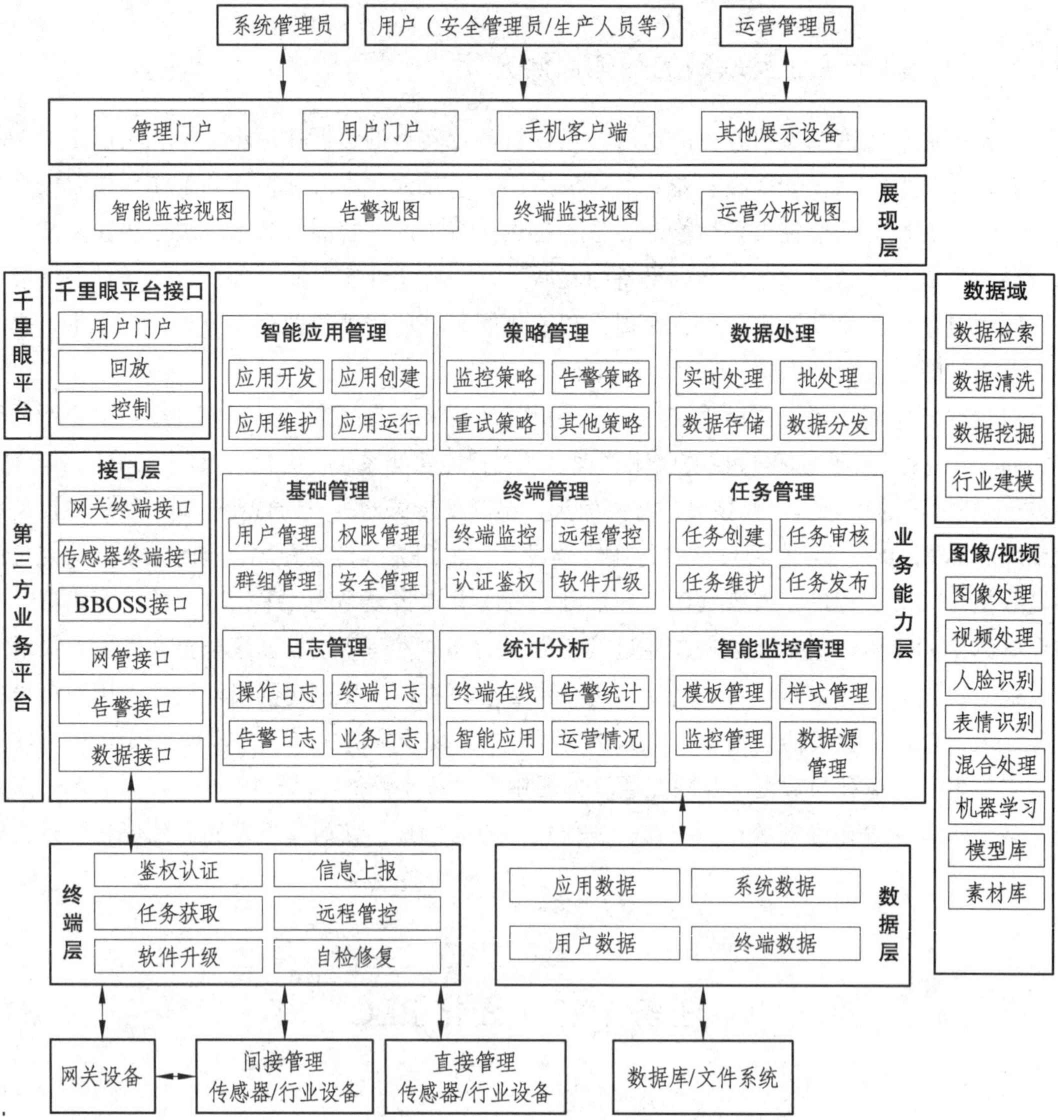

图 10-6　智能监测系统架构

10.2.1　云化 PLC 基本概念

传统 PLC 基于嵌入式硬件，其数据容量、程序容量、下挂设备数量有限。某行业标杆型传统 PLC，其程序容量为<100 KB 级别，数据容量为 10 KB 级别，I/O 规模最大在 500 ~ 1 000 点。如果不能满足用户的需求，一般采取的措施是增加 PLC 的数量，采用多 PLC 分布式部署的方式达到目的。这样会显著增加用户的采购成本、维护成本，机柜体积会成倍数放大，网络复杂度提升，组态编程与调试的工作量也会大幅增加。

云化 PLC 是基于虚拟化技术，利用软件定义网络的实现思路，将传统专用的 PLC 功能解耦，通过应用程序来实现 PLC 逻辑控制的功能。目前国内已经进行了部分工程尝试，具有良好应用前景。2021 年 6 月 17 日，边缘计算产业联盟成员单位宝信软件、上海交通大学、华为联合合作单位正式发布了全球首个广域云化 PLC（可编程控制器）技术试验成果。本次试验基于下一代工业控制边缘计算架构和确定性广域网技术，在 CENI（未来网络试验设施）上首次实现了跨 600 km 距离的广域云化 PLC 工业控制系统的部署和稳定运行，为广域远程工业控制系统的应用铺平了道路。

本次实验中，云化 PLC 部署在上海，采用通用架构实现，包括鲲鹏 CPU、欧拉操作系统、面向 IEC 61499 标准的 PLC 开发运行环境。云化 PLC 采用通用 IP 协议（互联网协议）、经 CENI 的确定性广域网联接，在 600 km 之外远程控制部署在南京的执行端机械臂。在重度负载的背景流量冲击下，确定性广域网的平均时延小于 4 ms，时延抖动小于 20 μs，广域云化 PLC 系统正常控制远程机械臂稳定工作，试验取得圆满成功。

10.2.2 云化 PLC 系统架构

云化 PLC 系统架构可分为云服务器、工业骨干网和现场控制部分（Operation Technology，OT）三部分，如图 10-7 所示。云服务器中的云化 PLC 因远离工业现场，具有高灵活性、高时延的特点，现场接入网中的本地 PLC 受体积、功耗等限制性能较弱，但实时性较强。因此，将实时性要求高的电机运动控制任务部署到靠近工业现场的本地 PLC 中，实时性要求相对较低的调度策略选择与图像处理等任务部署到云端，云端与现场通过 5G 和 TSN 融合的工业骨干网络通信。云服务器部署了云化 PLC 以及视觉服务器，云化 PLC 用于协调并控制现场 PLC 动作，视觉服务器用于实时处理摄像头数据。

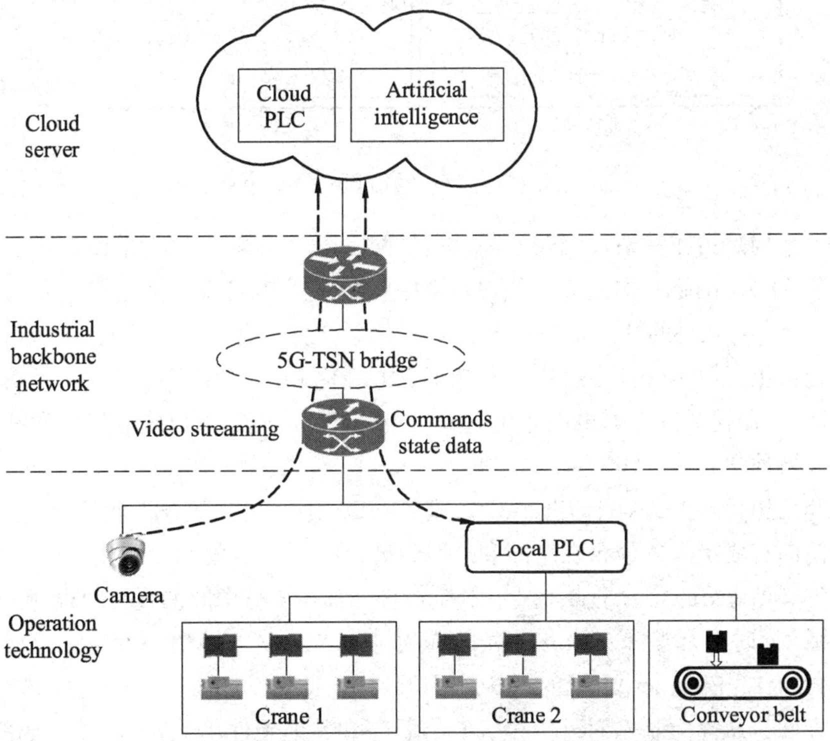

图 10-7 云化 PLC 架构

5G-TSN 域主要为整个系统提供高性能确定性网络连接，以满足 PLC 控制的实时性和确定性，并保证在同一网络中，视觉数据与 PLC 控制指令的互不干扰。OT 域主要为现场控制设备和被控设备，主要包括本地 PLC、伺服驱动器、伺服电机、传送带和高清摄像头等。

基于 5G NodeEngine（NE）算力基站+SmartEdge（SE）工业边缘网关，中兴通讯推出了 5G+云化 PLC 解决方案（见图 10-8），该方案也是中兴数字星云现场网 Digital Nebula SITE 的核心构成部分。方案基于算网平台架构，提供算力部署、无线连接、实时性保障及业务协同能力。

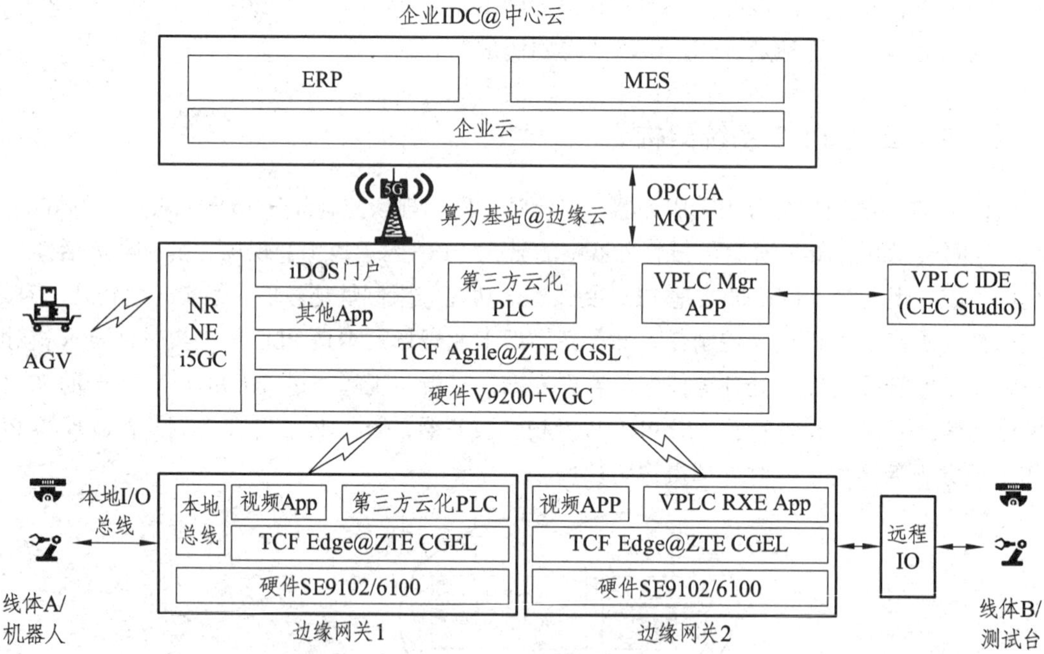

图 10-8　中兴 5G+云化 PLC 解决方案

算网平台架构是指在基站及网关上同时提供网络能力及算力。如图 10-8 所示，是典型工厂的车间/产线级 5G 网络的网元部署位置，正好匹配云化 PLC 等工业边缘应用的部署位置，适合做设备融合。与独立的算力硬件相比，5G 网络融合算力提高了集成度，降低了建设成本。

算网平台提供云原生的算力底座，支持第三方云化 PLC 适配和部署，可为现场工业应用（如数采处理、机器视觉等）提供一体化部署；支持云边协同，可以统一管理和部署 App，开通效率高，扩展性强。

在部署和使用模式上，对于实时性要求高的 PLC 运动控制业务，就近分布式部署在 5G 网关，基于南向有线接入，分布在车间和产线各处；对于大多数 PLC 业务，可以集中容器化部署，部署在车间基站的算力平台上，集中控制与分布式执行中间的连接可通过 5G 做实时性和确定性保障；同时平台支持 5G LAN 功能，可承载 L2/L3 的 MQTT、OPC-UA、Modbus/TCP、EtherCAT、PN-RT、Ethernet/IP 等工业以太网协议。

在安全方面，从算力基站对外安全、算力引擎和其他硬件单元安全、算力引擎内安全等不同层面，全面考虑，保障云化 PLC 应用安全和数据安全。

任务 10.3 典型案例

10.3.1 云边端一体化协同的工业烘干设备管理平台

烘干设备是典型工业智能化设备，是很多需要进行烘干工艺的关键设备。随着工业互联网兴起，挖掘工业数据潜在应用价值、提升服务品质成为行业共识。然而，针对不同的应用场景，烘干设备所有的主控制器（主要为 PLC，部分为高性能单片机）具有多样化的特点，不同品牌的控制器在程序设计、数据处理和通信协议上具有不同程度的差别。要构建烘干设备数据云平台，首先要解决的就是通信协议和数据采集的问题。本项目针对烘干设备数据采集和通信需求，对数据采集网关进行研究，重点研究具有多协议接口的、通用性好的多功能数据通信网关。

本案例研究的烘干设备系统管控平台，主要包括现场设备层、边缘计算层和云平台层。工业烘干设备通过现场网络接入边缘节点网关设备，边缘节点获取工业网络中的静态信息和动态数据，部署在边缘节点的算法模型、事件管理、消息路由等服务对接入的数据进行实时处理分析、现场推理决策与转换传输等，云端平台管控边缘节点、接收边缘节点上传的信息，提供设备管理等物联网应用及虚拟工厂等智能生产应用、基于大数据分析的智能服务应用等，通过边缘节点实现对现场资源的监管与调度。该系统架构支持边缘节点灵活部署更新，提供从数据采集到云端应用一体化服务，同时边缘节点网关具有计算分析能力，可以将数据在本地处理后再上传到云平台，降低网络带宽、传输时延要求与云平台资源成本，以适应更多工业应用场景。

本案例是针对工业烘干设备的云边端一体化协同智慧管控进行研究，系统拓扑如图 10-9 所示。团队通过对云平台、边缘计算网关和工业烘干设备开展协同控制研究，重点研究云平台实现技术、设备数据采集和边缘侧的配置和建模技术。

在云边协同的模式下，安装在工业现场的边缘智能网关及其上运行的应用由云平台统一管理。通过设备接入与网关管理服务，进行设备接入和对应网关的配置，将配置文件下发到网关，启动网关组件和边缘节点组件运行，网关组件与设备交互采集设备数据或下发控制指令。采集到的设备及其他数据存储在数据池，设备数据通过 API 提供给边缘应用或直接由网关组件上传到云平台。通过云平台上的边缘应用管理服务将边缘应用或智能应用部署在边缘智能网关运行，进行数据处理与分析并将处理后的数据与应用运行情况上传给云平台。

通过移动互联终端来实时监测干化系统的运行状态和干化室内环境的温度、湿度及热湿变化状态，并据此下达系统优化运行的调度指令，以保证工艺需求并达到节能的目的。在配电系统和电机之间进行匹配控制/协调调度，在预先制定的最优或者接近最优的静态执行方案下，迅速地判断随机出现的不确定扰动对系统的影响，根据扰动对系统的不同影响采取相应的干扰恢复策略。该自适应动态克隆算法，能将随机搜索、基于概率的非确定性进行搜索、全局搜索及局部搜索有机地结合起来，采用交叉算子，提高算法的搜索速度，通过算法寻找温度、湿度和进风量的最优值，提高热效率、干化品质和降低能耗。

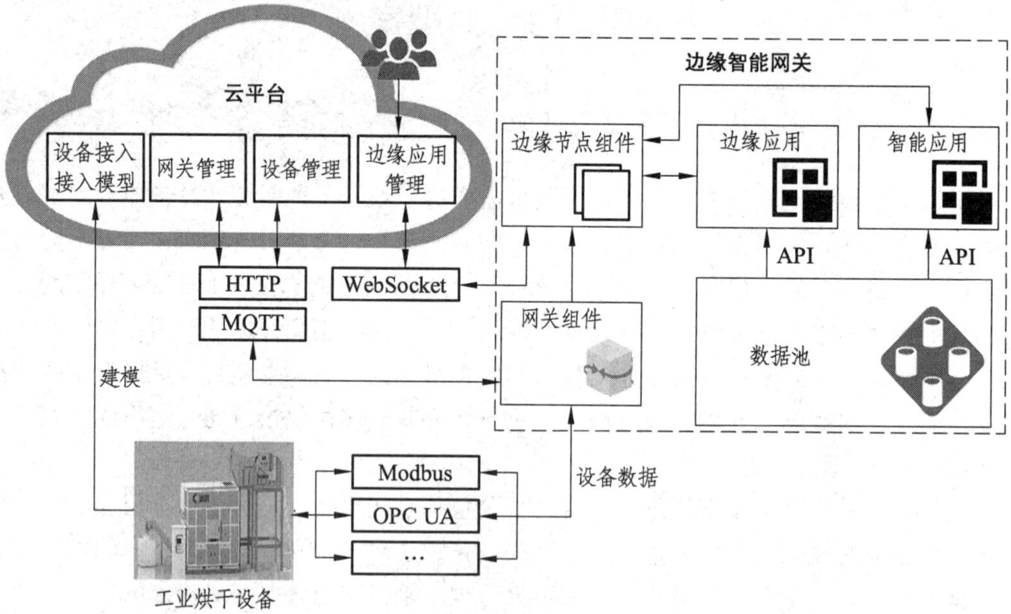

图 10-9　云边端一体化协同的工业烘干设备管理平台系统拓扑

10.3.2　基于 5G+数字孪生的煤矿主风机在线监控系统

在煤矿主通风机监控系统中，监测范围的广度、监测结果的精确度、监测的实时性以及对主风机的控制和调节是至关重要的。目前我国通风机实时监测相对成熟，可以实现对通风机的参数做较为全面的监测与警告，但风机监控系统的准确性与灵敏性还需提高与完善。因此，需要研究如何进一步提高监控系统的性能，以达到对煤矿主通风机更加精准的控制。为达到研究目标，采用 PLC 控制技术、触摸屏技术、人机交互技术等对煤矿主通风机监控系统进行优化。监控系统主要结构如图 10-10 所示。

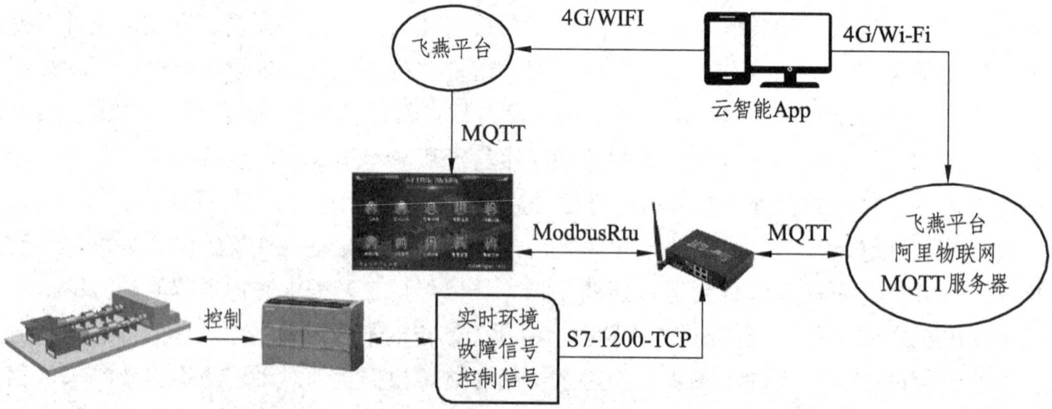

图 10-10　监控系统主要结构

主通风机在线智能监控系统采用云边端协同设计的思路，利用物联网平台和嵌入式触摸屏设计的一套软件，软件系统主要由边缘侧端触控软件、手机 App 和云服务器端三部分组成。

采用 PLC 技术实现对主风机的自动控制与调节，PLC 技术将实时环境参数、故障信号和控制信号与西门子 S7-1200 集成以太网接口连接，通过该接口可以与网关进行以太网通信。模拟串口屏通过 Modbus 通信协议与智能网关连接，将通风机数据发送到监测中心站，进行实时显示、报警及故障诊断。物联网平台通过网关获取实时数据，实时监控各个开关量的变化，检测设备是否存在异常以及设备的工作状态。通过使用物联网技术，将传感器与煤矿主通风机连接起来，实现实时监测主风机温度、压力、振动等参数，通过云端数据分析，可在移动端云智能 App 不受时间、地点限制地实时查看矿井环境参数和风机运行状态，经过故障分析诊断，能及时收到预警和报警信息，方便运维人员及时干预。通过接入飞燕平台，实现模拟串口屏与云智能 App 信息的互通，方便相关人员对风机进行控制调节，大大提升了对风机运行状态和风机控制的便利性。

参考文献 ▸▸▸

[1] 亓晋，王微，陈孟玺，等. 工业互联网的概念、体系架构及关键技术[J]. 物联网学报，2022，6（2）：38-49.

[2] 付美霞，王健全，王曲，等. 5G 环境下基于深度学习的云化 PLC 物料识别与定位系统[J]. 工程科学学报，2023，45（10）：1666-1673.

[3] 蒙博宇，石莹，李朝刚，等. 云化控制系统的设计与实现[J]. 仪器仪表标准化与计量，2023（2）：7-10.